外国心理学流派大系

FOREIGN PSYCHOLOGY SCHOOL SERIES

郭本禹　主编

心理的模拟

——认知心理学

贾林祥　编著

山东教育出版社

·济南·

图书在版编目（CIP）数据

心理的模拟：认知心理学 / 贾林祥编著. -- 2版. 济南：山东教育出版社，2025. 1. --（外国心理学流派大系 / 郭本禹主编）. -- ISBN 978-7-5701-3446-5

Ⅰ. B84-069

中国国家版本馆 CIP 数据核字第 202489WD62 号

WAIGUO XINLIXUE LIUPAI DAXI

XINLI DE MONI——RENZHI XINLIXUE

外国心理学流派大系　　郭本禹　主编

心理的模拟——认知心理学　　贾林祥　编著

主管单位：山东出版传媒股份有限公司

出版发行：山东教育出版社

地址：济南市市中区二环南路 2066 号 4 区 1 号　　邮编：250003

电话：（0531）82092660　　网址：www.sjs.com.cn

印　　刷：山东华立印务有限公司

版　　次：2025 年 1 月第 2 版

印　　次：2025 年 1 月第 1 次印刷

开　　本：710 毫米 ×1000 毫米　1/16

印　　张：16

字　　数：241 千

定　　价：76.00 元

主　编　郭本禹
副主编　高峰强　杨韶刚　高申春
编　委　（以姓氏笔画为序）
丁　芳　方双虎　王国芳　李广军　杨韶刚　修巧艳
贾林祥　郭本禹　高申春　高峰强　崔光辉　熊哲宏

江苏省教育厅高校哲学社会科学研究项目（编号：07SJB880030）成果

目录

Contents

总　序

著名心理学家艾宾浩斯曾说过："心理学虽有一长期的过去，但仅有一短期的历史。"心理学的长期过去可以上溯到古希腊、古罗马时期的心理学思想，从大约公元前6世纪到公元19世纪中叶的这一时期被称为前科学心理学时期或哲学心理学时期。1879年，冯特在德国莱比锡大学创建了世界上第一个心理学实验室，标志着科学心理学的诞生。此后的短期历史被称为科学心理学时期。科学心理学是指具有科学形态的心理学，与之相对的是前科学形态的心理学。前科学形态的心理学主要指形而上学的心理学，它以纯粹思辨的方式进行推演研究，试图揭示心理现象的本质。科学形态的心理学即科学心理学，它主要受到近代科学尤其是自然科学的影响，采用经验尤其是实验的方式进行归纳研究，得出心理现象本质的知识。

从理论形态演变上看，科学心理学的发展主要表现为不同心理学流派的产生、发展和更替过程。这一过程大致沿着科学主义心理学和人文主义心理学两条路线不断演进。科学主义心理学是主流的心理学取向，主要包括内容心理学、构造心理学、机能心理学、行为主义心理学、皮亚杰学派心理学和认知心理学等流派。人文主义心理学是非主流的心理学取向，主要包括意动心理学、精神分析心理学、格式塔心理学、现象学心理学、存在心理学和人本主义心理学等流派。现代心理学流派的发展过程大致可以划分为三个阶段：一是哲学心理学时期的思想起源，从大约公元前6世纪到19世纪70年代；二是心理学流派自身的历史演进，从19世纪70年代到20世纪80年代；三是心理学流派的当代效应，从20世纪80年代至今。

一、现代心理学流派的思想起源

在前科学心理学的漫长历史中，心理学曾一度是"灵魂的奴仆"、"神学的婢女"和"哲学的附庸"。现代心理学流派萌芽于古希腊，发端于近代欧洲。古希腊心理学思想表现为存在(being)与形成(becoming)的张力，近代欧洲心理学思想表现为经验主义与理性主义的对立，到科学心理学时期就演变为科学主义心理学和人文主义心理学的纷争。

1. **思想萌芽**

古希腊是现代心理学流派的思想源头。在哲学形成之前，古希腊人已经开始了对灵魂(psyche)的探索。当时人们认为灵魂是一种生命气息，它在人死亡时离去。“心理学”(psychology)一词就由此而来。大约在公元前6世纪，古希腊产生了哲学。古希腊哲学致力于探究世界的本原，其中包括回答灵魂是什么。因此，此时的心理学是灵魂的奴仆。

古希腊哲学隐含着存在与形成的张力。这一张力最初体现在巴门尼德和赫拉克利特之间。巴门尼德提出，要通过理性的道路来获得确定无疑的知识。他推崇理性认识的重要性，贬低感觉经验的作用，认为后者只能产生纷乱的意见。赫拉克利特则通过“人不能两次踏入同一条河流”来表述世界变动不居的特征。他重视感觉经验的重要性，甚至认为视觉经验比听觉经验更可靠。存在与形成的张力在柏拉图和亚里士多德那里达到顶峰。柏拉图发展了巴门尼德的观点，认为存在着普遍的理念世界，变化中的现实事物只是对不变的理念的一种模仿。理性是最高级的灵魂，并指导着意气和情欲。亚里士多德是古希腊思想的集大成者，其《论灵魂》一书可以视为西方心理学史上第一本心理学著作。他持有形成的立场，对柏拉图的观点进行了改造。在他看来，世间万物都是有目的的，朝向隐得来希即自身的全面发展迈进，因而处于时刻流转中，灵魂也是如此。他强调感觉经验在灵魂中的重要地位，认为感觉限定着灵魂的认识活动。

在古希腊之后，西方心理学思想的目的虽然发生了变化，但却依然延续着存在与形成的张力。到了中世纪，一切思想均转向认识上帝，此时的心理学成为“神学的婢女”。两位基督教哲学家奥古斯丁和托马斯·阿奎那为心理学思想指出两条不同的道路。奥古斯丁提出通过内心的感受来获得上帝的启示，从而走向形成立场；托马斯·阿奎那提出通过理性和逻辑论证来获得上帝的启示，从而走向存在立场。

总之，从古希腊到中世纪，心理学从作为“灵魂的奴仆”到作为“神学的婢女”，提出了许多朴素的心理学思想，构成了现代心理学流派的思想萌芽，其间一直延续着存在与形成的张力，开启了现代科学主义心理学和人文主义心理学纷争的历史源头。

2. **思想发端**

经过漫长的中世纪，西方世界从文艺复兴时期进入近代。近代自然科学的进步使世界图景发生了根本改变，从中世纪以上帝为中心的神秘世界观转变为数学的机械世界观，对哲学以及心理学产生着越来越重要的影响。近代哲学的目的从古希腊探讨世界本原是什么转向如何认识世界。近代心理学由“神学的婢女”变成“哲学的附庸”，不再是对灵魂和上帝的探讨，而是围绕如何认识世界对心理学问题展开系统的理论阐述，表现为经验主义与理性主义两种对立的观点。这两种对立的观点由先前形成与存在的张力衍生而来：经验主义延续了形成的观点，理性主义延续了存在的观点。近代心理学思想在英国和法国表现为经验主义心理学思想，在荷兰和德国表现为理性主义心理学思想。

经验主义心理学思想主张，一切心理现象均是经验（如感觉和观念）的集合或联结。经验主义心理学思想从英国的培根开始。他认为，知识和观念起源于感性世界，感觉经验是一切知识的源泉。在培根之后，经验主义心理学思想有两种形式：英国的联想论心理学思想和法国的感觉论心理学思想。英国的联想论心理学思想以经验为基础，以联想为工具，试图揭示观念的形成和发展的规律。霍布斯是联想论心理学思想的先驱，他坚持知识和观念来源于感觉经验。洛克第一个提出“联想”概念，认为联想是观念的联合，简单观念经过综合、联系和分离形成人的心灵内容。贝克莱和休谟进一步发展了联想论心理学思想，解释了空间知觉和联想规律。哈特莱是联想论心理学思想体系的建立者，试图用生理学概念把经验论和联想论结合起来，用联想去解释一切心理现象。培因是联想论心理学思想的集大成者，对联想的规律、种类和动力等进行了系统化的阐述，在联想论心理学思想向科学心理学的过渡上起到承前启后的作用。

法国的感觉论心理学思想主要受到笛卡儿关于身体是机器的思想和洛克的唯物主义经验论的影响，强调感觉经验在认识中的作用。与联想论心理学思想一样，感觉论心理学思想也认为，一切观念源自经验，所有的心理事件都能用感觉和联想规律来解释，同时，它还重视心理与脑的关系，认为心理是脑的属性，脑是思想的器官，这对科学心理学的产生起到积极的作用。拉·美特利提出了“人是机器”的观点，对后来行为主义心理学有重要的影响。孔狄亚克改造了洛克的经验论心理学思想，形成了感觉论心理学思想体系。此后经过爱尔维修和波纳等人的发展，到卡巴尼斯那里，感觉论心理学思想发展到极致，并推进了生理心理学的发展。

理性主义心理学思想主张，人的心理是一种主动活动的、富于理性的固有观念，即一切心理作用都归结为不同程度的理性。理性主义心理学思想从法国的笛卡儿开始。他认为，人的知识不是来源于感觉经验，而是来源于理性，理性的演绎是唯一正确方法。作为理性表现的知识和能力是先天具有的，因此，他主张天赋观念论。莱布尼茨是理性主义心理学思想的开创者，他提出统觉说，认为心理从无意识的微觉到最有意识的统觉，具有把握对象的不同程度。他把统觉视为对感知自身内在状态的意识，即自我意识。沃尔夫是官能心理学的创始人，他认为人的心灵具有各种官能，心灵利用其不同的官能从事不同的活动。康德提出心理的先天范畴论，并使心理过程的知、情、意三分法流行起来。他认为，统觉是人的一种先验的综合统一的认识能力。赫尔巴特第一次明确宣称心理学是一门科学，但还需要建立在形而上学之上，仍属于哲学的科学。他还将统觉团等思想应用到教育心理学中。陆宰是实验心理学建立前的最后一位哲学心理学家，提出空间知觉的符号部位说，在理性主义心理学思想向科学心理学的过渡上起到承前启后的作用。

总之，近代心理学思想具有丰富的内容，形成了系统的心理学思想体系。它与近代科学一起，直接促成了科学心理学的诞生。经验主义心理学思想提出被动的心灵观，强调主体后天的经验性、心理活动的元素性和被动性，将人的心理视作静态的联想过程。理性主义心理学思想提出主动的心灵观，强调主体先天的主动性、心理活动的整体性和动力性，将人的心理视作发展的过程。经验主义心理学思想演变为现代心理学中的科学主义心理学，理性主义心理学思想演变为现代心理学中的人文主义心理学。正是在这种意义上，近代心理学思想成为现代心理学流派的思想发端。

二、现代心理学流派的历史演进

科学心理学产生于 19 世纪 70 年代，一开始就表现为两种理论形态，即科学主义心理学和人文主义心理学。科学主义心理学的第一个学派是冯特创立的内容心理学（主要是实验心理学），人文主义心理学的第一个学派是布伦塔诺创立的意动心理学。内容心理学与意动心理学形成了心理学史上两条路线之间的第一次对立与纷争。自此，科学主义心理学与人文主义心理学各自相对独立发展，两者之间少有相互交流和彼此借鉴。

过去人们主要是从狭义上来理解科学心理学，认为科学心理学完全等同于冯特创立的内容心理学（主要是实验心理学）。现在人们倾向于从大科学观来看待科学，认为科学既包括自然科学也包括人文科学和社会科学。尽管两者的研究对象不同、追求的真理目标和价值不同、探究真理的方式和方法不同，但它们毕竟都是科学，都以探究终极真理为己任。对于以既具自然属性又具社会属性的人为研究对象的科学心理学来说，只有以实验心理学为代表的科学主义心理学是远远不够的，还需要另一种心理学即人文主义心理学。历史发展的事实也是如此，1874 年，冯特的《生理心理学原理》(下卷)和布伦塔诺的《经验观点的心理学》同时出版，这两本著作都把新心理学界定为一门经验科学，分别标志着现代科学主义心理学和现代人文主义心理学的开端。因此，科学心理学有两个创始人或者说有两位“父亲”，一个是冯特，另一个是布伦塔诺。过去人们之所以只提冯特是科学心理学之父，是因为波林那本著名的《实验心理学史》教科书造成了我们的误解。波林是铁钦纳的学生，铁钦纳力图把自己标榜为冯特的正统传人，要求波林按照他的实验心理学内容重新解读冯特的心理学体系。① 因此，在《实验心理学史》中大量论述冯特等人的实验心理学内容，而对冯特的对立者布伦塔诺等人的贡献则不予重视，以至于布伦塔诺被历史埋没了近半个世纪，成为学术史上的“隐身人”。这不能不说是一个历史的误会！我们今天需要澄清铁钦纳和波林所造成的误解，还布伦塔诺及其意动心理学的历史本来面目。

在现代心理学流派的演进过程中，有的作为一个心理学派别已经消失，融进了心理学的历史进程，如内容心理学、意动心理学和机能心理学等；有的犹如老树常青，如行为主义心理学和精神分析心理学在今天仍然具有活力。某些较大的心理学流派又包括一些较小的分支派别，如行为主义前后有三代，精神分析更是分支派别繁多。

1. 科学主义心理学流派的历史演进

科学主义心理学亦称自然科学心理学，是指一种以自然科学为价值定向的心理学研究取向，它坚持心理学的自然科学观和实证主义的客观实验范式，力图建构以自然科学为模板的心理学理论模式。科学主义心理学是主流的心理学取向，它从内容心理学开始，依次表现为构造心理学、机能心理学、行为主义心理学、皮亚杰学派心理学和认知心理学等派别。它们之间具有明显的连续性，要么是一种继承关系，如构造心理学对内容心理学的继承；要么具有对立关系，如认知心理学对行为主义心理学的反动。

(1) 内容心理学。

科学主义心理学从冯特的内容心理学(content psychology)开始。在冯特之前，心理学一直附庸于哲学，处于默默无闻的状态。冯特全面总结了哲学心理学、生理学和心理物理学的研究成果，把哲学心理学的理论观点、自然科学的研究方法与心理学的有关研究课题结合起来，将实验法引入心理

① 据说波林每写完《实验心理学史》的一章，都要交给铁钦纳审读。

学研究领域，于1879年在德国莱比锡建立了世界上第一个心理学实验室，使心理学获得了科学的形态，标志着现代科学心理学的确立。莱比锡成为世界新心理学的圣地，各国的学生都前往跟随冯特学习。

冯特创立的实验心理学，开辟了科学心理学的科学主义研究路线。冯特认为，科学心理学应该是一门经验科学，他把心理学的研究对象规定为直接经验，而不同于自然科学所研究的间接经验。他认为，心理学作为研究心理、意识事实的一门经验科学，其任务就在于分析出心理或意识的元素，并确定元素构成复合观念的原理与规律。冯特通过实验内省法分析，发现最基本的心理元素有两个，即感觉元素与感情元素。任何复杂的心理现象都是由心理元素结合而成的，简单的心理元素通过联想、统觉结合成为心理复合体。正是从这个意义上说，冯特的实验心理学被贴上"内容心理学"的标签。冯特的内容心理学与其同时代的布伦塔诺的意动心理学形成直接对立，这也是科学主义心理学与人文主义心理学长期纷争的开始。

与冯特同时代的德国心理学家艾宾浩斯和缪勒等人发展了他的内容心理学。艾宾浩斯创造性地运用实验法研究记忆这种高级的心理过程，开辟了实验研究的新领域。缪勒在哥廷根大学创建了一个设备完善的心理学实验室，其地位仅次于莱比锡心理学实验室，吸引了从欧洲和美国来的许多学生，取得了多方面的研究成果。以冯特的学生铁钦纳为代表的构造心理学(structural psychology)又称构造主义(structuralism)，其思想体系继承和发展了冯特的内容心理学的主要观点，特别是在坚持心理学是一门实验科学的观点上，二者一脉相承，可以看成是冯特的内容心理学的极端形式。

(2) 机能心理学。

机能心理学(functional psychology)产生于19世纪末20世纪初的美国，是美国本土出现的第一个正式的科学心理学思想体系。早在1890年，美国心理学之父詹姆斯在《心理学原理》中就将机体适应环境的心理功效规定为心理学的研究对象，这为19世纪末20世纪初的美国心理学定下了机能心理学的总基调。美国机能心理学与德国实验心理学之间存在着密切的关系。冯特在德国创建了心理学实验室之后，美国有许多年轻人来到冯特的实验室学习新的内容心理学，这些人回国后热心倡导生理心理学和实验心理学，并在各自所在的大学开设新课程，建立实验室。这样，德国实验心理学的科学形式就传入了美国，为美国的心理学家们提供了一种科学的思维方式和研究手段。但是美国年轻一代的心理学家不赞成冯特只以实验的内省方法研究纯粹的意识内容，强调用观察、测验和实验等多种方法研究意识或心理功能。他们认为，心理学可用于解决人们在不同的环境中如何活动、如何适应不同的环境等日常生活问题。

机能心理学有狭义和广义之分，与构造心理学直接对立的是狭义的机能心理学，即以杜威、卡尔、安吉尔为代表的芝加哥学派。代表美国心理学一般特征和总体倾向的是广义的机能心理学，即以卡特尔、桑代克、武德沃斯为代表的哥伦比亚学派。随着构造心理学因1927年铁钦纳逝世而消失，狭义的机能心理学由于失去了对立面逐渐退出历史舞台。而广义的机能心理学由于随后行为主义心理学的产生，也完全融入了美国心理学发展的历史洪流之中。

(3) 行为主义心理学。

行为主义(behaviorism)是20世纪初起源于美国的一个心理学派别，它在20世纪70年代之前是实验心理学中最有影响的运动，被称为心理学的"第一势力"。1913年，华生发表的《行为主义者心目中的心理学》一文标志着行为主义的诞生。华生抨击了传统上研究意识的内省心理学，批判了构造心理学和机能心理学，并声称心理学应该抛弃内省法而采用客观的实证方法研究可观察的外显行为。由此，行为主义作为一种新生的力量登上了心理学的历史舞台，其浩大的声势很快席卷了美国，并几乎遍及全世界，成为心理学史上著名的"行为主义革命"，被称为心理学史上的"第一次革命"。

行为主义的发展经历了三代。从1913年到1930年，是以华生等人为代表的第一代行为主义，又称古典行为主义。与华生同时代的魏斯、霍尔特、亨特、拉施里以及中国的郭任远等人，也对行为主义的推广做出了重要贡献。从20世纪30年代至60年代，赫尔、托尔曼、斯金纳等人对华生的极端简单化的观点和方法不满，都采纳操作主义和逻辑实证主义的哲学观点，开展了一系列研究，形成了各具特色的新体系，共同促生了第二代行为主义的心理学运动，也被称为新行为主义(neobehaviorism)。尽管第二代行为主义的术语名称、理论观点、概念体系等各不相同，但其行为主义的基本立场却是一致的。从20世纪50年代起，随着赫尔、托尔曼的过世，只有斯金纳等少数人仍坚持激进的行为主义观点，更多的批评者则看到了行为主义的实证主义哲学基础、严格的环境决定论以及人兽不分观点的严重缺陷。罗特、班杜拉、米契尔等更新一代的行为主义者，采取了更加温和的态度，大胆引入刚刚兴起的认知心理学的术语来说明人的行为，力图克服行为主义的危机，对行为主义进行认知心理学改造，形成了第三代行为主义，又称新的新行为主义(new-neobehaviorism)。

(4) 皮亚杰学派心理学。

皮亚杰学派(Piagetians)是20世纪20年代由瑞士心理学家皮亚杰创立

的。由于该学派的研究工作主要是在日内瓦大学及日内瓦发生认识论国际研究中心进行的，因此又称日内瓦学派。皮亚杰学派通过研究个体的认识发生，把认识论和心理学紧密结合起来创立了发生认识论，在心理学史上第一次系统而完整地描绘了儿童心理的发生和发展，指明儿童心理发展的实质是个体通过同化和顺化这两种形式来适应环境达到有机体与环境的平衡，并进一步详细探讨了儿童心理发展的结构、影响因素和发展阶段。皮亚杰学派对心理学、哲学和教育学诸多学科领域产生了广泛而深远的影响。

自20世纪50年代中期以来，皮亚杰理论受到了严重的挑战与诘难，出现了新皮亚杰学派(neo-Piagetians)和后皮亚杰学派(post-Piagetians)。新皮亚杰学派采用信息加工观点，对经典的皮亚杰体系作出一定的修正，使之更完善和更具解释力。后皮亚杰学派从地域上是指那些法语世界的学者(主要是法国和瑞士)所形成的一个松散的联盟，他们(也包括少数说英语的学者)在方法论上主张或实际从事以皮亚杰的临床法为标准构建发展量表和运算测验，在理论上主张差异心理学与发展心理学的真正整合。

(5) 认知心理学。

认知心理学(cognitive psychology)有广义和狭义之分，广义的认知心理学指的是所有侧重研究人的认知过程的心理学，狭义的认知心理学专指现代认知心理学。现代认知心理学表现为三种理论形态：信息加工论心理学、联结主义认知心理学和生态论认知心理学。

信息加工论认知心理学产生于20世纪50年代中期，其主要代表人物有纽厄尔、西蒙和奈瑟等人。它以"心理活动像计算机"为隐喻，用信息加工的观点看待人的认知过程，认为人的认知过程是一个接受、加工、贮存和输出信息的过程。由于这种观点以符号操作为基础，通过符号的串行加工方式建立心理模型，故又称符号论认知心理学。信息加工论认知心理学把以往被行为主义排挤到后台的意识重新拉回到心理学研究的前台，实现了心理学研究对象的回归。它还在继承传统科学主义心理学的客观实证方法基础上，综合运用反应时实验和自我观察法，尤其把计算机模拟方法作为重要研究工具，取得了心理学研究方法的突破。20世纪70年代，信息加工认知心理学成为心理学研究的主流，席卷了心理学的大多数分支。它的兴起被称作心理学史上的一场"认知革命"，相对于先前的行为主义革命是心理学史上的"第二次革命"。

20世纪80年代以来，联结主义认知心理学开始复兴。在联结主义心理学看来，人脑不能简单地等同于计算机，符号加工与真实的人类心理加工存在很大差距。它提出以大脑隐喻代替计算机隐喻，把大脑视为生物的神经网络，以平行分布加工代替串行加工。联结主义认知心理学试图构建一个更接近于神经活动的认知模型，暂时缓解了认知心理学遇到的困难。

从20世纪90年代开始，生态论认知心理学受到研究者的重视。它批判认知心理学注重实验室研究、远离日常生活的倾向，强调心理是人与环境互动的结果，主张心理学应当走出实验室、在现实环境中研究人的心理和行为，追求心理学研究的生态学效度，促进了认知心理学与实际生活的联系。

2. 人文主义心理学流派的历史演进

人文主义心理学亦称人文科学心理学，是指一种以人文科学为价值定向的心理学研究取向，它坚持心理学的人文科学观和现象学（存在主义、解释学）的主观经验范式，力图建构以人文科学为模板的心理学理论模式。人文科学心理学是非主流的心理学取向，它的发展有两条线索：一条从意动心理学开始，依次表现为格式塔心理学、现象学心理学、存在心理学、人本主义心理学、超个人心理学等流派，它们之间具有明显的连续性；另一条从古典精神分析心理学开始，依次表现为自我心理学、客体关系学派、自体心理学、社会文化学派、存在分析学、马克思主义精神分析学、后现代精神分析学等，它们之间也具有明显的连续性。当然，这种划分无论是时间上还是在思想渊源上都具有一定的相对性和交叉性。例如，存在心理学与精神分析学具有很大的关联性，存在心理学有时又称存在精神分析学或简称存在分析学。再如，作为存在心理学家的罗洛·梅和布根塔尔等人也可以归入人本主义心理学阵营。

（1）意动心理学。

人文主义心理学从布伦塔诺的意动心理学（act psychology）①开始。意动心理学有狭义、广义之分。狭义的意动心理学主要是指布伦塔诺的意动

① 布伦塔诺开创了意动心理学的体系，但并未提出“意动心理学”这个概念。“意动心理学”进入心理学界，首先要归功于铁钦纳，他于1921年和1922年在《美国心理学杂志》上连续发表《机能心理学与意动心理学：Ⅰ》和《机能心理学与意动心理学：Ⅱ》，区分出两种心理学团体：关注生物学方面的机能心理学和关注意向方面的意动心理学。他明确指出，意动心理学以布伦塔诺、麦农、斯顿夫、立普斯、胡塞尔和屈尔佩为代表，英国的斯托特也受到布伦塔诺的影响。（Titchener, E. B., Functional psychology and the psychology of act: I. *American Journal of Psychology*, 1921, 32, pp. 519～542）1921年，他又在《美国心理学杂志》上发表《布伦塔诺与冯特：经验与实验的心理学》，认为他们开创了不同的心理学取向。他说：“心理学的学生，尽管其得益是双倍的，但依然必须在这一个和另一个之间作出选择。在布伦塔诺和冯特之间，没有中间的道路。”（Titchener, E. B., Brentano and Wundt: empirical and experimental psychology. *American Journal of Psychology*, 1921, 32, pp. 108～120）在铁钦纳之后，他的忠实的学生波林继承了老师的观点，将布伦塔诺和冯特视作两种阵营。他说：“19世纪后期和20世纪早期的系统心理学的分歧在于意动和内容，也就是在于布伦塔诺和冯特。”（波林著，高觉敷译：《实验心理学史》，商务印书馆1981年版，第406页）

心理学，广义的意动心理学除了布伦塔诺的意动心理学，还包括斯顿夫的机能心理学[①]、形质学派、符茨堡学派等。

布伦塔诺不同于冯特，他主张把意动作为心理学的研究对象，强调心理的意向性、活动性和整体性；提倡通过直接体验的方法，如内部知觉方法，来研究心理现象的组织规律和本质。布伦塔诺最先确立了意动心理学体系。在他之后，其学生斯顿夫提出机能心理学，麦农和厄棱费尔等人提出形质心理学，推进了意动心理学的发展。同时，冯特的学生屈尔佩站在意动心理学的立场上，领导符茨堡学派进行无意象思维的研究，并提出二重心理学，尝试调和意动心理学和内容心理学。此外，英国的沃德和斯托特、法国的里博和沙可也受到意动心理学的影响，推动了意动心理学在英国和法国的发展。

布伦塔诺等人的意动心理学与冯特等人的内容心理学相抗衡，开创了心理学中的人文主义路线与科学主义路线对立之先河。在意动心理学之后，弗洛伊德受到布伦塔诺的心理意动观的影响创立了精神分析心理学，惠特海默等人受到斯顿夫的影响，提出格式塔心理学，作为心理学中的“第三势力”的现象学心理学和人本主义心理学也回应了意动心理学。

(2) 格式塔心理学。

格式塔心理学(Gestalt psychology)又译“完形心理学”，包括两个分支，一是格式塔心理学的格拉茨学派，二是格式塔心理学的柏林学派[②]。1890—1900 年间，厄棱费尔和麦农将其老师布伦塔诺的意动心理学具体运用到形、形质问题的研究上，认为形、形质的形成有赖于意动。后来这一思想又通过威塔塞克和贝努西等人的努力继续传播于世。由于他们提出形质学说，故称为形质学派。这一学派是以奥地利的格拉茨大学为中心，又称格拉茨学派。

格式塔心理学的柏林学派由惠特海默、苛勒和考夫卡三位德国心理学家于 1912 年创立。这个学派最初以反对冯特的元素论作为出发点，强调经验和行为的整体性，认为整体不等于且大于部分之和，整体的性质决定部分的性质，部分的性质则有赖于它在整体中的关系、位置和作用。整体观贯穿

① 斯顿夫的机能心理学不同于美国心理学的机能主义，对后者也没有直接的影响。斯顿夫的机能强调的是一种逻辑的机能，而美国机能主义强调的是一种生物或适应的机能。

② 史密斯指出，格拉茨学派可以与柏林学派并列，作为格式塔心理学的两个中心。(Smith, B., *Austrian Philosophy: The Legacy of Franz Brentano*, Open Court Publishing Company, 1994, pp. 259～272)林登费尔德也指出：“格拉茨学派本来能够轻易地成为战争时期[指第一次世界大战]格式塔心理学主要的中心。”(Lindenfeld D. F., *The Transformation of Positivism Alexius Meinong and European Thoug, 1880—1920*. University of California Press, 1980, p. 237)

于柏林学派体系之中，在对知觉、心身关系、思维、学习和人格问题的解释上都体现了这一观点。由此出发，柏林学派十分注重心理各成分之间的动力性、交互性和系统性。

柏林学派承认形质学派的地位与作用，在诸多方面与其保持一致：它们都坚持整体论观点，反对元素论观点；都把对形式和图形关系尤其是知觉作为核心主题。不过，格拉茨学派与柏林学派间存在着一定的差异。两个分支的争论反而成了格式塔心理学发展的动力，这反映在后来意大利的格式塔心理学发展上。

格式塔心理学的柏林学派除了三位创始人之外，后来受到柏林学派影响的勒温转向团体动力学，可以视作是对格式塔心理学的一种继承和发展。海德和费斯汀格等继承和发展了团体动力学，各自提出新的理论和学说，并在美国社会心理学界长期占据着统治地位，而格拉茨学派在一定程度上被冷落了。

(3) 现象学心理学。

在20世纪五六十年代，美国的现象学心理学、存在心理学和人本主义心理学以相似的人文主义心理学观点共同构成心理学的“第三势力”，它们共同反对心理学的“第一势力”行为主义心理学和“第二势力”精神分析心理学。在严格意义上，“第三势力”心理学都是心理学的一种共同研究取向，而非一个严格意义上的学派。当然，从起源上看，现象学心理学和存在心理学都比人本主义心理学出现得较早。

现象学心理学(phenomenological psychology)是产生于20世纪上半叶的一种心理学取向，它上承人文科学心理学最初形态的意动心理学，并受到现象学哲学的直接影响。它从直接呈现的经验出发，坚持意向性观点，对经验加以描述。胡塞尔的现象学心理学和哥廷根的实验现象学构成了现象学心理学的最早思想雏形。从地域上看，现象学心理学可分为欧洲的现象学心理学与美国的现象学心理学。前者主要有以萨特和梅洛—庞蒂为代表的法兰西学派、以伯伊滕蒂克等人为代表的乌特列支学派。后者兴起于20世纪40年代，到60年代逐渐形成了以乔治为代表的迪尤肯阵营。美国的现象学心理学的兴起过程主要是吸收与转化现象学哲学和欧洲现象学心理学的过程，这个过程实际上是现象学心理学在美国的本土化过程。1970年，乔治创办《现象学心理学杂志》，在现象学心理学发展中具有标志性意义。从理论形态上，现象学心理学可以分为三个维度六种形态：在研究方式上，表现为思辨的与实验的现象学心理学；在研究取向上，表现为经验与解释的现象学心理学；在研究领域上，表现为存在与超个人的现象学心理学。

(4) 存在心理学。

存在心理学(existential psychology)主要受到存在主义哲学和精神分析心理学的影响,以人的存在为核心观点,采用现象学方法,来理解人的爱、本真、自由、焦虑、孤独、死亡等存在状态。存在心理学家在坚持心理学的存在主义观点和现象学方法方面是一致的,但他们在研究主题上又各有侧重。存在心理学在20世纪三四十年代兴起于欧洲,并在五六十年代发展于美国和英国。早期的欧洲存在心理学的主要代表人物是瑞士的宾斯汪格、鲍斯和奥地利的弗兰克尔等人。美国的存在心理学以罗洛·梅为领军人物,此后还有布根塔尔、施奈德和雅洛姆等人。1958年,罗洛·梅等主编的《存在:心理学与精神病学中的一种新维度》是美国的存在心理学发展的一个里程碑。1959年,在美国心理学会的年会上举办了关于存在心理学的研讨会,会议论文由罗洛·梅主编并以《存在心理学》(1961)为题出版。1960年开始,美国陆续创办了几种存在心理学杂志,如《存在精神病学》(1960,后更名为《存在主义杂志》)、《存在心理学与精神病学评论》(1961)、《存在分析者》(1964)、《存在精神病学》(1964)等,这些刊物成为存在心理学最重要的阵地。英国的存在心理学以莱因等人为代表。

(5) 人本主义心理学。

人本主义心理学(humanistic psychology)诞生于20世纪五六十年代,是美国心理学中的一种新思潮和革新运动。它假定每个人的内部都存在着一种成长的机制,这种机制可以促使人们在环境允许的情况下实现他们的潜能,而心理学家的目标和责任就是关注这种内部潜能,并寻求各种方法来帮助人们实现这种潜能。奥尔波特、马斯洛、罗杰斯等人是其主要代表人物,此外,存在心理学家罗洛·梅和布根塔尔等人的思想也具有人本主义心理学倾向。在20世纪60年代末,从美国人本主义心理学中又分化出超个人心理学,它是人本主义心理学创始人马斯洛和萨蒂奇等人在对人本主义心理学进行自我扬弃的基础上提出来的。超个人心理学超越了人本主义以个人的自我实现为目标的狭隘认识,迈向以研究人类心灵与潜能的终极价值和真我完满实现为目标。人本主义心理学理论形态包括以奥尔波特、马斯洛、罗杰斯等人为代表的自我实现理论、以罗洛·梅和布根塔尔等人为代表的自我选择论和以马斯洛和萨蒂奇等人为代表的自我超越论。

(6) 精神分析心理学。

精神分析(psychoanalysis)由奥地利著名医生弗洛伊德于19世纪末创立,它既是一种治疗心理疾病的方法,又是一种潜意识的心理学说。精神分析最初是从神经症治疗实践中产生的,逐渐发展成为现代西方心理学的一个主要流派，被称为西方心理学的“第二势力”。自 20 世纪 20 年代以来，精神分析逐渐超越了心理学的范围，扩展到社会科学的诸多领域，开创了一场人类思想文化运动。可以说，精神分析心理学是西方心理学史上绵延最长、影响最大、分支派别最多的一个心理学流派。

自从弗洛伊德创建精神分析理论以来，精神分析运动已经经历了百年的发展历程，其发展循着内部和外部两条路径。内部发展路径指的是精神分析内部的不断分裂与重组、演变与发展。其逻辑线索是，弗洛伊德所倡导的驱力模式，经过荣格、阿德勒等人的过渡之后，进一步演化为自我模式、关系模式和自体模式，分别对应着以安娜、哈特曼和埃里克森等人为代表的自我心理学，以克莱因、费尔贝恩和克恩伯格等人为代表的客体关系学派和以科胡特等人为代表的自体心理学等，它们从学科内部推动着精神分析运动向前发展。外部发展路径指的是弗洛伊德之后的精神分析从外部学科，如医学、社会学、文化学、哲学、语言学等积极汲取养分，一些精神分析学家把传统精神分析学与其他学科相结合，分别出现了以霍妮、沙利文、卡丁纳和弗洛姆等人为代表的社会文化学派，以宾斯万格、鲍斯、罗洛·梅、莱因等人为代表的存在分析学，以赖希、马尔库塞和弗洛姆等人为代表的马克思主义精神分析学，以拉康等人为代表的后现代精神分析学等，它们推动了精神分析运动向外发展。

精神分析百年运动的发展历程是一个不断分裂与整合的过程。其整合过程就是不断地克服片面性、极端性从而逐渐地走向互相吸收、融合的历程，表现在它的不同发展阶段之间、其内部的各种模式之间以及它与外部诸多学科之间的相互吸收与融合。精神分析运动的整合逻辑与其发展逻辑相一致，也循着内部整合与外部整合两条路径。内部整合路径是指精神分析内部的各种模式之间的整合，即对驱力或本能、自我、客体关系与自体模式之间的不断整合，包括雅可布森的自我理论整合、克恩伯格的客体关系理论整合、科胡特的自体理论整合和米契尔的关系理论整合等。外部整合路径是指精神分析与外部邻近学科，如社会学、文化学、哲学、语言学、医学和神经科学之间的整合，包括社会文化学派的文化理论整合、存在精神分析的人本主义理论整合、拉康的语言学理论整合和神经科学的科学化整合等。无论是内部整合还是外部整合都推动了精神分析运动不断向前发展。

三、现代心理学流派的当代效应

20 世纪 80 年代以来，西方心理学进入“后体系时代”(postsystem era)[①]。尽管一些学派和思潮如行为主义心理学、认知心理学、精神分析心理学、人本主义心理学等依然存在，但是，学派纷争日益淡化，学派界限日趋模糊，大多数心理学家更倾向于具体问题的研究，提出一些微观理论模型，而不大关心学派建设。就宏观理论观点而言，当代心理学也出现了一些新的研究趋势。这些新趋势一方面延续着科学主义心理学与人文主义心理学的分野。例如，联结主义认知心理学、认知神经科学、生态心理学、进化心理学等主要体现了科学主义心理学精神，后现代心理学、女性主义心理学、叙事心理学、文化心理学、积极心理学等主要体现了人文主义心理学精神。同时，这些新趋势在一定程度上也体现了科学主义心理学和人文主义心理学之间相互吸收和融合的新特点。当代出现的这些心理学的新趋势，只能看成是新的心理学研究取向，还不能视为严格意义上的心理学派别，而且，它们各自的代表人物也没有打算创立什么新的学派。

1. 科学主义心理学流派的当代效应

以自然科学为价值定向的科学主义心理学的当代趋势主要有：联结主义认知心理学、认知神经科学、生态心理学和进化心理学等。表面上看来，虽然不断有新的特征纳入到这些趋势中，比如多学科的交叉性以及研究方法的多元化，但是这些趋势在总体上却都反映出了诸如坚持经验证实原则、强调量化研究等科学主义心理学所固有的研究特征。

(1) 联结主义认知心理学。

联结主义认知心理学(connectionist cognitive psychology)是联结主义模型研究于 20 世纪 80 年代在认知心理学领域的复兴。它的复兴既逢信息加工论认知心理学遭到怀疑与困难之时，又得益于脑科学和神经科学的飞速发展。1986 年，鲁梅尔哈特和麦克里兰编辑出版的联结主义“圣经”《并行分布加工：认知结构的微观探索》一书，标志着联结主义认知心理学进入发展的鼎盛时期。联结主义认知心理学以“心理活动像大脑”为隐喻基础，把认知过程类比为神经网络的整体活动，把认知系统看做是简单而大量的加工单元的联结网络，网络中的每一单元在某一特定时刻总是处在某种激活

---

① Brennan, J. F. (2003). *History and systems of psychology*. New Jersey: Pearson Education, p. 280.

水平上，其实际的激活水平与来自环境和其他与之相连的单元有关。在联结主义看来，知识并不存在于特定的地点，而是存在于单元之间的联结之中，学习就是建立新的激活模式或改变单元之间的联结强度，因此，不同的激活模式能够解释不同的认知过程。相对于信息加工论认知心理学，联结主义认知心理学所研究的人工神经网络与大脑的功能方式更为一致，因为人脑就是由大量神经细胞以复杂方式联结起来的。联结主义认知心理学为处于危机中的认知心理学带来了新的生机，被称作“在认知解释方面的一场哥白尼式的革命”①，但它以对大脑的同构型或同态型模型为研究对象本身就具有一定的局限性。

(2) 认知神经科学。

认知神经科学(cognitive neuroscience)是20世纪80年代末出现的一种主要研究趋势。这一趋势重在研究和探讨人类心理及其活动的脑基础，以便揭示出人类心理和大脑之间的关系。认知神经科学融合了多个学科，比如脑科学、认知科学、神经科学等。这一新趋势有两点基本主张：一是认为脑结构与脑功能具有多层次性的特点；二是认为虽然人脑的结构是脑功能的基础，但在结构和功能之间并非简单的对应关系。这一趋势以传统认知心理学的行为实验研究方法为基础，主要采用脑功能成像技术进行研究。这其中主要包括基于脑代谢或脑血流变化的正电子发射断层扫描技术(PET)、功能性核磁共振成像技术(fMRI)和基于脑电或脑磁信号的脑生理功能成像的事件相关电位技术(ERP)、脑磁图技术(MEG)。认知神经科学将认知科学中的精细、严密的实验设计和现代神经科学中的先进技术相结合，丰富了心理学的研究，促进了人们对心理学中的一些重要主题研究的深入。有观点甚至认为认知神经科学正取代认知心理学成为心理学发展的新阶段。② 虽然这一新的趋势目前还正处于进一步发展和完善之中，但相信它会给心理学研究带来更多的借鉴和突破。

(3) 进化心理学。

进化心理学(evolutionary psychology)是在20世纪80年代末期出现于心理学研究领域中的一种新的研究趋势，其主要代表人物有巴斯、考斯麦茨、巴库等人。进化心理学主要受到本能心理学、认知科学和精神分析理论的影响，在方法论上主要运用生物学的进化理论来探讨人类心理的起源和

① Andy Clark & Rudi Lutz(1992). *Connectionism in context*. Springer-Verlag, p. 9.

② 索拉索编，朱滢、陈烜之等译：《21世纪的心理科学与脑科学》译者前言，北京大学出版社2002年版，第12页.

本质，并尤其强调自然选择的机制。这一趋势的基本观点主要包括：理解心理机制的关键在于过去；功能分析是理解心理机制的最主要途径；人类在解决问题的过程中逐渐演化出心理机制；心理机制具有模块性；人类的行为和表现是外部环境和心理机制相互作用的结果。进化心理学的研究主要建立在多种方法和数据来源的基础之上，通常采用比较法和实验法对所提出的假设进行检验，数据资料主要来源于观察资料、自我报告、生活史、考古学记录、狩猎采集社会的数据等。进化心理学把心理学的研究融进了生命科学的研究范围之中，拓宽了心理学的研究领域，并对人性等问题做了深入探讨。虽然进化心理学目前尚存在诸多争议，但是它无疑启发并促进了心理学的深入研究和纵深发展。

(4) 生态心理学。

生态心理学(ecological psychology)是在20世纪80年代末最终确立并得以发展的心理学新趋势之一。它受到科学、哲学和心理学等多个学科的影响，但以心理学的影响为主。在心理学领域中，生态心理学既受到机能主义心理学、行为主义心理学、认知心理学等这些主要的科学主义心理学流派的影响，又受到格式塔心理学、精神分析心理学和人本主义心理学等人文主义心理学流派的影响。从这些影响中，我们可以看到生态心理学这一新趋势在总体上反映了科学主义心理学和人文主义心理学的融合迹象。生态心理学的特征主要包括：强调人类心理的整体性；主张心理学的研究应面向生活世界；主要关注生态危机。在研究方法上，生态心理学虽然倡导多元化取向，但在实际研究中往往以注重生态效度的实验法、以行为抽样记录为主的自然观察法、以背景评估为主的测量法以及档案法为主。由于生态心理学的发展处在以科学主义为主导的当代心理学氛围下，不可避免地对经验和实验尤为注重，这也在一定程度上限制了生态心理学的发展空间。

2. 人文主义心理学流派的当代效应

以人文社会科学为价值定向的人文主义心理学的当代趋势主要有：后现代心理学、女性主义心理学、叙事心理学、文化心理学、积极心理学等。它们主要以现象学为哲学基础，以质化描述和个案分析方法研究现实生活中人的整体经验世界，关注人的价值、尊严、情感的理解和体验等主题，重视社会和文化因素对人的心理的影响。

(1) 后现代心理学。

后现代心理学(postmodern psychology)是在20世纪80年代中后期，受到后现代文化思潮的直接影响，在西方主流心理学面临困境与危机的情势下产生的一种心理学新趋势。它直接缘起于在心理学界处于非主流地位的人文科学定向的心理学思想。它以批判和消解科学主义心理学，并从后现代视野重新审视和重构心理学为基本特征。后现代心理学反对把心理学视为一门自然科学，从总体上倾向将心理学划为人文科学阵营；反对只研究可观察的对象，主张扩大心理学的研究对象；反对以实证方法为中心和量化分析，主张质化研究；反对原子论、还原论、客观论、决定论，倡导整体论、建构论、去客观化、或然论；反对追求普适性真理、价值中立和把人视作机器的观点，主张淡化对普适性真理的追求，关注事实与价值的融合，张扬人性；反对将知识视为客观实在，主张把知识放到社会背景中，视其为人际互动和社会建构的结果。后现代心理学作为后现代文化思潮的重要组成部分，体现出人文科学的精神，对人文主义心理学领域具有积极意义。

(2) 女性主义心理学。

女性主义心理学(feminist psychology)产生于20世纪60年代末以来的西方女性主义思潮背景之下。其发展逻辑体现为三种研究取向：20世纪六七十年代出现的经验论女性主义心理学，20世纪80年代出现的立场论女性主义心理学和20世纪90年代出现的后现代女性主义心理学，其中后现代女性主义心理学占据主流地位。女性主义心理学的主流观点是：消除心理学中男性中心的偏见，建立“性别公平”的“好科学”；反对实证霸权，主张采用适于女性的多元方法，如质化方法；反对传统心理学的客观和价值中立的研究模式，提倡在社会文化背景下对女性的主观经验如价值、情感和信念的深度理解；主张从社会性别视角革新咨询关系，尊重女性能力、尊严及价值，强调赋予自我决定的治疗目标，建立平等的咨询关系。女性主义心理学对我们全面认识人类心理和关注女性心理起到独特作用。

(3) 叙事心理学。

叙事心理学(narrative psychology)诞生于20世纪80年代中期，它受到后现代文化思潮的影响，是现代文学中的叙事分析与社会心理学相结合的产物。它是通过分析神话、民间故事、小说等虚构文本来探讨和理解我们精神世界的意义系统和结构的一种人文主义心理学取向。叙事心理学以自我叙事表征心理过程的核心特征，主张用话语分析等质化方法研究人的意义、价值、情感和人格，研究人的生活故事，其目标是理解，而非实证和解释；它强调人的心理的情景性和生成性，既关注日常生活世界中人的发展过程的连续性，又注重对人生链条上每一个故事内容的分析；它认为心理问题产生的原因在于外界事物导致个体生活故事的连续性遭到破坏，心理治疗的目的是帮助个体“修复故事”或重构一个新故事。叙事心理学以其独特的研究方法和视角，启示我们重新审视传统心理学的目标和方法。

(4) 文化心理学。

文化心理学(cultural psychology)是20世纪末产生的一种心理学取向，是对主流心理学困境与危机的一种反应和结果。它主要通过人文科学模式研究特定文化中人的心理或行为，重视实际语境，强调生态学研究方法，重视主位研究、同文化研究和本体论解释学研究。它强调文化与心理的创生关系和互动关系，力图改变传统文化与心理学领域研究中的文化决定论模式。文化心理学主要有三种取向：符号理论取向、活动理论取向和个人主义理论取向。它对科学主义心理学进行了全面的批判和建构：反对物性，张扬人性；反对经验—理性理论模式，主张文化研究范式；反对传统心理学的本体论和普遍知识观，坚持文化相对主义与建构主义；反对二分主义和以此为基础的本质主义、基础主义和归因主义，倡导整体主义、非本质主义、非基础主义。文化心理学重视人性，突出心理学的人文科学性，弥补了科学主义心理学的不足。

(5) 积极心理学。

积极心理学(positive psychology)是利用心理学目前已比较完善和有效的实验方法与测量手段，来研究人类的力量和美德等积极方面的一种心理学思潮。它产生于20世纪末的美国，是相对于主流心理学中的"消极心理学"而言的。它反对传统心理学以消极、问题、障碍、病态心理为研究重点，反对本能驱力论、环境决定论和悲观人性论，强调对主观幸福感、美德、力量和潜能等积极品质的研究；反对心理学研究只关注对"问题"的修补，主张心理学关注和鼓励人保持积极心理品质。积极心理学的主要研究内容包括：积极情感体验，如主观幸福感、满足和快乐等；积极人格，如自尊、虔诚、宽恕、善良、爱、正直、感恩等；积极的社会组织系统，如工作制度、家庭关系和学校管理等。积极心理学虽然沿用了实证主义的研究方法，但也逐渐尝试借鉴质化研究方法，更重要的是它继承和发展了人文主义心理学的人性观与心理观，其目标在于寻求人类的人文关怀和终极关怀，它在总体上属于人文主义心理学，同时也体现了科学主义心理学与人文主义心理学的融合迹象。

在当前西方心理学中，科学主义心理学与人文主义心理学逐渐开始对话与交流，出现了相互融合的新迹象。例如，上述生态心理学和积极心理学两种研究趋向就表现出这种融合的特点。又如，精神分析心理学通过借鉴认知神经科学的研究方法和成果向科学主义心理学融合。神经精神分析学(neuropsychoanalysis)是一门将传统精神分析学与神经科学的理论和方法相结合的新研究领域。其领军人物马克·索姆斯指出，神经精神分析学"联系心理与大脑，以详细探究因不同大脑结构受损而带来的人格、动机和情绪变化的内部心理结构。如此，我们可以辨别引起这些症状和症候群的多重潜在因素，并将它们与其解剖的'活动场景'联系起来"①。1999年《神经—精神分析学》杂志创刊，2000年国际神经—精神分析学协会创建，标志着神经精神分析学的正式建立。神经精神分析学试图通过结合精神分析学与神经科学的理论与方法，实现精神分析的科学化，被称为21世纪精神分析研究的新范式。再如，认知科学通过借鉴现象学的方法向人文主义心理学融合。1996年，认知科学家瓦雷拉提出神经现象学(neurophenomenology)构想，试图将认知科学与现象学结合起来。② 神经现象学是研究意识体验的神经科学，在理论上寻求对意识的神经生理层面进行具身化(embodied)与大规模(large-scale)的动力学研究；在方法上广泛而严格地使用现象学的第一人称主观经验报告策略，来量化和描述意识的大规模的神经动力活动。神经现象学鲜明地体现了实证方法与现象学方法的结合。

四、现代心理学流派的理论特征

现代心理学流派的发展与演进并非杂乱无章，而是有其内在的理论逻辑。这种理论逻辑从心理学的科学观、对象论、方法学和理论观等方面体现了科学主义心理学与人文主义心理学的分歧与争论。心理学史学家华生③、科恩④、金布尔⑤等人都曾对此进行过研究。我们在这里分别从科学观、对象论、方法学和理论观方面总结科学主义心理学和人文主义心理学的不同理论特征，以进一步深化对现代心理学流派的理解。

1. 科学观

心理学科学观是指心理学家关于心理学的学科性质、定位及其建构方式的理论观点，体现为心理学家对心理学研究对象的理解、对心理学研究方

---

① Kaplan-Solms, K. & Solms, M. (2000). *Clinical studies in neuropsychoanalysis*. London: Karnac, p. 62.

② Varela, F. J. (1996). Neurophenomenology: A methodological remedy to the hard problem. *Journal of Consciousness Studies*. 3(4), pp. 330～50.

③ Watson, R. I. (1967). Psychology: A prescriptive science. *Americcan Psychologist*. 22(5), pp. 435～443.

④ Coan, R. W. (1979). *Psychologist: Personal and theoretical psthways*. New York: Irvington Publishers, Inc.

⑤ Kimble, G. A. (1984). Psychology's two cultures. *Americcan Psychologist*. 39(8), pp. 833～839.

式的确定以及对其理论本身的表述。心理学家持有什么样的科学观，决定着他们怎样看待心理学，怎样研究心理学，致力于将心理学建构成什么样的科学。科学主义心理学与人文主义心理学在科学观上表现为自然科学观与人文科学观的差异。

科学主义心理学自冯特起，就确立了心理学的自然科学观，以物理学、生理学和生物学等自然科学为模板，反对旧的思辨的形而上学心理学，将心理学打造为自然科学的一个分支。这种科学观遵从17世纪以来流行于物理学等学科中的数学和机械观点，将世界视作遵循物理规律的自然物的世界，力图通过客观的实验研究发现自然物的成分及其运动规律。铁钦纳将冯特的内容心理学观点推向极致，认为心理学类似形态学，它通过类似于"活体解剖"的工作发现心理的元素及其结合规律。行为主义者华生曾明确宣称："心理学是自然科学的一个分支，它将人的活动及产物作为主题。"①华生将心理学的研究对象限定在可观察的行为范围内，同时将心理排除在心理学大门之外。认知心理学虽然实现了心理的复归，但仍将可客观操作的信息符号作为研究对象，来发现其中的运转规律。科学主义心理学通过采用自然科学模式，极大地推动了心理学的发展，但同时也存在过于强调自然科学观点、忽视心理的原本面目的不足。心理学史学家科克对此批评说："物理学的语言成了心理学的理想术语。科学的脸面远比真知灼见更具魅力。心理学史成了对自然科学的模仿史。"②

与科学主义心理学不同，人文主义心理学自布伦塔诺起，就确立了心理学的人文科学观，将心理学打造为人文(社会)科学的一个分支。这种科学观重视人的世界的整体性与独特性，将世界视作有意义的世界，力图在忠于心理现象原本面目的前提下，通过描述和理解阐发其中所蕴含的意义与价值。人文主义心理学强调心理的整体性、主观性、动态性和独特性，主张以人文(社会)科学的理论模式来研究心理学，以达到对人的心理生活的理解。狄尔泰通过区分描述心理学(descriptive psychology)与说明心理学(explanatory psychology)，明确提出人文科学的心理学观点。格式塔心理学提出"整体大于部分之和"的口号，强调心理现象的整体性。精神分析心理学力图通过理解与解释来考察人类心灵深处的潜意识现象。"第三势力"心理学则明确自己的人文科学立场，通过研究人的存在、潜能、意义、价值等主题，

① Watson, J. B. (1919). *Psychology from the standpoint of a behaviorist*. Philadelphia: J. B. Lippincott Company, p. 1.

② Koch, S. (1959). *Psychology: A study of a science* (vol. 3). New York: McGraw-Hill, p. 783.

彰显心理现象的整体性与独特性，揭示其中的意义源泉。人文主义心理学采用人文科学模式，丰富了心理学的主题和领域，推进了心理学的发展，但在方法落实等方面存在着不足。

2. **对象论**

心理学的对象论是指心理学家在研究对象上的主张与阐释，它对于心理学的研究主题和领域等具有重要的指导意义。科学主义心理学与人文主义心理学在对象论上表现为人性观和心理观两个具体层面上的分歧。

人性观是指对人的本性的理解。科学主义心理学在人性观上坚持自然科学的立场，表现出自然化倾向。这种人性观把人从各种背景中隔离出来，视其为纯粹物理世界中的自然存在。冯特在创立科学主义心理学时，就将人和物等同，通过考察心理的元素及其结合规律，把人降为自然的化合物。行为主义将人和动物等同，通过考察刺激—反应的联结来推断人的适应行为，把人降为大白鼠。认知心理学将人视作物理符号系统，通过计算机模拟来推导人的内部心理过程，把人降为机器。科学主义心理学的人性观有利于掌握人的心理机制和规律，但忽视了人的自身独特性及其社会性。而人文主义心理学在人性观上坚持人文科学的立场，强调人在世界中的独特地位，提倡从社会、历史、文化和精神的视角去理解人。格式塔心理学重视具体情境中的人，精神分析心理学侧重从人的生活史考察人的内心世界，存在心理学则从人在世界中的存在来展现人的精神面貌。人文主义心理学拓展了心理学对人性的丰富性理解，但对人的自然属性重视不够。

心理观是指对心理学研究对象的看法。科学主义心理学将研究对象视作具有物理特征的自然物，尤其强调研究可观察的对象，如认知、行为等，而那些不能观察或无法实验证实的经验都被排斥在心理学的研究对象之外。冯特的内容心理学和铁钦纳的构造心理学都将各种复杂的心理过程分析为基本的心理元素，结果导致严重脱离实际的“砖块和水泥”的心理学。华生和斯金纳等人的行为主义心理学因为排除了意识和心理而成为“无头脑”的心理学。信息加工论认知心理学从信息的输入与输出来推论人的内在认知加工的规律。而人文主义心理学重视研究心理的主观体验，如情感、潜能、创造、价值等，强调心理学研究对象的主观性、意义性、整体性以及与情境的独特关联。布伦塔诺通过提出心理的意向性本质，强调了心理现象与对象的关联性。精神分析强调过去经验的独特意义，由此来发掘潜意识的奥秘。现象学心理学力求从人所体验到的生活世界出发，来考察心理的本质。人本主义心理学关注人的内在体验，如潜能、需要和自我实现等。

3. **方法学**

从方法学上看，科学主义心理学与人文主义心理学无论在哲学方法论上还是在具体研究方法上都存在较大的分歧。科学主义心理学以实证主义为哲学基础，使用自然科学的研究方法，如实验室研究、量化研究和共同规律研究；人文主义心理学以现象学为哲学基础，使用人文（社会）科学的研究方法，如现场研究、质化研究和特殊规律研究。

(1) 实证主义与现象学。

科学主义心理学与人文主义心理学在哲学方法论上存在分歧。科学主义心理学以实证主义为哲学方法论。实证主义坚持客观立场，强调研究对象的可观察性，提倡通过经验的验证来发现心理现象的机制和规律。实证主义包括孔德的激进实证主义、马赫和阿芬那留斯的经验实证主义以及维也纳学派的逻辑实证主义三代，它们分别为华生的行为主义、铁钦纳的构造主义以及新行为主义提供哲学方法论。在实证主义哲学的影响下，科学主义心理学提倡实验、测量等量化方法，力求得出心理的本质。人文主义心理学以现象学为哲学方法论。现象学从生活世界出发，强调忠于心理现象本身，提倡通过经验的描述和理解，来揭示心理现象的原本面目。现象学包括胡塞尔现象学、存在主义和解释学三代，它们分别为格式塔心理学、人本主义心理学、现象学心理学、存在心理学和精神分析提供哲学方法论。在现象学哲学的影响下，人文主义心理学提倡个案、现场等质化方法，力求理解心理的意义。

(2) 实验室研究与现场研究。

科学主义心理学强调严格控制的实验室研究，而人文主义心理学注重日常生活的现场研究。科学主义心理学深受自然科学观和实证主义哲学的影响，信奉实验方法，主张通过精巧的实验设计、严格的变量控制来研究心理现象。例如，冯特把生理学和心理物理学的实验方法引入心理学，并把传统的内省法改造为实验的内省法，对感知觉、联想等进行了大量实验研究。行为主义更是笃信客观实验法，认为只有运用严格的实验程序与仪器设备，才能进行科学的心理学研究。信息加工论认知心理学也主要是在实验室内进行研究，运用反应时实验、眼动实验和计算机模拟等方法，并在使用中特别强调实验变量及其控制。与之相对，在人文科学观和现象学哲学的影响下，人文主义心理学认为心理学研究应当走出实验室，走进日常生活情境，采用访谈和自然观察等现场研究方法。精神分析心理学在临床背景下探究人的潜意识，对梦、口误、笔误、遗忘和疏忽等现象进行分析。格式塔学派主张采用实验现象学和自然观察法来研究人的直接经验。人本主义心理学采用个案、访谈等方法揭示个体的独特性。

(3) 量化研究与质化研究。

科学主义心理学侧重量化研究，而人文主义心理学突出质化研究。科学主义心理学关注研究的精确性，强调定量分析。铁钦纳说过："在科学中，一切解释对我来说，都是依存变量和独立变量的相关性。"①行为主义心理学通过数量分析来确定刺激与反应或环境与行为之间的关系，这在赫尔的逻辑行为主义和斯金纳的操作行为主义中表现得尤为突出。认知心理学用反应时作为感知觉、记忆、思维和语言等多种心理现象的主要指标，任何复杂的心理活动都可以转化为反应时指标或测验分数。而人文主义心理学并不排斥量化方法，但对科学主义心理学过于追求量化的倾向进行了批评，大力倡导质化研究。布伦塔诺以内部知觉方法研究心理的活动，精神分析心理学运用自由联想和梦的分析揭示潜意识的意义，格式塔心理学通过实验现象学方法揭示心理的本质，人本主义心理学和现象学心理学通过现象学方法发掘经验的意义。

(4) 共同规律研究与特殊规律研究。

科学主义心理学坚信客观的普适性原则，认为通过经验观察和实验就能归纳出适合所有人的共同规律，以此对心理与行为进行统一性解释。例如，行为主义者认为心理学可以发现人类行为的一般规律，并据此对人类的行为进行预测和控制。华生指出，心理学"在某种程度上成为探索人类生活的基础……为所有的人理解他们自己行为的首要原则做准备……应该使所有的人渴望重新安排自己的生活"②。认知心理学通过严格控制的实验室研究，得出人类认知的一般规律。而人文主义心理学主张，普适性的共同规律并没有多少意义，心理学研究不应离开特定的个体和具体的情境，而应重在发现适合个体的特殊规律。精神分析心理学从临床案例观察出发，得出适于某类病症的理论解释。人本主义心理学采取折中融合的方法论原则，马斯洛和奥尔伯特等人坚持在共同规律研究之外，一定要运用特殊规律研究法对个案进行深入研究。

4. 理论观

(1) 客观论与主观论。

科学主义心理学将实证主义哲学的实证性原则贯彻到心理学中，追求客观化，强调以量化方法研究可观察的对象。例如，机能主义心理学把人的

① 郭本禹主编：《西方心理学史》，人民卫生出版社 2007 年版，第 350 页。

② 华生著，李维译：《行为主义》，浙江教育出版社 1998 年版，第 304 页。

心理整体视为一种机体有效适应生活条件的活动过程，使心理学的研究重心转移到有机体与客观环境的适应关系中，进行开放、客观的研究。行为主义心理学是客观心理学的典型代表。华生反对把心理封闭在主体之内，主张以客观可观察的行为作为心理学的研究对象，以严格的客观法代替主观内省法。斯金纳把自己的新行为主义体系定性为："从科学的角度看，这个体系是实证主义的。它的任务以描述为限，不企图提出解释，它的一切概念都由直接观察的结果来给以定义，不涉及身体部位或生理的特点。"①信息加工论认知心理学也信奉客观主义，强调在严格控制的实验条件下，使用精密仪器观察自变量与因变量之间的关系。人文主义心理学则受现象学哲学的影响，认为心理学要抓住统摄经验的有意义的结构，以现象学的方法研究主体的意识活动。布伦塔诺以直接体验为方法研究人的内在的意动。格式塔心理学主张采用实验现象学方法与自然观察等方法研究人的直接经验，反对人为的抽象和元素分析。而人本主义心理学则突出了人的主体性和主观性在心理学中的地位，倡导以整体分析法、现象学方法研究人性、价值、创造性和自我实现等高级心理过程。

(2) 方法中心论与问题中心论。

科学主义心理学认为，要想使心理学真正成为一门实证科学，就必须采用曾经使自然科学获得巨大成功的研究方法和研究范式，坚持"以方法为中心"的研究思路。马斯洛指出："方法中心就是认为科学的本质在于它的仪器、技术、程序、设备以及方法，而并非它的疑难、问题、功能或者目的。"②方法中心论根据研究方法确定研究问题。这种观点在行为主义心理学那里表现得最为突出。华生宣称，行为主义的目的在于方法论的革命，并以研究意识和心理缺乏科学的方法为理由而将其赶出了心理学。信息加工论认知心理学尽管不像行为主义那样极端，但也具有方法中心论的倾向，强调以实验法和计算机模拟法研究人的信息加工过程。而人文主义心理学则反对方法中心论的倾向，主张以问题为中心，根据研究问题选择方法，既可采用实验法等定量分析的方法，也可采用个案、自陈、描述等定性的方法。例如，精神分析心理学为了研究潜意识心理，抛弃了实验室研究，而使用自由联想、梦的分析、日常生活分析等方法。人本主义心理学家马斯洛也明确指出，方法和手段是为目的服务的，其意义为问题所规定，心理学应以对个人或社会有意义的问题，如潜能、价值和自我实现为中心，然后才是选择适当的研究方

① 章益辑译:《新行为主义学习论》，山东教育出版社 1983 年版，第 295 页。
② 马斯洛著，许金声等译:《动机与人格》，华夏出版社 1987 年版，第 14 页。

法。

(3) 元素论与整体论。

科学主义心理学继承了联想主义心理学的传统,采用元素论来研究心理现象,认为确定心理现象的构成元素及其结合规律是心理学的首要任务。冯特最早提倡对心理进行元素分析,铁钦纳也坚持这种观点,并且分析得更为精细,提出意识是由感觉、表象和感情三种元素构成的。古典行为主义虽然在研究对象上反对冯特和铁钦纳,但在元素观上与他们保持一致。华生把复杂的行为简单化,将其视为刺激与反应的联结。信息加工论认知心理学继承了行为主义的元素分析传统,将心理视为信息及其符号单元。而人文科学心理学则更多地受到现象学方法的影响,主张对人的心理现象进行整体描述,认为整体不是部分或属性的机械相加,整体不为部分所决定,相反还决定部分。格式塔心理学是整体论心理学的典型代表。格式塔心理学家苛勒指出:"我们所需要的是那些可用以了解我们的直接经验的概念,至于感觉之类的分子,我们凭自己的观察没有发现这些分子。"①人本主义心理学也反对将人的心理和行为肢解为统计数字或数学公式的定量分析,强调将人作为一个整体来把握,如奥尔波特主张对人格进行整体的研究,马斯洛主张用整体分析法研究人的心理。

(4) 因果决定论与自由意志论。

科学主义心理学把人的心理现象看做自然现象,认为人的心理与行为都遵循因果决定论。决定论的观点认为,所有的心理事件都是有原因的,都是由某种先行的因素决定的,因而我们可以依据先前的心理事件来解释心理活动。科学主义心理学的创始人冯特指出,作为自然科学家,"我们必须把每一种行为中的变化都追溯到一种唯一可观察到的同一种东西,即运动。"②在后来的心理学发展中,行为主义在这方面的表现最为典型。行为主义强调行为分析的目的就是发现行为的原因,从各种各样的环境刺激中确定反应的决定因素,以便为预测和控制行为服务。尽管新行为主义包含着中介变量和行为目的等概念,但这些概念主要是对行为的刺激反应的操作化,与自由选择的意图和追求无关。与此相反,人文主义心理学强调人的自由意志和自由选择,认为人可以独立自主地做出决定,不受外在环境的干扰。存在心理学和人本主义心理学都坚持人具有自由意志,能够进行自由选择。如罗洛·梅指出,一个人若没有自由,他身上起作用的就只有达尔文

① 高觉敷:《高觉敷心理学文选》,江苏教育出版社 1986 年版,第 314 页。

② Ernst Cassirer(1950). *The problems of knowledge*. Yale University Press, p. 88.

的决定论原则了;心理治疗的目的是使人重获自由。弗兰克尔也指出,意志自由属于经验的直接性,即便是身体被囚禁了,人的精神也是自由的,意志自由赋予人新的生命体验。

(5) 机械论与生机论。

科学主义心理学固守"人是机器"的信念,主张研究物的范式同样适用于研究人的心理,并以机械论的观点解释一切心理事件。行为主义者华生认为,心理学的任务就是帮助和指导人这架机器能更快地适应新的环境、更好地运作下去。他公开宣称:"我们要把一个人之各方面的行为,完完全全地合拢起来,并把这样一个人看作一个复杂而又活动着的有机的机械。"①信息加工论认知心理学同样将人设想为机器,把人脑比作计算机,用计算机的信息加工过程来模拟说明人对外部世界的认知过程。与此相反,人文主义心理学则坚持生机论的观点,强调心理现象的有机性,重视人类意识的积极性和主动性,认为对于心理与意识的机械分析无助于对其本质的揭示。例如,格式塔心理学强调整体、组织作用、结构等在知觉过程及高级心理过程中的作用,注重人们对感觉信息输入的组织和解释的主动性。人本主义心理学肯定了价值、目的、意义等在人的心理活动和行为反应中的作用,认为个体的需要具有多种层次,人具有自主选择成长的倾向,在适宜的成长条件下会积极努力实现自己的潜能和价值。

(6) 价值中立论与价值负荷论。

在自然科学的研究中,许多人都信奉价值中立,主张科学只研究事实、知识,回答是不是的问题,不研究价值、意义,不回答该不该的问题。科学主义心理学以自然科学为模板,坚持价值中立论,其典型特征是强调心理研究的客观性,认为心理学研究探讨的是意识和行为的一般、共同的事实与规律,不掺杂任何个人的态度、情感,不涉及任何主观倾向和价值观念。例如,铁钦纳主张对人的心理进行纯粹客观的研究,并通过这种研究找到不受任何文化影响的一般心理元素及其结合规律。华生把人的行为看成客观的自然现象,认为可以对其进行严格的实验研究和价值中立的理论描述。信息加工论认知心理学因循了行为主义心理学追求实证性和价值中立的研究方式,试图通过计算机模拟揭示人脑的信息加工过程的普遍事实与规律,而不太考虑社会、文化、历史等因素的影响与制约。而人文主义心理学则采取了价值负荷论的立场,认为心理学的研究与所处社会的价值取向、意识形态有着密切的关系,心理学不能超越社会文化价值取向而进行纯客观的研究,心

① 华生著,陈德荣译:《华生氏行为主义》,商务印书馆1935年版,第427~428页。

理学研究必然负荷着所处社会的文化价值观。如人本主义心理学强调对人的需要、尊严和自我实现等的研究，这些经验体现人类真正的本性。马斯洛就曾指出："科学过去不是，现在不是，并且也不可能是绝对客观的，科学不可能完全独立于人类的价值。"①

总之，现代心理学流派的百年历程是科学主义心理学与人文主义心理学各自的相对独立发展，其间表现出长期冲突与纷争的局面。两者之间的张力在促进科学心理学长足发展的同时，也使心理学陷入分歧的困境。尽管当代心理学出现了科学主义心理学与人文主义心理学相互融合的某些迹象，但两者的分野在未来相当长的时间内仍会继续存在。虽然我们也希望两者走向统合，但这种统合之路漫长而艰巨，绝非简单地用一种主义叠加或消解另一种主义。历史已经证明，企图将两种主义合二为一的做法是不成功的。例如，二重心理学对内容心理学和意动心理学的调和，正像波林所指出的，只是一种"懒汉的做法"。当前，我们对两者的分歧应持尊重和包容的态度，也欢迎不同心理学研究取向之间的对话与交流。对科学主义心理学与人文主义心理学的融合，我们将拭目以待！

郭本禹

2008 年 12 月 18 日

于南京师范大学

① 马斯洛著，许金声译：《动机与人格》，华夏出版社 1987 年版，第 21 页。

导言

人类对自身心理的探究一直具有强烈的好奇心。追求对人自身的理解，这是从古至今人类文明的理性需要。自理性诞生之日起，人类就从未放弃过对其认知活动规律和机制的探索。古希腊时期的哲学家和心理学家就沿着不同的路线思考和探讨了心智究竟为何物的问题。从心智是“原子的一种纤细活动”到心智的本质就是充分“认识你自己”，从《理想国》中创造性的心智过程三分法到《论灵魂》中的心智过程的二分法，以及近代思想家的诸多探讨，都是科学心理学诞生之前的众多学者结合其哲学思想对心智本质问题的探讨，都从不同方面对揭示心智的本质作出了贡献。的确，在我们生活的这个星球上有无数的生物体，但为什么只有人类才具有高级的心理功能？这是每一个正常人在清醒状态下不得不思考的问题。当人处于清醒状态时，无时无刻不在接受着外界的各种信息。不管是有意还是无意的，在阅读、说话、思维甚至在衣食住行的各个方面，都要有选择地接受某些信息，并对其进行进一步的转换、简约、编码、储存和提取。这种对信息的加工过程就是我们今天所说的认知心理学。

科学心理学诞生之时，冯特(W. Wundt)就曾试图在其所构建的心理学理论框架中探讨心智的本质问题，但受实证主义哲学的影响和使心理学成为人们钦慕的自然科学的强烈愿望的驱使，使其不得不将心理学的研究对象限定在可进行实证研究的直接经验；行为主义虽然把心理学往科学化的道路上推进了一步，但却以牺牲心理学的合法研究对象“心理”为代价，主张心理学的“理论目标就是对行为进行预测和控制”，而根本忽视了对心智过程的本质研究。这种倾向主宰整个心理学的发展长达 50 余年，即使到现在，这种观点也还在对心理学家产生着影响。

20 世纪 50 年代中期，西方主流心理学掀起了一场推翻行为主义心理学的革命，其结果是在西方兴起的一种心理学思潮和研究领域，这就是认知心理学。20 世纪 70 年代以后，认知心理学就成为西方心理学的一个主要方向。它把以往被行为主义排挤到后台的人的高级心理过程(主要是认知过程)重新拉回到心理学研究的前台，注重对注意、知觉、表象、记忆、思维和语言等高级心理过程的研究。有研究者认为，这种变革是心理学在行为主义衰落后对意识研究的回归。事实上，在认知心理学孕育和诞生之初，研究者就沿着三条途径展开了对人类心理的探索。一条途径是以符号为定向，以计算机作为比拟，通过符号的串行加工方式建立心理模型，这就是所谓的符号加工论认知心理学；另一条途径以人脑的神经系统作为比拟，试图通过神经网络的平行加工方式建立心理模型，这就是所谓的联结主义认知心理学；第三条途径则认为人的所有心理活动都是由文化背景"塑造"的，主张在具体的现实环境中来研究人的心理，这就是所谓的生态论认知心理学。20 世纪 60、70 年代，符号加工论认知心理学是心理学的主要倾向和核心理论；到了 80 年代，联结主义认知心理学开始在心理学中占据上风；生态论认知心理学实际上产生于 50 年代，形成于 60 年代，但直到 90 年代，当符号加工论认知心理学和联结主义认知心理学遭遇了难以克服的困难时，它才开始受到研究者的重视。

认知心理学的目的在于研究和揭示人的认知过程的本质，但由于大脑本身的不可直接研究性，使其不得不在孕育和诞生之时就以假设、模拟和类比的方式来进行认知过程的研究。符号加工论认知心理学把认知过程类比为计算机的运算过程，其隐喻基础是"心理活动像计算机"；而联结主义认知心理学则以"心理活动像大脑"作为其隐喻基础，把认知过程类比为神经网络的整体活动；生态论认知心理学将"人的生活经验和生活历史"作为隐喻基础，主张在现实环境中研究人的心理和行为，认为认知是心灵和世界的共同生成物。

符号加工论认知心理学来自于人类认知与信息的计算机加工之间的类比，它把人的心理活动比作计算机对符号的逻辑操作，把人类的思维策略比作计算机程序，把人的初级符号加工比拟为计算机语言，而把人的生理过程包括中枢神经系统、神经元和脑的活动等都比拟为计算机硬件，认为人脑像电脑一样具有对信息的接受、储存、编码、转换、回收和传递的功能。这样，人就成为一个通用符号加工系统，通过对符号的表征和加工而实现认知的功能。符号加工论认知心理学把符号作为核心概念，采用符号表征方式来对符号进行序列或串行加工。因此，它所重视的是符号加工的逻辑基础，所强调的是功能的或软件的描述水平，把认知看做符号加工系统，并认为无论是有生命的人还是人工的计算机都是通过操纵符号来加工信息的。在符号加工论认知心理学中，符号是模式，其功能是代表、标志和指明外部世界的事物。符号通过一定的联系而形成符号系统。符号和符号结构代表着一定的内容和意义，是对外部事物的内部表征。符号不仅可以代表外部事物，也可以标志符号加工的操作。符号加工系统得到某个符号就可以得到该符号所代表的事物或进行该符号所标志的操作。以符号操作为基础的符号加工论认知心理学具有对环境的适应能力,表现出目的性行为,促进了心理学的发展。但由于其指导性隐喻本身的局限性,也表现出诸多不足,这是因为符号加工论认知心理学认为,只要能对日常生活的非形式知识提供形式化理论,就能通过恰当的编程来获取、表达和处理知识。但是,把人类的认知和智能活动转换成抽象符号的一个主要障碍是,任何实际问题都涉及大量的背景知识,背景知识本身是一个不确定集合,而且这些知识大部分不能基于符号逻辑推理获得,即使局限于解决小范围问题的专家系统,也不能克服符号逻辑功能的固有界限。显然,符号加工论认知心理学距揭示人的认知本质的目标还相差太远,它也因此而遭遇危机。

在符号加工论认知心理学遭受怀疑与诘难之时,20 世纪 80 年代早期复兴的联结主义认知心理学则从另一角度为认知心理学的研究带来新的生机。联结主义认知心理学把认知系统看做是简单而大量的加工单元的联结网络,网络中的每一单元在某一特定时刻总是处在某种激活水平上,其实际的激活水平与来自环境和其他与之相连的单元有关。在联结主义看来,知识并不存在于特定的地点,而是存在于单元之间的联结之中,学习就是建立新的激活模式或改变单元之间的联结强度,因此,不同的激活模式能够解释不同的认知过程。相对于符号加工论认知心理学,联结主义认知心理学所研究的人工神经网络与大脑的功能方式更为一致,因为人脑就是由大量神经细胞以复杂方式联结起来的。联结主义认知心理学的基本前提是:单个神经细胞不传递大量的符号信息,而是针对大量与之相似并与之以合适方式联结的单元的计算。

联结主义认知心理学试图构建一个更接近于神经活动的认知模型,它反对把人脑与电脑进行类比,反对把心理内容表征及加工符号化,而改以能量的流动及其加权运算来说明认知过程,回避了符号加工论认知心理学所遇到的困难,暂时缓解了认知心理学的危机,但它以对大脑的同构型或同态型模型为研究对象本身就具有一定的局限性。众所周知,人脑是生物亿万年进化的结果。在人脑进化发展的过程中,社会文化历史条件无时无刻不在其上烙上印迹,从而使人脑具有一定的社会文化属性,而这是任何脑模拟研究都无法做到的,因为对大脑的模拟研究充其量只是对大脑生物结构的模拟,并在对大脑生物结构进行模拟研究的基础上推论其功能,但却根本无法模拟大脑本身所具有的这些带有社会文化历史色彩的属性。联结主义认知心理学的脑模拟研究,虽然在某些方面揭示了心理活动的本质,但那只是对心理活动本质的近似，而不是心理活动本质的真谛，因此，它仍然难以摆脱认知科学中最棘手的常识知识问题，对于符号加工论认知心理学所遇到的很多困难仍感束手无策。

既然符号加工论认知心理学和联结主义认知心理学都不能从根本上解决认知的本质问题，就不能不引起人们对生态论认知心理学的关注。认知的生态学研究是使心理学走出实验室，回归到人的真实生活情境的过程。生态论认知心理学主张在现实环境中研究人的心理和行为，即要研究人的现实行为和自然发生的心理过程，强调心理是在人与环境的动态交互过程中形成的，尤其重视研究生态环境中具有功能意义的心理现象，要求将认知与整个环境联系起来进行考察，这必然会促使人与环境的协调发展，从而避免心理学研究中的非人性化现象。而且，由于生态论认知心理学主张把认知与现实生活结合起来进行研究，因此，在技术层面上也为在现实生活中研究认知提供了可能性。但是，由于生态论认知心理学过分重视和强调人与环境交互作用中的环境作用，因而忽视了人在认知过程中的主观能动性，而且由于这种研究取向本身所存在的一些弊端，因而也遭到了人们的批评和质疑。

就三种研究取向的认知心理学而言，符号加工论认知心理学和联结主义认知心理学均立足于实验室研究，采用假设、类比和模拟的方法来研究人类的认知，都从不同的角度不同程度上揭示了人类认知的本质，取得了丰硕的研究成果，但这些成果对解释和说明人的心理生活还是很不够的，因为人的心理生活更多的是发生在实验室之外，因此，生态论认知心理学在认知心理学的研究中就是必不可少的。生态论认知心理学虽然保留了符号加工论认知心理学的成果，但却反对其分离和孤立地考察信息加工系统的观点，主张应把符号加工论认知心理学放到现实世界中去，并认为这对于说明心理状态是关键性的。符号加工论认知心理学曾一度代表着认知心理学的发展方向，但不能据此而认为联结主义认知心理学或生态论认知心理学就代表着认知心理学的未来。事实上，认知心理学的各种研究取向在认知心理学的发展中是不可相互替代的，它们都为揭示人的心理活动的本质作出了贡献。虽然生态论认知心理学与符号加工认知心理学和联结主义认知心理学同时发生在现代认知心理学的起点，但却并没有得到更多的技术支持和足够的重视，因此它不可能成为认知心理学的主流。但我们也不必因此而懊恼，因为毕竟前两种取向的认知心理学研究为认知心理学积累了丰富的素材，并且它们还将继续在认知心理学的研究中取得重要进展。但既然生态学研究和实验室研究是认知心理学的两个资料源，我们就必须加强生态论认知心理学的研究,把实验室的认知研究与生态学的认知研究结合起来,只有这样才能全面构成认知心理学的研究框架,否则认知理论就会严重缺乏解释效度。如果没有严格的实验室研究,认知心理学难以成为完善的科学,也难以对认知的内在机制进行深入研究;如果没有生态学研究,则认知心理学的成果缺乏生态意义,很难真正说明人的心理活动的本质。20 世纪 80 年代以来,在对以往认知研究进行质疑的基础上,研究者提出了具身认知的新观念,目前这种观念受到了越来越多的强调。具身认知是一种对有机体与其所处环境之间的交互作用在认知发展过程中重要作用的说明,强调具身是认知的必要条件,试图对心、身、世界之间的交互方式给予理论说明,但具身认知是否能够代表认知研究的方向呢?作为认知研究的一种新动向,具身认知必然有其最初的观念上的变革,也有许多重要的思想先驱,其研究方法更是涉及众多领域。但这种新的研究主题将如何变化,它与以往认知研究方案之间的内在协调性问题如何解决?这是一个涉及到实在论传统与现象学哲学传统的争论不休的问题,即使具身认知研究并不能取得令人满意的结果,也不能阻止我们对人类认知的永恒的哲学反思。因此,我们相信,经过不断反思与实践,一个对认知更为全景、更为本真的研究时代必将到来。

本书主要是就认知心理学的三种基本形态展开论述的。在以往诸多研究者研究成果的基础上,我们对这三种认知心理学的研究形态进行了系统化的梳理和论述。全书共由七章组成。第一章"心理的计算机模拟:符号加工论认知心理学(上)",主要探讨符号加工论认知心理学产生的背景及其基本观点;第二章"心理的计算机模拟:符号加工论认知心理学(下)",主要介绍符号加工论认知心理学的具体研究,并在此基础上对符号加工论认知心理学的贡献与局限进行简单的评价;第三章"心理的脑模拟:联结主义认知心理学(上)",主要探讨联结主义认知心理学产生的背景及其基本观点;第四章"心理的脑模拟:联结主义认知心理学(下)",主要介绍联结主义认知心理学的早期研究及其在当代所进行的具体研究,然后对联结主义认知心理学作简要的评价;第五章"真实生活情境中的心理:生态论认知心理学(上)",主要探讨生态论认知心理学产生的背景及其思想发展的线索;第六章"真实生活情境中的心理:生态论认知心理学(下)",主要介绍生态论认知心理学的基本主张和具体研究,并对其作出简要评价;第七章则主要是对三种形态的认知心理学的研究进行比较。此外,"代结语"对认知研究的新动向——具身认知的研究进行了简单介绍和展望。

第一章

心理的计算机模拟:符号加工论认知心理学(上)

符号加工论认知心理学兴起于20世纪50年代中期,是现代认知心理学的一种研究形态。符号加工论认知心理学是指运用符号加工的观点来研究认知活动、认知发展以及人工智能的心理学。1967年奈瑟(U. Neisse)的《认知心理学》被看做是认知心理学发展过程中的一个里程碑,因为它标志着符号加工论认知心理学正式作为一个学派而立足于西方心理学界。[①] 本章主要介绍和论述符号加工论认知心理学的起源及其基本理论主张。

第一节 符号加工论认知心理学兴起的背景

符号加工论认知心理学集中于认知过程的研究,与认知理论有着密切的联系,自然也和其他心理学思想一样源远流长。符号加工论认知心理学的产生有其广泛的、复杂的历史条件,它不是某个个别因素作用的结果。任何一个事件的产生,都有其内部的依据和外部的条件,符号加工论认知心理学也不例外。从内部依据看,符号加工论认知心理学的产生是心理学本身长期发展的结果;从外部条件看,它是心理学与邻近学科交叉渗透的结果。在此部分我们将对影响其产生的各种因素进行较为详细的分析。

① 高觉敷主编:《西方心理学的新发展》,人民教育出版社1987年版,第50页。

一、符号加工论认知心理学产生的外部因素

对符号加工论认知心理学产生较大影响的学科主要是哲学、信息论、控制论、计算机科学以及乔姆斯基的心理语言学。

1. **哲学背景**

有关人类认识或认知过程的探讨在科学心理学诞生之前就已经存在于哲学的认识论中，因此研究符号加工论认知心理学产生的背景，离不开对其具有各种影响的哲学背景的分析。

（1）亚里士多德和柏拉图的研究。

在古希腊时代，亚里士多德和柏拉图等学者就对认识的起源及其性质进行过探讨，并在记忆和思维等问题的研究上阐发了不同的观点。柏拉图主张理性主义，认为心灵位于大脑，并将灵魂分为理性灵魂、无畏灵魂和情绪灵魂三种。在他看来，教育的目的就是帮助理性灵魂实现对无畏灵魂和情绪灵魂的控制。同时，他还认为，通过学习可以使与生俱来的潜伏知识得以复苏。亚里士多德则认为，研究心灵就是研究身体，只有通过研究身体才能了解心灵。他从日常观察入手，探讨了记忆的本质、特性、类别和条件，认为记忆是过去的事物所留下的印记的再生，记忆代表着过去经验的一组意象，是感知活动的结果，具有“过去的”时间特性。并且，人的联想、情感、材料组织方式等因素，明显地影响着人的回忆效果。在他看来，知识是从具体事物那里得到的，认识世界的基本方法是观察，这是一种经验主义的观点。尽管从现代科学的角度来看，这些观点简单且不成体系，但却导致了认识论发展史上的经验论与唯理论之争，对现代符号加工论认知心理学产生了间接的影响。

（2）经验论与唯理论。

经验论和唯理论是欧洲哲学史上的两大流派，它们在知识的起源和知识的性质等问题上针锋相对，其影响一直持续到今天。经验论主张人的一切知识均来源于经验，经验是知识的唯一源泉。经验论的著名代表人物洛克（J. Locke）主张，人的心灵就像一块白板，上面没有任何痕迹，一切观念都是后天获得的。洛克把经验分为简单观念和复杂观念，并依此阐释知识的构成。他认为，简单观念是人的心灵经过感觉和反省而得到的，是心灵的被动接受，是不可再分的最基本的观念。而复杂观念则是人的心灵经过比较、抽象等活动，从简单观念中构造出来的，是心灵的主动创造，并可以进一步分解为更细微的简单观念。在西方心理学史上，洛克第一次提出并使用了

"联想"的概念。在他看来,联想就是观念的联合,感觉经验给人提供了简单观念,通过联想,简单观念就可以组成复杂观念。此外,洛克还研究了人的知觉和错觉等问题。现代符号加工论认知心理学家就受到了联想原理的启发,以至于有些学者把认知心理学称为"现代联想主义心理学"。

唯理论的代表人物笛卡儿(R. Descartes)贬低感觉经验、抬高理性能力,主张"天赋观念说"。他认为认识就是靠理性的直观去发现"清楚明白"的天赋观念。他把观念分为两类,即天赋的观念和外界的观念。天赋的观念是与生俱来的,是人类先天的理性所赋予的,而不是由经验得到的,因而也是最为真实的。从先验的理性论出发,笛卡儿认为"心"的知识是直接的,可以通过自我观察来洞悉人类意识这个内部世界。笛卡儿贬低感觉经验的作用,认为感觉常常欺骗我们,只有通过理性推理得到的知识才是可靠的。但由于他生活在一个宗教影响仍十分强大的时期,因此不得不提出二重真理论:信仰的真理和科学的真理。从理性主义的认识论出发,笛卡儿主张对以往的一切知识都要进行清理,置于理性的天平上进行衡量,也就是要怀疑一切。笛卡儿进行普遍怀疑的结果,是发现有一点是不容置疑的,那就是"我在怀疑",而怀疑是一种思想,思想总有一个思想的主体,这个主体就是"我",所以,我思故我在。他所使用的方法是一种内省的方法,后世的内省法主要是从笛卡儿开始的。笛卡儿还以血液循环的模式来解释神经运动的过程,他认为,感官与大脑有细线相连,当感官受到刺激时,细线就牵动脑内的某些孔道开关,打开孔道的门,储存于其中的"动物精气"就顺着中空的神经流入肌肉,导致肌肉的动作。尽管他没有提出反射这个词,但却勾画了反射弧的基本机制。这一学说也体现了他的"动物是机器"的机械论思想。笛卡儿的理性主义观点对符号加工论认知心理学有直接的影响。乔姆斯基在解释语言的获得时,提出人先天具有一种语法的转换生成结构,这一结构可以解释儿童的语言获得。乔姆斯基的观点可以看做是唯理论在符号加工论认知心理学中的继续。符号加工论认知心理学的"人机类比"思想也是受到笛卡儿的"动物是机器"的观点启示而提出的。

(3) 康德哲学思想的影响。

康德(I. Kant)认为,要考察人类的认识能力,就必须采用先验的"批判的方法"。他从"先天综合判断"的角度,提出了三种方法论,即先验感性论、先验分析论和先验辩证论,其目的在于证明知识来源的真正可能。虽然康德承认知识来源于感觉,但又认为经验中得来的知识不具有普遍性、必然性。从另一角度看,他一方面认为理性的概念必然陷入谬误推理和自相矛盾,但又认为知识的普遍性和必然性是人的先验的直观形式和知性范畴所赋予感觉材料的，这是一种典型的唯理论思维方式。不过，他终究还是认识到了经验论与唯理论各自所存在的不足，对以后的哲学和心理学思想的发展产生了重要影响。在康德看来，任何知识都是由质料和形式两种成分构成的。质料是从经验中产生的，而形式则是先验的，是头脑中固有的。质料只有依靠这种先天的范畴的整理才具有规律性和可靠性。康德的这一思想不仅影响了皮亚杰，同样也影响了符号加工论认知心理学。符号加工论认知心理学家所假设的"认知"结构与康德的理性范畴具有类似的功能。在《纯粹理性批判》一书中，他引入了"图式"的概念，这个概念日后成为符号加工论认知心理学的基本术语之一。他认为，图式是"有效想象"的规则，在认知过程中能把理性范畴不断置于感性材料之上。

2. 相关学科背景

（1）计算机科学的影响。

计算机科学的发展对符号加工论认知心理学的诞生产生了直接的影响。计算机科学是符号加工论认知心理学产生的最为重要的外部条件。计算机主要是模拟人脑的工作机制，以符号的形式接受、编码、储存和利用信息，表现出一定的智能。它是科学家以机器模拟人脑工作原理的产物，但它一经出现，就使心理学家意识到，可以用计算机的符号加工系统为模型，把人脑的工作也看成是符号操作系统。符号加工论认知心理学家之所以用计算机来模拟人的认知过程，是因为他们看到人脑与计算机在处理符号的功能方面有许多惊人的相似之处。计算机的控制部分控制整个计算过程的操作，包括从输入、存储、逻辑运算到输出。符号加工论认知心理学家认为人的心理过程也是一种信息的输入、编码、输出的信息加工过程。因此，用计算机类比和模拟人的认知过程是完全可行的。奈瑟 1967 年在《认知心理学》一书中指出，计算机出现后，对内部心理过程和状态的分析，便突然不再是某种可疑的或矛盾的事情了。[①] 符号加工论认知心理学恢复了被行为主义切断了将近半个世纪之久的，与早期实验心理学心理主义研究方向的联系，保持了新行为主义的严格的假设演绎法，增加了计算机模拟法。这就在较完全的，主要是认知过程的分析方面扩大了研究的课题。但是，我们也必须看到，计算机的结构与人脑的结构是完全不同的，它们的相似之处仅仅是指其工作机理，即符号加工的原则是一致的。

由于计算机与人脑的工作机理的一致性，使计算机成为符号加工论认知心理学的重要研究工具。利用这一工具，符号加工论认知心理学家对思

① Neisser, U. (1967). *Cognitive psychology*. Englewood Cliffs, NJ: Prentice-Hall, pp. 6～9.

维的成果进行了广泛的实验验证，这不仅是方法论上的突破，更是理论的创新。因为在此之前，思维的研究只能在内省的范畴内进行，但是由于计算机模拟研究的客观性，使符号加工论认知心理学家克服了以往研究的缺陷，对很多过去难以研究的心理学问题，如概念形成、问题解决、创造性思维等展开了广泛的研究。由此可见，计算机科学与心理学的结合，导致了符号加工论认知心理学的产生。

问题解决是人类认知的一个重要方面，但此问题一直没有得到有效解决。计算机科学的诞生则为人们以新的视野解决这一问题提供了技术工具、描述性语言和理论基础。1956 年，纽厄尔(A. Newell)、肖(J. G. Shaw)和西蒙(H. A. Simon)将计算机科学与认知研究结合起来，编制了一个被称为“逻辑理论家”的计算机程序，用来模拟人类解决问题的过程，这在历史上还是第一次。“逻辑理论家”主要根据人类解决问题的逆向工作策略来模拟数学家对符号逻辑进行证明的思维活动，并成功证明了《数学原理》中的全部 52 条定理。这个程序的成功有力支持了符号加工论认知心理学，被看做是符号加工论认知心理学兴起的一个重要事件，开辟了符号加工论认知心理学研究的新领域和新方法；①在随后的 1958 年，纽厄尔、肖和西蒙又编制了另一个能够模拟人解决问题的计算机程序，即“通用问题解决者”。这也是一个启发式程序，但与前者不同的是，这个程序以产生式来表征其内部知识，依据手段—目的分析策略，通过对问题空间的搜索，以串行方式对信息进行各种操作。“通用问题解决者”成功地解决了定理证明、传教士过河和河内塔等多种性质不同的问题，因此受到这一领域研究者的广泛重视。由于这些程序“都是通向具有普遍意义的一个问题解决的方法的一个步骤：理解人类意识”②，因此可以说这些计算机程序的成功为符号加工论认知心理学的产生和形成奠定了重要基础。

(2) 形式逻辑和数理逻辑的影响。

形式逻辑和数理逻辑的最大特点是可以脱离具体的内容，以符号的形式研究逻辑的规律。这种思想使人们想到，也可以将人类的认知系统看做是符号运用系统，因为任何一个概念或内容都可以用符号来表示。由于人类的任何思想观念均可以用符号来代表，且这些符号可以通过确定的符号运算过程有意义地加以变换，因此把心理形式化地看做是符号运用系统是具有说服力的，这就启示心理学家可以应用符号来代表思维的基本内容，根

① 王甦等：《认知心理学》，北京大学出版社 1992 年版，第 304 页。
② 叶浩生主编：《心理学史》，高等教育出版社 2005 年版，第 253 页。

据一定的程序进行符号运算，这对思维的研究具有深刻的意义。但是，人类心理的基本操作是什么，这既是符号加工论认知心理学的基础，又是符号加工论认知心理学探索的主要课题，因此心理学家对符号的应用并没有停留在符号的精确使用上，而是进一步探索了符号的加工系统。

图灵(A. Turing)等学者的研究表明，能够以明确、具体的过程而不是以不可捉摸的抽象的术语去描述符号和对符号进行操作；能够像处理物理的东西那样处理形式逻辑的抽象符号，即可以对它们复制、转换、重新安排，这样符号和对符号的操作就成了可以进行研究的对象。一些心理学家由此得到这样的启示，既能够用符号表示人的观念，也能精确地说明对这些符号的操作，既然如此，心理学就能对心理过程作出精确的理论阐述。由此就出现了这种观点，即可以在形式上把人脑看成是符号操作系统。这是由西蒙和纽厄尔所提出的符号加工论认知心理学的基本观点，但在这种观点出现之前，计算机已被广泛地看做是一种通用目的的符号操作系统。西蒙和纽厄尔接受了这种观念并在此基础上进一步阐发了自己的观点，即把计算机和人脑的内部工作都看成是符号操作系统，这就是以符号加工的观点研究人的认知过程的符号加工论认知心理学的重要开端。50 年代后期，纽厄尔和西蒙召开了有关符号加工和问题解决的讲习会，宣传了符号加工观点。他们主张用基本信息过程表达的具体程序去描述系统的行为，用产生行为的基本信息过程的程序去解释行为。他们把问题解决途径区分为算法法和启发法的做法，对于心理学中问题解决的研究产生了深远影响，启发法的影响不限于问题解决，在其他方面也表现出来。启发法在较广泛的意义上消除了思维研究中把逻辑学和心理学等同起来的倾向，主张人类的心理操作是从具体知觉经验发展来的。

(3) 心理语言学的影响。

心理语言学特别是乔姆斯基(A. N. Chomsky)的语言学理论对符号加工论认知心理学的兴起和发展产生了重要影响，甚至被认为是符号加工论认知心理学的一个组成部分。认知心理学是反对行为主义的，而乔姆斯基的心理语言学首先对行为主义的语言理论提出反驳。乔姆斯基和斯金纳(B. F. Skinner)论战的核心就是条件反射是否能解释语言问题。乔姆斯基认为，行为主义的语言观点过分重视语言的顺序方面，忽视了语言的语法结构的层次性。在语言获得问题上，行为主义语言学忽视了儿童的学习是复杂的语法规则，而不只是词列。正是这种语法规则能够说明语言使用上的创新性，这是行为主义所难以解释的。乔姆斯基坚持认为："如果试图以严格的技术意义来使用斯金纳的术语，则可以看出这些术语不适用于解释语言；而如果以隐喻的方式延用这种术语，它们就变得非常含混，以致对于传统的语言观念毫无改进。”①

1956年，乔姆斯基发表了其《语言描述的三模型》这一系统的语言学研究成果，认为短语结构文法能够产生所有可被“图灵机”识别的语言，而这种语言就是能使图灵机停机的字串，是能够被一个总停机的图灵机判定的语言。由于乔姆斯基把人类产生语言的能力与人类的心智等量齐观，因此他特别重视研究语言的产生能力，认为人具有天生的学习语言的机制，儿童利用这个机制在合适的语言环境里就能学会一种语言。1957年乔姆斯基的《句法结构》则标志着“转换—生成语法”的诞生。到了20世纪60年代，转换—生成语法得到了广泛的认可。虽然在《句法结构》出版以后的一段时间内，乔姆斯基并没有提出过转换—生成语法的心理学意义的问题，但在给斯金纳的《言语行为》所写的书评中他却明确指出，其语言理论是关于人类知识状态的一种心理学模式。由于转换—生成语法的核心是短语结构规则，因而分析句子结构的过程就是利用规则自上而下或自下而上的句法树的生成过程，这为符号加工论认知心理学对于长时记忆结构的研究提供了参考。转换—生成语法强调对人的语言能力做出解释，而不是仅仅描述语言行为，它要研究的是体现在人脑中的认知系统和普遍语法。因此，转换—生成语法采用现代数理逻辑的形式化方法，根据有限的公理化的规则系统和原则系统用演绎的方法生成无限的句子，以此来解释人类的语言能力。

根据转换—生成语法理论，乔姆斯基把句子的结构划分为表层结构和深层结构。他认为表层结构是表达意义的语言形式，是由词法、句法构成的单词之间的联系；而深层结构指的则是句子的意义，表示的是一种内在的、潜伏的、抽象的逻辑和语义表征。利用深层结构和表层结构的概念可以说明模糊的句子。一个句子之所以模糊是由于它有一个表层结构，如词序，而有两个不同的深层结构意义。同时也可以说明不同表层结构的句子如何表达相同的意义。之所以将乔姆斯基的语言学理论称作生成的，是因为它是一套可生成任何句子的规则；之所以将其称作转换的，是因为它是一种规则体系，可以确切表明如何将句子从一个深层结构转换为彼此相关的不同表层结构。此外，乔姆斯基还区分了语言能力和语言操作，并认为语言操作的顺利性依赖于语言能力，即数目有限的内部规则，语言学理论应当解释语言能力而不是语言操作。它应当说明任何一个说话者所能说出的全部可能的语言，而不只是实际的语言。在他看来，语言能力是指一个人对语言规则的

① 黎黑著，刘恩久等译：《心理学史》，上海译文出版社1990年版，第450页。

知识，而语言操作则是实际的话语；语言能力不是后天学习的结果，其主要成分是天赋的。正因为如此，人们才有可能在语言关键期的几年内使母语的听说能力获得迅速发展。乔姆斯基认为，行为主义的语言学理论之所以面临困难，就是因为它只注意到语言的实际操作和句子的表层结构，忽视了语言能力和句子的深层意义。因此行为主义的语言学理论是不能解释语言的快速获得的，这样就动摇了行为主义的根基，促使实验心理学由行为主义向符号加工论认知心理学的转变。另外，由于语言与认知、思维等问题密切相关，语言又是认知研究的一个重要方面，因此心理语言学的进展必然推动符号加工论认知心理学的发展。

乔姆斯基的语言学理论与计算机科学、人工智能、神经科学、心理学、生物学以及认知科学有着密切关系，而这些领域则都与符号加工论认知心理学的产生有着千丝万缕的联系，因此将这些学科的研究结合起来，必然会为探索人脑的奥秘做出贡献。在今天的认知心理学研究中，乔姆斯基的基本观点仍然被广泛引用着。

（4）信息论、控制论和系统论的影响。

信息论、控制论和系统论对符号加工论认知心理学的影响可以归纳为两个方面：一是启发认知心理学家从系统、信息、控制的角度来研究人脑内部的符号加工过程；另一方面是符号加工论认知心理学从这些理论中借用了很多术语。

科学的发展往往与实际的需要密切相关。第二次世界大战时期，由于战争的需要，许多科学家从事于战争工具的研究。申农（C. E. Shannon）在改进通信效率研究工作的基础上，于1948年发表了著名的论文《通讯的数学理论》，从而创立了信息论。他提出的信息论又称为信息与通讯理论，从数学上对信息作了定量的描述，提出了“信息量”的概念，着重研究信息的传送过程。根据这一理论，非但雷达等电子设备可以被看做是信息发出、转换和接收的设备，人也可以被看做是信息处理器。在这种理论的影响下，现代认知心理学的先驱们开始把人类比为通讯通道，即把人看成接受信息并加工信息的信息传送装置。人能同时传送的信息量通道容量是有限的，能通过对信息编码以克服通道容量的局限性，具有对信息进行系列加工和平行加工的能力。所有这些都构成了符号加工论认知心理学说明人的行为和内部心理过程的重要理论基础。由此心理学家开始运用符号加工的观点来处理人的知觉和注意以及信息通道等心理学问题，这种研究显然属于符号加工论认知心理学的范畴。

在信息论中，编码是一个很普通的概念。它指的是一套特殊的规则或转换，消息、密码、信号或事物的状态由一种表示形式转换成另一种表示形式，由一种能量媒介物转换成另一种能量媒介物，或由一种物理状态转换成另一种物理状态。符号加工论认知心理学的先驱们借用了编码这个概念，并运用其说明人的内部心理过程，如把体验编码成语言的形式而表达出去，把体验编码成能让脑保存起来的某种记忆形式，把学习过的材料编码成组块以扩大信息保持量，等等。尽管符号加工论认知心理学并没有说明而且也不打算说明“编码”时在人脑内部究竟有什么变化，但可以说这个概念是符号加工论认知心理学的全部理论的核心。

信息论是一种给信息和不确定性定量的方法，它可以用来确定一定情境下的信息量，通过一系列肯定与否定问题，每次把不确定性减半。信息论研究通信信道的容量及其传递函数，主张改变信息编码可提高信息传输效率等。申农在说明信息量时，从概率论出发，不只是考虑事件的多少，而且考虑它们出现的概率特点，即事件出现的不确定性。信息不仅通过实际发生的消息或符号去测量，而且通过所有另外的也许要传送出去的可能发生的消息或符号去测量。因此，测量信息是根据能获得的可能形式的全部集合而进行的。这种集合越大，消息来源的不确定性便越大，信息的比特数也就越多。这种理论在20世纪50年代到60年代初对符号加工论认知心理学的产生起到了积极的作用。符号加工论认知心理学家们看到，信息论为心理学研究提供了有用的概念和方法。由于可以把人视为一个通信信道，因而可以研究其传递函数。这样，心理学就可以采用信息和信息量的概念以及测量信息量的数学方法，运用代码、编码、译码等概念来进行研究。虽然早期的心理学研究只是单纯地考察物理量和心理量之间的关系，但后来人们认识到，这种关系还同刺激的生物学意义有联系，生物学意义大的刺激，其物理量虽小，仍能引起强烈的反应。信息量的概念出现后，人们又进一步认识到，这种关系还同信息量有联系，既难于用物理量也难于用生物学意义去说明，但运用信息量则可以较好地说明它。这就说明，信息论的概念确实有助于说明心理学事实。

控制论的创始人是维纳(N. Wiener)。他在火炮追踪目标研究工作的基础上创立了控制论。维纳把控制论定义为是对符号加工系统的结构和功能的研究。他试图通过这一研究去发现各种机械的和生物的系统是如何记录、加工和传递信息的。在控制论的研究中，维纳提出了“伺服机制”理论。这种伺服机制实际上是一种特殊的自动控制系统。它可以把输入的信息同某个标准进行比较，如果两者之间存在差异，就可以激活某些机制，以便尝试纠正这两者的偏差，纠正以后的活动结果被反馈到该系统，以便再次进行比较。如果输入和标准之间的偏差仍然存在，那么纠正性的活动就再次被激活。这一过程一直持续到输入的信息与标准之间的偏差达到一个可接受的状态。控制论对符号加工论认知心理学的启示就是把人脑看做一个伺服机制系统，通过这一系统的工作实现对行为的调节。

控制论与信息论是密切相关的，控制是通过信息反馈而实现的，系统则把有关过程与当前状态的信息反馈给中枢以控制这些过程。反馈概念是控制论的一个基本概念。维纳本人直接谈到人类神经系统与计算和控制机器的类比，也谈到神经生理学对控制论思想形成的影响。控制论模型对生理学产生了革命性的影响，从根本上改变了神经生理学和心理学中传统的反射弧概念，代之以反射环概念，从而能更好地说明人类行为的自我调节过程，使人类行为的目的性得到科学的解释。从控制论的观点看，不仅刺激与反应是一个循环往复的过程，有机体与环境也是一个循环往复的过程。有机体用行为改变环境，而环境又对有机体产生新的影响。

系统论是以控制论为基础的，从系统论的观点来看，人是物质、生命、社会三大系统的要素。人既是不断地与外界进行物质、能量、信息交换的开放系统，也是随着时间和经验的改变而不断变化的动态系统，还是具有自我意识、能主动适应和改造环境的主动系统。这些系统特征决定了人的内部世界的复杂性。20 世纪 50 年代，美国芝加哥一批心理学家就倡导把一般系统论的思想应用于认知心理学的研究之中。

信息论、控制论和系统论三者是密切相互联系的，它们对认知心理学的影响是多方面的、深远的。它们推动心理学家走上了采取符号加工观点的道路，也就是走上了符号加工论认知心理学的道路，符号加工论认知心理学从这三论中借鉴了大量的思想和概念。

二、符号加工论认知心理学产生的内部因素

符号加工论认知心理学是现代心理学自身发展和矛盾运动的结果，它与早期实验心理学、格式塔心理学、行为主义和皮亚杰的发生认识论都有着广泛的联系。可以说，心理学本身的历史发展为符号加工论认知心理学的产生提供了内部依据。

1．早期实验心理学的影响

许多心理学家认为，符号加工论认知心理学的出现标志着心理学恢复了与早期实验心理学心理主义研究方向的联系。符号加工论认知心理学有时被称为新心理主义方向，这表明符号加工论认知心理学与早期的实验心

理学有着密切的联系，从它那里继承了一些基本观点。符号加工论认知心理学继承和发展了早期实验心理学的研究精神、方法和课题。科学心理学的鼻祖冯特在创建实验心理学时，就立志要以自然科学的方法来研究心理学的问题。他以意识经验为心理学的研究对象，以实验内省法为心理学的主要研究方法，对感知觉、反映时、注意等问题进行了卓越的实验研究。现代认知心理学继承和发展了早期实验心理学这一研究传统。例如，反应时的实验便是现代认知心理学研究的主要课题之一。因此，一些心理学家认为符号加工论认知心理学是实验心理学在推翻行为主义的统治后向早期实验心理学的回归，不是没有道理的。尽管符号加工论认知心理学与早期实验心理学有密切联系，但是我们却不能简单地说，它只是返回到早期的实验心理学或返回到冯特的实验心理学。因为二者的区别也是同样明显的。冯特认为高级心理过程是不能用实验方法去研究的，而符号加工论认知心理学却主要采用实验方法去研究高级心理过程。冯特的意识心理学主要研究意识经验，不涉及无意识过程，认为那是生理学的事，而符号加工论认知心理学却既研究意识过程也研究无意识过程。在方法上的区别就更为明显，冯特的方法主要是实验控制下的内省法，他所依靠的主要是内省，而符号加工论认知心理学主要依靠实验，内省只是作为一种必要的补充。另外，符号加工论认知心理学所使用的概念工具和技术手段也是不同的。因此，符号加工论认知心理学对早期实验心理学是既有继承也有否定，更有发展的。如符号加工论认知心理学家批判性地改造了实验内省法，并在此基础上提出了“口述报告法”或“出声思考法”，即要求被试通过原始性的口头陈述来报告思考时的内部符号加工，特别是短时记忆中的内容。符号加工论认知心理学家内克森和西蒙等人对口述报告的记录采用了多种分析技术，在认知研究方面取得了一定的成就。詹姆斯关于两种记忆系统即初级记忆和次级记忆的提法，今天已成为符号加工论认知心理学关于记忆研究的基础。在早期实验心理学中，冯特以前的荷兰生理学家顿德斯(F. C. Donders)的测时研究法对符号加工论认知心理学的影响特别显著。冯特之后的符茨堡学派采用实验内省法研究思维问题，结果发现了无意象思维现象，据此提出了思维中的决定性趋向概念。无意象思维现象表明，问题解决过程的内容并非都是能意识到的。决定性趋向概念表明，思维过程并不像联想主义心理学所认为的那样，只是由时空上的偶然联系规律支配着，而是有一定方向性的。符茨堡学派的继承者谢尔茨(O. Selz)认为，问题是以图式表示的，问题是带有缺口的资料集合，决定性趋向就是发动先前用过的方法去填补这个缺口。谢尔茨把这些思维操作称之为遇到问题解决的目的的手段，这已经接近符号加工论认知心理学的观点，特别是其问题解决的手段—目的观更是今天符号加工论认知心理学直接采用的观点。

2. **格式塔心理学的影响**

格式塔心理学兴起于20世纪初期，是一种反对元素分析而强调整体组织的心理学体系，对“似动现象”的研究是格式塔心理学的经典实验。这一学派也正是通过对似动现象的研究而建立自己的理论学说的。格式塔心理学认为，似动现象绝不是若干元素的总和，而是一个格式塔，一个动的整体，整体是不可分析为元素的，它不等于部分的总和，而是先于部分并决定各部分的性质和意义的。格式塔心理学以格式塔原则来解释知觉、学习、记忆和思维等心理过程。这种研究倾向对符号加工论认知心理学产生了一定的影响。符号加工论认知心理学也特别强调研究的整体性和心理的内部机制，其重要特点就是把以前那种以心理物理实验为基础的研究转向心理的内部机制，注重信息的破译、编码和整合，强调内部心理活动之间的相互联系，采用模拟的方法进行综合性研究，这与格式塔心理学的观点是一脉相承的；格式塔心理学主张研究直接的生活经验，主张把直接的生活经验材料与实验资料结合起来，重视观察者对自己知觉内容的直接描述等，这既不同于冯特和铁钦纳只承认经过严格训练的被试的内省，也不同于行为主义只重视实验室实验的做法，却与符号加工论认知心理学的基本观点相一致；在具体的研究领域上，符号加工论认知心理学主要对信息的接受、编码、存储等过程进行研究，涉及到表征、注意、记忆、理解问题和创造性思维等认知过程的研究，这与格式塔心理学更为接近。格式塔心理学对知觉、思维等问题进行了大量研究，强调完形的组织、结构等原则，认为思维是“情境的改组”或整个问题情境的“顿悟”。这些观点对符号加工论认知心理学有重大影响，如符号加工论认知心理学把知觉定义为感觉信息的组织和解释，强调符号加工的主动性等，甚至在有些概念中明显带有格式塔的内涵，如主观轮廓、模式识别、心理图式等。

符号加工论认知心理学强调研究的整体性和内部心理机制，强调对信息的破译、编码和整合，重视内部心理活动之间的相互联系，采用模拟的方法对心理活动进行综合性研究，这与格式塔心理学的观点是一脉相承的。虽然格式塔心理学和符号加工论认知心理学同属于广义认知心理学的范畴，但格式塔心理学的组织原则主要局限于知觉领域，无法解决人的复杂的意向活动和认知活动。此外，格式塔心理学既强调内部完形的整体性，又强调现场的直接观察经验，因此也难以深入分析直接经验与内部心理结构的作用机制。符号加工论认知心理学在吸收格式塔心理学研究成果的同时，也从其局限性中受到启示，从而在研究中避免这种局限性。

3. **行为主义心理学的影响**

20世纪初占统治地位的意识心理学由于事实上并没有解决好意识问题而被行为主义心理学所取代。但行为主义却走向了另一个极端，它完全撇开人的意识和其他心理过程，只着眼于外部世界中的刺激和有机体的反应，研究它们之间的连接关系，所以行为主义心理学理论又被称为刺激—反应理论。在人们普遍对意识心理学感到失望的情况下，行为主义反其道而行之，这在当时是人心所向，众望所归。但是，随着时间的推移，一些心理学家逐渐认识到行为主义心理学同样不能解决心理学的一系列基本理论问题。它避而不谈人的内部心理过程或是把心理过程放到无足轻重的地位，这无异于使心理学变成了无头脑的心理学。在这种情况下，严格的刺激—反应理论就逐渐遭到了一些心理学家的反对，他们开始冲破行为主义设置的禁区，重又研究人的认知过程。因此可以认为，对行为主义统治下的心理学的不满和反抗是产生符号加工论认知心理学的最为重要的一种内部动力。

有研究者将符号加工论认知心理学和行为主义心理学绝对对立起来，认为它们如水与火那样是不能相容的，或认为符号加工论认知心理学完全是靠革行为主义心理学的命而起家的。实际上，这是一种片面的、不符合事实的看法。因为从实证心理学的角度来讲，行为主义称霸于20世纪的前半叶，符号加工论认知心理学称霸于20世纪的后半叶，但行为主义内部的中介变量概念早就在动摇着行为主义的理论并为认知心理学做了一定的准备。虽然符号加工论认知心理学是以反对行为主义起家的，但它却同行为主义有着千丝万缕的联系。可以这样说，符号加工论认知心理学从研究对象上对行为主义进行了否定，但在方法上却是对行为主义特别是放弃了极端观点的新行为主义的继承和发展。虽然“中介行为主义在20世纪50年代是一个主要的理论观点，但它最终证明是连接20世纪30至40年代推论行为主义和20世纪80年代推论行为主义（认知心理学）的一座桥梁”①。因此，符号加工论认知心理学是在对行为主义的斗争中形成和发展起来的，但又与行为主义有着密切的联系。近年来，符号加工论认知心理学已不再仅仅专注于内部心理过程的研究，也注意了对行为的研究，这是因为，在一般情况下，人们是使用从环境中获得的信息并结合记忆内存储的东西来指导未来的行为并塑造生活环境的。

行为主义的研究为符号加工论认知心理学提供了有效的实验方法学体

① 黎黑著，李维译：《心理学史》，浙江教育出版社1998年版，第706页。

系。从方法上，符号加工论认知心理学是对行为主义的深化，尤其是对那些放弃了极端观点的新行为主义，符号加工论认知心理学更是继承多于批判①。符号加工论认知心理学在研究方法上继承和发展了行为主义研究的客观性原则，在新行为主义的刺激(S)—中间变量(O)—反应(R)的研究模式的基础上提出了输入—内部符号加工—输出这种可与计算机的操作相类比的认知模式，从而保持了对心理过程探讨的可操作性，使其研究体现出客观性；新行为主义者托尔曼(E. C. Tolman)所倡导的目标—对象—手段的整体行为观和带有认知综合特征的目的行为主义以及班杜拉的认知行为主义对符号加工论认知心理学的兴起产生了一定的影响，特别是由于托尔曼提出了 S—O—R 的研究模式，并以"认知地图"的形成来解释行为的变化，因而被某些心理学家尊奉为符号加工论认知心理学的"开山鼻祖"。由此，我们更能看出符号加工论认知心理学与行为主义的联系。符号加工论认知心理学对行为主义理论不是简单地反对和拒绝，而是在否定层次上的扬弃和继承②。

虽然早期实验心理学的心理主义倾向被行为主义切断了将近半个世纪之久，但符号加工论认知心理学却延续了这一方向，同时又保持了新行为主义的严格的假设演绎法，增加了计算机模拟法，这就扩大了认知研究的领域。

4. 皮亚杰学派的影响

皮亚杰(J. Piaget)的发生认识论与符号加工论认知心理学虽属两种不同的认知心理学模式，但它们都在 20 世纪 60 年代前后受到许多心理学家的青睐，都在关注人的认知的内部结构或机制，它们是"认知革命"的同盟者。美国心理学史家黎黑(T. H. Leahey)把认知心理学概括为三种模式：一是以心理逻辑结构的演变来解释行为发展的新结构主义；二是把人看成是符号加工系统，研究人如何接受、编码、操作、提取和利用信息的符号加工模式；三是复活了符兹堡学派有关"无意象思维"的研究，强调以非联想的原则解释记忆和思维的新心理主义。皮亚杰的心理学理论显然属于广义的认知心理学范畴。

在对待行为主义的态度上，皮亚杰理论与符号加工论认知心理学也有一定的共同性，它们都不赞成行为主义，但又都表现出对行为主义方法论的改良，并表现出完全相似的兼容性。皮亚杰用相互作用的 S⇔R 公式来代替

① 叶浩生主编：《西方心理学的历史与体系》，人民教育出版社 1998 年版，第 499 页。
② 叶浩生主编：《西方心理学的历史与体系》，人民教育出版社 1998 年版，第 500 页。

简单的S⇒R单向活动模式，并进一步提出了S⇒AT⇒R公式，认为刺激是被纳入同化结构而引起反应的；符号加工论认知心理学则提出输入—内部加工—输出的模式。但是，皮亚杰更多地受到生物学机能主义的影响，符号加工论认知心理学则更多受计算机功能类比的启示，它们是两种不同的认知心理学研究模式，在研究领域、实验操作方法、成果表述方面很少具有相同之处。

皮亚杰的发生认识论充满着辩证法，带有明显的系统论和整体论思想，强调世间万物都存在于统一体中，一切科学也都是相互联系的。受康德哲学思想的影响，皮亚杰提出了"先天图式"的概念，并借助于这一概念阐述了儿童通过同化和顺应不断发展其认知结构的机制，强调认知结构是在不断同化和顺应的过程中得到发展的；战后兴起的符号加工论认知心理学也充分地体现了系统论、控制论、信息论的思想，认为人对符号的加工不是一种简单的刺激—反应过程，而是在已有认知结构中的信息选择、接受、编码加工、贮存、提取和使用的加工过程；强调认知模型、心理定势在信息选择、接受、编码中的积极作用。而且，符号加工论认知心理学家采纳了皮亚杰所提出的先天图式概念，并将其看做是一种符号加工机制。符号加工论认知心理学家对认知结构重要性的强调也正是受了皮亚杰的启发。

5. **布鲁纳的认知心理学思想的影响**

布鲁纳(J. S. Bruner)认为，人的认识过程是把新学得的信息和以前学习所形成的心理框架或现实的模式联系起来，积极地构成其知识结构的过程。一个人对世界的认识是以他构想的现实模式为基础的，这样的模式首先是从个人的文化中汲取的，又适应于个人的各种不同的用法。在布鲁纳看来，一个人对某个事物的知觉，实质上是一种构成过程。在此过程中，个人把他的感觉资料和他的世界模式联系起来，推论出一个关于外部事物的假设。然后，用这个事物的另外一些特性来检验他的假设。所以，一个知觉者不应被看成是一个被动反应的有机体，而应更确切地被看做是一个积极地选择信息、形成知觉的假设，并且有时为了减少意外的事情或达到有价值的目的而歪曲从环境中输入信息的人。记忆不只是一个人对固定的、没有生气的痕迹的重述，而是一个人完成想象的重建的问题。思维就是一个人通过概念化或类型化的活动来弄懂所察觉的一大堆杂乱事实的过程。总之，布鲁纳反对把人看成是一个在认识上被动的接受者，而把人的认识过程看成是一种积极的构造过程。认知过程的基本操作是对外部事物的类型化和概括化。布鲁纳认为，知觉过程是一种类型化的过程。这种类型化是以一个人从观察到的线索到认出物体的种类所作的推理上的飞跃为基础的。

思维活动的概念化和类型化过程使人有极大的能力去区别其环境中的物体或过程。布鲁纳还认为，概念化需要运用一定的策略。所谓策略就是为达到一定的目的而做出决定的任何程序，概念化正是通过策略的作用发生的。而策略的选择要考虑信息情境、认知难度和风险性三个因素；在解释思维过程时，布鲁纳除了探讨概念和概念获得过程外，还对编码系统作了深入研究。所谓编码系统，就是人们对环境信息加以分组和组合的方式，它是不断变化和重组的。

布鲁纳进行知觉与认知研究时，正是行为主义在美国心理学界占支配地位的时期。但布鲁纳并不受此影响，反而强调人类思维的策略性和目的驱动性。他认为，人类是有系统地对环境信息加以选择和抽象概括的。这种观点在形成知觉研究的“新看法”的过程中起了重要作用。长期以来，人们一直认为，客体的物理特征和观察情境的条件，是人类知觉物体的最为重要的决定因素。但“新看法”认为，观察者在知觉客体的物理特征时，会受个人因素的影响，不同的人对同一事物的知觉会有相当大的差异。布鲁纳等人通过实验表明，儿童对硬币大小的估计与他们对钱的感受直接有关，并且间接地受其家庭社会经济条件和个性特点的影响。

在布鲁纳看来，知觉过程是把感觉到的东西转换成意识、知识、情感或其他东西的行动。他认为，知觉具有两个特征：第一，知觉具有归类和推理的性质；第二，知觉具有各种不同的真实性。并且，他把知觉过程分为四个步骤：(1) 初步归类；(2) 搜寻线索；(3) 证实检索；(4) 结束证实。由此可见，知觉过程是以对刺激输入开放、选择、关闭为特征的。

布鲁纳认为，在人类智慧生长期间，有三种表征系统在起作用，这就是“动作表征、肖像表征和符号表征”，即通过动作或行动、肖像或映象以及各种符号来认识事物，这三种表征系统的相互作用是认知生长或智慧生长的核心。在他看来，这三种表征系统实质上就是三种符号加工系统，人类正是凭借着这三个系统来认识世界的。在布鲁纳看来，人类智慧发展始终是沿着这三种表征系统的顺序前进的。

布鲁纳对概念学习过程的实验研究，是对认知学习理论的一个重大贡献。1956 年，他与古德罗（Goodnow）和奥斯丁（Austin）等人专门讨论了概念形成问题，质疑并反对概念形成的刺激反应强化说，提出了概念形成的假设—检验理论，对概念形成与概念获得作了区分，把概念形成看做是人们通过心理表征主动搜寻和创建的过程，这种观点对符号加工论认知心理学的形成作出了重大贡献。

通过对符号加工论认知心理学产生的外部条件和内部依据的分析，我们可以看出，符号加工论认知心理学从古希腊以来的哲学、心理学以及其他相关学科中吸取了丰富的思想营养。符号加工论认知心理学所运用的“出声思考法”以及“反映时实验”就是在改造传统实验心理学研究方法的基础上发展而来的；从其研究领域和内容来看，符号加工论认知心理学则承继和扩展了格式塔心理学以及皮亚杰发生认识论的研究；就其研究中所体现的科学观和方法论思想而言，符号加工论认知心理学则与以实证主义为方法论基础的构造主义心理学和行为主义心理学是一脉相承的，显然，符号加工论认知心理学对传统心理学不是简单的反对和拒绝，而是“在否定层次上的扬弃和继承”①；而计算机科学、信息论、控制论、心理语言学理论等则为符号加工论认知心理学的产生提供了重要的形式启迪，启示符号加工论认知心理学家从系统、信息和控制的角度考虑人脑内部的符号加工过程，同时符号加工论认知心理学也从这些相关学科中借用了一些术语，诸如开放系统、反馈控制、信息过滤等，从而使其以类比、模拟的形式和方法来研究人类的认知成为可能。从某种意义上讲，这些相关学科都是符号加工论认知心理学得以产生的“同盟军”。由此看来，符号加工论认知心理学是吸收众多学科的研究成果、在众多学科研究的基础上发展起来的一种跨学科的理论，也是“心理学研究有史以来的第一次综合”②。1967 年，奈瑟出版了《认知心理学》一书，这被看做是当代符号加工论认知心理学形成的标志。此后，《认知心理学》和《认知科学》杂志也相继创刊发行，表明符号加工论认知心理学开始具有自己的宣传阵地，而此也是符号加工论认知心理学走向相对成熟的标志。

第二节　符号加工论认知心理学的理论隐喻和基本观点

符号加工论认知心理学是一个内容广泛的研究领域，涉及人类认知的所有方面，与心理学的很多分支领域以及其他很多相关学科都有着密切的关系。因此要把握符号加工论认知心理学的全貌，就必须首先搞清楚其隐

① 叶浩生主编：《西方心理学的历史与体系》，人民教育出版社 1998 年版，第 500 页。
② 叶浩生主编：《心理学史》，高等教育出版社 2005 年版，第 260 页。

喻基础和基本观点。

一、符号加工论认知心理学的理论隐喻

与行为主义等取消意识和内部心理活动的心理学观点不同，符号加工论认知心理学所关心的是作为人类行为基础的心理机制，因此更重视对认知活动的特殊性及其内部机制的研究。符号加工论认知心理学主张研究认知活动本身的结构和过程，并将这些过程看做是符号加工过程。由于认知过程本身具有不可直接研究性，人们不能直接观察内部加工过程，只能通过观察输入和输出的东西来加以推测，因此符号加工论认知心理学主张采用符号加工的观点和方法来研究认知过程的机制。虽然认知过程的生理机制是心理学研究的重要任务之一，但生理机制本身并不是认知过程内部机制的全部。符号加工论认知心理学就是要在高于生理机制的水平上来研究认知活动，“也就是立足于心理机制，研究符号加工过程”①。这种研究认知的新取向可以将各种心理过程有机地统一起来。符号加工论认知心理学以揭示认知过程的内部机制为核心，以探讨人是如何获得、储存、加工和使用信息为己任，而要做到这一点，就必须为自己找到一种隐喻形式。

20 世纪 30 年代，图灵提出了简单机器的观念，这就是后来被称为“图灵机”的抽象数学系统。通过一些基本操作就能够描述该系统的状态或状态的变化。图灵认为任何可由人完成的解决逻辑问题的有效程序，都可由这种“机器”来实现。图灵机为现代数字计算机的诞生揭开了序幕，而计算机科学则为符号加工论认知心理学的产生提供了最重要的外部条件。众所周知，计算机科学对符号加工论认知心理学产生了重要影响，实际上在符号加工论认知心理学产生之前，计算机科学家就谋求其与心理学的结合了，这一点人们却并不十分清楚。在符号加工论认知心理学与计算机科学还没有发生联系的时候，计算机科学家在进行研究的过程中，不论采取什么具体观点，“总是要这样或那样将计算机与人进行比较”②。这实际上就已经蕴涵着将人脑类比为计算机的符号加工论认知心理学的隐喻基础了。符号加工论认知心理学者由此受到启发，将计算机作为其研究的隐喻基础，并在此基础上提出“心理活动像计算机”的理论隐喻，将人脑与计算机进行类比，将人脑

① 王甦等：《认知心理学》，北京大学出版社 1992 年版，第 4 页。

② 王甦等：《认知心理学》，北京大学出版社 1992 年版，第 20 页。

看做类似于计算机的符号加工系统。“从解决计算机能否思维的理论问题到智能计算机的研制都要涉及心理学，需要与计算机科学有某种‘共同语言’的心理学”①这一点来看，计算机科学和符号加工论认知心理学这两者是互为隐喻的。当然，符号加工论认知心理学之所以将计算机看做其隐喻基础，将人脑中所发生的心理活动类比为计算机的符号加工活动，还在于虽然计算机与人脑的结构是完全不同的，但其工作机理却是一致的，即它们都是从环境中吸收信息，都在内部加工和操作这些信息，并通过一定的外部装置输出信息。因此心理学家才把计算机作为符号加工论认知心理学的重要研究工具，采用计算机模拟的方法来研究人的认知过程，但这种类比只能是机能性质的，只能是在行为水平上的类比，它模拟的主要是人脑的工作机理，因此可将这种模拟看做是对人脑功能的模拟。

二、符号加工论认知心理学的基本观点

1. 符号加工的一般原理

由于符号加工论认知心理学把计算机作为其指导性隐喻和核心工具，因而它采纳的是功能的或软件的描述水平，把认知看做是一种符号加工系统。符号加工论认知心理学者认为，无论是有生命的人还是人工的计算机，都是通过操纵符号，即通过对符号的接收、编码、储存、提取、变换和传递来加工信息的。在符号加工论认知心理学中，符号是模式，其功能是代表、标志和指明外部世界的事物。符号通过一定的联系而形成符号系统。符号和符号结构代表着一定的内容和意义，是对外部事物的内部表征。符号不仅可以代表外部事物，也可以标志符号加工的操作。符号加工系统得到某个符号就可以得到该符号所代表的事物或进行该符号所标志的操作。纽厄尔和西蒙认为，人和计算机都是一种一般的符号加工系统或者称为“物理符号系统”，这是因为作为一种符号加工系统，它们具有共同的特点，即都是由感受器、效应器、记忆系统和加工器等几部分构成的。如图 1-1 所示：

① 王甦等:《认知心理学》，北京大学出版社 1992 年版，第 20 页。

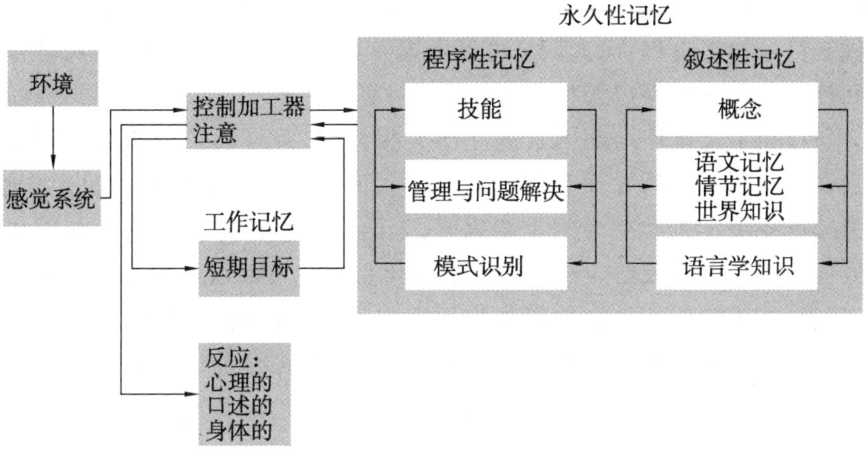

图 1-1　人类信息加工系统模式图

其中，感受器是接受信息的装置，类似于感觉系统；效应器是系统的最后结构，是对信息作出反应的部分，控制着信息的输出；记忆系统是信息的存贮机构，进行符号加工时需要某些贮存于其中的信息时，系统就会从中提取出所需要的以符号形式存贮的信息；加工器是一组符号加工过程，它决定着符号加工的目标、计划以及计划的执行等，如搜索信息、比较并评估当前信息或从记忆系统提取来的信息，决定着基本的符号加工序列或程序，这是整个符号加工系统的控制部分。由此可以看出，整个系统的加工都是以符号结构作为标志的，因此可以将人脑和计算机看做是具有输入、输出、存贮机制并依据一定程序进行加工的符号操作系统。符号加工论认知心理学认为，凡具有这些功能的系统，都会或多或少地表现出一定的智能行为，而已经表现出了某些智能行为的系统一般都具有这些功能。显然，人脑和计算机的这种类比其实就是人类心理过程与计算机运算程序之间的类比。不过，这种类比只能是功能上的类比，或行为水平上的类比，而不是物质构成上的类比，即并不需要以人脑神经生理机制的活动同计算机完全相同作为前提，这就为认知的计算机模拟提供了理论基础和逻辑依据。

符号加工论认知心理学利用计算机来类比人的内部心理过程。计算机接受符号输入，进行编码，对编码输入加以决策、存贮并给出符号输出，这可以类比于人如何接受信息，如何编码和记忆，如何决策，如何变换内部认知状态，如何把这种状态编译成行为输出。计算机与认知过程的这种类比，只是一种水平上的类比，即在计算机程序水平上描述内部心理过程，它主要涉及的是人和计算机的逻辑能力，而不是计算机硬件和人脑的类比。计算机科学为人类认知过程的研究提供了动态的符号加工模型，把人的认知过程看做是符号加工过程；而人们又可以根据计算机程序模拟的方法，从符号逻辑和控制的角度来探讨人脑内部的认知过程。

与行为主义排斥内部因素的立场大相径庭，符号加工论认知心理学特别强调人脑中已有的知识和知识结构对人的行为和认知活动的决定作用，认为知识是决定人类行为的主要因素，人的行为和认知活动都是在以往知识经验的基础上形成的。符号加工论认知心理学力求通过揭示人是如何获得、储存、加工和使用信息的机制来探究人类认知的内部规律；为了说明原有的知识经验在认知的符号加工过程中的作用，符号加工论认知心理学主张用一种激活的图式来指导知觉的理论，并用图式来表示人对外部世界的已经内化了的知识单元，这样一旦图式被激活，就能使人产生一种内部的知觉期望，以指导感觉器官有目的地去搜寻特殊形式的信息。事实上，在符号加工论认知心理学产生之前，心理学家就曾试图揭露有别于生理机制的内部心理过程，但由于各种原因，他们的研究都未能达到对内部心理机制揭示的目的，①直到符号加工论认知心理学产生之后，对内部心理机制的研究才真正提到议事日程上来。尽管目前很多符号加工论认知心理学者研究的侧重面各有不同，表述方式也有很大区别，但他们所涉及的都是对认知的内部心理机制的研究。② 显然，这种观点带有强烈的"心理主义"色彩。

符号加工论认知心理学从格式塔心理学中吸收了很多富有启发的思想营养，由于格式塔心理学强调意识的整体性，对知觉问题进行了大量的实验研究，因此对符号加工论认知心理学产生了重要影响。受此影响，符号加工论认知心理学强调研究的整体性，重视心理学研究中的综合的观点，强调各种心理过程之间的相互联系，认为各种心理过程之间是相互作用、相互制约、有机联系在一起的统一整体；符号加工论认知心理学对认知过程整体性研究加以强调的第二层含义在于，在研究人的认知过程时，特别强调各种前后关系的影响，包括语言材料的前后关系、客观事物的前后关系，甚至还包括人脑中原有的知识之间以及原有知识与当前认知对象之间的关系；③符号加工论认知心理学对认知过程整体性研究加以强调的第三层含义在于，不仅要把认知过程统一起来，而且要把心理学各个领域统一起来，也就是要用符号加工的认知观点来研究和说明情绪、动机、个性等方面，并且这种观点

---

① 王甦等：《认知心理学》，北京大学出版社 1992 年版，第 5 页。

② 王甦等：《认知心理学》，北京大学出版社 1992 年版，第 5 页。

③ 高觉敷主编：《西方心理学的新发展》，人民教育出版社 1987 年版，第 65 页。

还进一步扩展到了社会心理学、发展心理学、生理心理学、工程心理学等领域，这种整体的认知心理观将会使人更加全面准确地理解人的认知。

在符号加工论认知心理学看来，认知是从感觉开始的，外部物理世界的客观刺激作用于人的神经和认知系统后，就会得到进一步的加工处理；但由于人不能同时对所有进入认知系统的刺激信息进行加工处理，因此在刺激信息进行转换的过程中就会减约掉一部分，从而使人能够集中对需要进行加工处理的刺激信息进行精加工；经过精加工的信息就被保存下来并在需要的时候提取出来，以便将其运用到解决实际问题的过程中。符号加工论认知心理学就是通过感觉输入的转换、约减、精制、储存、提取和使用的过程来加工和运用信息的。

2．符号加工论认知心理学的研究对象

虽然符号加工论认知心理学以人的认知过程作为研究对象，但在对“认知”的理解上，不同的符号加工论认知心理学家却有不同的看法，具体来说表现在以下几个方面：

(1) 认知是信息的加工过程。

目前，持这种观点的心理学家在符号加工论认知心理学中占优势地位。他们认为认知就是刺激输入的变换、简化、加工、存贮以及使用的过程，他们强调信息在体内的流动过程，并试图通过计算机程序来模拟人的认知过程。

(2) 认知是问题解决。

持这种观点的心理学家把问题解决作为认知的核心，认为认知是利用内部和外部信息解决问题的过程。由于这种观点把认知仅仅局限于问题解决领域，缩小了符号加工论认知心理学的研究范围，因而遭到一些心理学家的反对。

(3) 认知主要是指思维。

持这种观点的心理学家认为认知主要就是指思维，包括言语思维、形象思维、概念形成及问题解决等。他们把思维作为主要的研究对象，以探索思维活动的特点、规律和模式作为根本任务。这种观点在符号加工论认知心理学中占有很大一部分市场。

(4) 认知是心理上的符号处理。

持这种观点的心理学家把符号看做是一种代表不同于自身的某种东西，或者说符号就是一种替代物。例如，语言是一种符号，它以词语或句子代表某些物体、事件或意义。音乐、数字、图画也是符号。此外，视觉映象、听觉表象和记忆表象也是符号的一种，因为它们代表着自身以外的某种东西。因此，相当一部分符号加工论认知心理学家把心理上的符号处理作为认知的主要方式。

(5) 认知是知觉、记忆、推理等活动所组成的复杂系统。

持这种观点的心理学家认为认知并不是一种单一的活动，而是由一组相关活动组成的复杂系统。在他们看来，符号加工论认知心理学的研究范围包括了感知、模式识别、注意、记忆与学习、概念形成、表象与想象、言语与思维等等。

这些不同的观点说明，尽管心理学家都试图用符号加工的观点研究人的认知过程，但对同一过程的理解则不完全相同，这些观点只是从一个方面或几个方面反映了认知的本质。综合这几种观点，我们可以说，符号加工论认知心理学是以符号加工的模式研究人的认知过程，研究人们如何获得知识、储存知识、变换知识和利用知识。这个过程包括了感知、语言、智力、表象、思维、推理、问题解决、概念形成、创造性等因素。

3. 符号加工论认知心理学的基本特点

(1) 人是一种符号加工系统。

符号加工论认知心理学的基本隐喻是把人看成类似于计算机的符号加工系统，即人脑像电脑一样可以通过把仅有的几种操作作用于符号，加工的信息仍以符号形式贮存，加工的结构和过程可以直观地表示成流程图。人脑是一个符号加工系统，它可以对表征信息的物理符号进行输入、编码、储存、提取、复制和传递，而这一过程的完成是系列性的，不同的加工任务和加工阶段由不同的认知结构来完成，这些相对独立的认知结构前后连接，构成类似于人工智能机的人脑内部的"机器"。符号加工论认知心理学就是研究信息在符号加工系统中的传递、转换、储存和作用机制，以揭开头脑"黑箱"内的活动。

受信息论和计算机科学的影响，符号加工论认知心理学家认为，尽管计算机的硬件与人脑的神经结构不同，但却完全可以在计算机程序所表现的功能和人的认知过程之间进行类比。这是因为，人脑的工作原理与计算机的工作原理是相同的，即人和计算机都是一种符号加工系统。这种系统把所处理的信息看做是符号信息，所有的记号、标志、语言、文字以及它们所描述的事物、现象、规律、理论等都被看成是符号结构，因而这个系统就是符号加工系统。既然人也是一种符号加工系统，那么，把人的认知过程和计算机进行功能上的比较，用计算机程序和语言来模拟人的认知过程就应该是比较合理的。

(2) 强调知识对行为和认知活动的决定作用。

符号加工论认知心理学的另一基本观点是强调人脑中已有的知识和知

识结构对人的行为和当前认知活动的决定作用。它力求通过揭示人们如何获取和利用知识的机制，以探究人类认知活动的规律。在有关知觉的研究中，为了说明原有知识在知觉的符号加工过程中的作用，有些符号加工论认知心理学家提出了一种激活的图式指导知觉的理论，即以图式意指一种心理结构，用于表示我们对于外部世界的已经内化了的知识单元。在知觉过程中，只有当有关图式接受了适合于它的外界环境输入，它才能被激活，才能使人产生内部的知觉期望，以指导感觉器官有目的地搜寻特殊形式的信息。这就说明，只有那些适合于知觉图式的信息才能被加工，那些对知觉图式不适用的信息则被忽略。

（3）强调认知过程的整体性。

符号加工论认知心理学认为，各种认知活动之间是相互作用、有机联系在一起的，是一个统一的整体。在研究人的认知过程时，特别强调各种前后关系的影响；在研究知觉时，把知觉看成一种不仅需要各种感觉器官的活动，而且需要对信息进行中枢加工的高度推理的过程；在研究记忆时，不仅考虑到记忆材料本身对记忆的影响，而且考虑到各种前后关系对记忆的影响。符号加工论认知心理学以整体论的观点看待人的认知过程，它吸收信息论和控制论的观点，把人的感知、注意、表象、记忆和思维等心理过程纳入信息的输入、加工、存贮和提取的完整的计算机操作过程。这样既有利于把人的认知活动的各个环节联结为整体来探讨其各自的特点和规律，也有利于把感性认识和理性认识结合起来，改变了过去对认知过程作简单划分和片面理解的做法。

（4）人的心理活动是在一定的信息结构中进行加工的过程。

符号加工论认知心理学认为，人的心理活动是一种主动寻找信息、接受信息、进行信息编码，在一定的信息结构中进行加工的过程。在此过程中特别强调认知中的结构优势效应，即原有的认知结构对当前认知活动的影响。

总之，符号加工论认知心理学就是试图用物理符号系统假设中的基本规律，采用计算机模拟的方法来解释人类复杂的心理现象。这种理论观点和实际操作均具有一定的合理性。然而，我们必须认识到，符号加工论认知心理学研究的重心是人脑内部的符号加工过程，从心理物理研究转向心理内部机制的探讨。从目前的情况来看，我们还只能通过信息的输入与输出来推测符号加工的程序，而且这种推测只是间接的，并不能肯定这个程序是造成某种行为的唯一原因。所以，同其他学科一样，符号加工论认知心理学的理论只能是接近真理，而不可能达到绝对的真理。

三、符号加工论认知心理学的研究方法

在研究方法上，符号加工论认知心理学继承了实验心理学的传统，吸收了计算机等相关学科的研究成果，形成了一套比较完整的研究方法。具体来说表现在以下几个方面：

1. 符号加工法

这是符号加工论认知心理学最基本的研究方法。所谓符号加工法就是把人的认知分解为一组连续的步骤，在每一步中都对某个抽象的对象（信息）进行分析。符号加工论认知心理学家往往把符号加工过程分解为一些阶段，这就使他们注意到信息在人体内流动有个过程。他们常用计时研究法。首先要测量出一个过程所需要的时间，并以此来确定这个过程的性质。假定一个人看屏幕上投射的字母E，如果投射时间很短，比如1毫秒，那么这个人就不会看到什么，这说明知觉不是瞬时的；投射时间长一点，比如5毫秒，那么这个人就会看到某种东西，但不知是什么，这说明知觉产生了，但辨别尚未产生；如果投射时间长度足以使人看出这个字母不是O或Q，但看不出是E还是F或K，那么这个人就产生了部分的辨别。由此人们就可以确定完全辨别、部分辨别或刚刚看出有东西所需要的时间。这一切表明，知觉是累积的，它是由几个特定的阶段组成的。符号加工论认知心理学家关心的是作为人类行为基础的心理机制，其核心是输入和输出之间发生的内部心理过程。但是人们不能直接观察内部心理过程，只能通过观察输入和输出的东西来加以推测。所以，符号加工论认知心理学家所用的方法就是从可观察到的现象来推测观察不到的心理过程。有人把这种方法称为会聚性证明法，即把不同性质的数据会聚到一起，从而得出结论。

根据符号加工理论，人们在进行认知活动的每一个阶段都需要花费一定的时间，越是复杂的认知活动所花费的时间越多，因此可以运用记录反应时实验和眼动实验来考察人的认知活动。

2. 眼动研究法

眼动即眼球运动，有三种基本方式：注视、眼跳和追随运动。这三种眼动方式经常交错在一起，目的均在于选择信息、将要注意的刺激物成像于中央窝区域，以形成清晰的像。眼动可以反映视觉信息的选择模式，对于揭示信息加工的内部机制具有重要意义，所以眼动的实验研究是符号加工论认知心理学的又一先进技术。眼动实验依赖于眼动仪，眼动仪就是记录眼球

运动信息的仪器。19世纪末20世纪初，心理学家开始使用简单的眼动记录技术考察人在图形扫描和文字阅读中的眼动轨迹，以及这些眼动轨迹与视觉信息加工之间的关系。在20世纪中期以前，研究者就为心理学研究开发出许多眼动记录技术，只不过这些眼动记录技术都存在误差大、操作难和对被试眼动带来较大负担等缺点，因而并未得到推广。20世纪中期以后，摄像技术的引入，特别是计算机技术的运用推动了高精度眼动仪的研发，极大地促进了眼动研究在心理学及相关学科中的应用。

从近年来发表的研究报告看，利用眼动仪进行心理学研究常用的资料或参数主要包括：(1) 眼动轨迹图：它是将眼球运动信息叠加在视景图像上形成注视点及其移动的路线图。它能最具体、直观和全面地反映眼动的时空特征，由此判定各种不同刺激情景下、不同任务条件下、不同个体之间、同一个体不同状态下的眼动模式及其差异性；(2) 眼动时间：将眼动信息与视景图像叠加后，利用分析软件提取多方面眼动时间数据，包括注视时间、眼跳时间、回视时间、眼跳潜伏期、追随运动时间，以及注视过程中的微动时间，包括自发性高频眼球微颤、慢速漂移和微跳时间，同时可以提取各种不同眼动的次数，主要是在不同视景位置或位置间的注视次数、眼跳次数、回视次数等。这些时间和位置信息可用于精细地分析各种不同的眼动模式，进而揭示各种不同的信息加工过程和加工模式；(3) 眼动的方向和距离：即在二维或三维空间内考察眼动方向，这方面的信息与视景叠加可以揭示注意的对象及其转移过程，而且可以结合时间因素计算眼动速度；(4) 瞳孔大小与眨眼：瞳孔大小与眨眼也是视觉信息注意状态的重要指标，而且与视景叠加可以解释不同条件下的知觉广度或注意广度，也可以揭示不同刺激条件对注意状态的激发。

眼动实验的理论预设是在符号加工的不同阶段，人的眼球运动的轨迹是不同的，因此通过记录人们认知时的眼球运动轨迹就可以分析人的认知特点。这种实验由于计算机的帮助而使结果更加精确可靠。在进行眼动实验时，实验者把一束微弱的光射向被试的眼球，这束光从眼球反射到计算机的光电摄像屏上，计算机就可以自动记录眼球运动的情况。从计算机所记录的眼球运动轨迹所构成的曲线上就可以分析被试的认知特点。这种方法在符号加工论认知心理学的研究中也得到了广泛运用。目前眼动心理学的研究是一个方兴未艾的领域，其技术手段、研究思路和涉及的课题领域都还处在迅速的发展过程中。

3. 观察法

由于符号加工论认知心理学所要研究的认知过程介于信息的输入和输

出之间，无法进行直接观察，因此只能通过一些可供参考的指标进行外部观察，并据此来分析和推测内部的心理过程，使人对内部过程的性质有一大致的了解。然后再使用计算机模拟的方法检验所得到的结论，这样就可以保证结论的可靠性。

与传统心理学的研究方法一样，符号加工论认知心理学也采用自我观察的方法。从某种意义上讲，自我观察法有些类似传统的内省法，也可以说是对传统内省法的批判、继承与发展。符号加工论认知心理学家的自我观察法继承了华生口头报告法的传统，让被试在进行某项认知活动时大声报告自己思考的内容，而不是以回忆的方式来描绘思考的过程，即要求被试要“出声思考”，这是一种由被试大声地报告自己在进行某项操作时的想法，来探讨内部认知过程的方法。口头报告多半在操作时进行，也可以在操作后通过回忆来叙述。从某种意义上说，口头报告分析法与传统的内省法比较接近，也可以认为是对内省法的批判与继承。在口头报告实验时，要求被试大声如实地报告操作时自己思考的详细内容，使内部的思维过程外部言语化，但不要他们解释情境或思维过程。被试所报告的应主要是短时记忆中保留的很快就会消失的信息。内克森和西蒙等人采用这种方法，在认知研究上取得了一定的成就。目前这种方法已经被许多认知心理学家所接受和采用，但也遭到了一些批评。

4. **实验法**

符号加工论认知心理学的实验法，尤以反应时和作业成绩为指标的实验受到重视。由于符号加工论认知心理学非常强调将实验条件与实验结果即“输入”与“输出”加以对照，以推论某一心理现象的内部机制，因此注重实验设计。反应时实验既是早期实验心理学家的一个主要研究课题，也是符号加工论认知心理学经常采用的一种研究方法。实际上，反应时实验研究法就是一种会聚性证明法。一般来说，反应时实验可以分为三种：简单反应时、复杂反应时和选择性反应时。符号加工论认知心理学家多采用复杂反应时和选择性反应时而不是简单反应时来研究认知过程，因为复杂反应时和选择性反应时可以提供更多的有关内部状态的信息。同时，符号加工论认知心理学家还把传统的反应时实验和计算机的程序分析结合起来，设计出各种程序加减的反应时实验来探讨人脑内部的符号加工过程。通过反应时实验，可以得出这样的结论：在提取信息的不同时刻，所获得的信息是不同的；在符号加工的不同阶段，人们所进行的符号加工内容也是不同的。与其他心理学分支相比，反应时实验法是符号加工论认知心理学最有效的和最典型的实验方法，主要包括减法反应时法和加因素法。

减法反应时法是指当两个信息加工系列具有包含和被包含关系时，即其中一个信息加工系列除含有另一个信息加工系列的所有过程以外，还存在一个独特的信息加工阶段或过程，这两个加工系列需要的时间差就是这个独特的信息加工阶段或过程所需要的时间。就如辨别反应包含简单反应的全部加工阶段，同时它还有一个信号分辨的心理加工阶段是简单反应所没有的，那么通过反应时间的相减就可以得到辨别的心理加工所需要的时间。很明显，心理加工越复杂，需要的加工时间就越长。例如，20 世纪 70 年代初，库柏（Cooper）和谢波德（R. N. Sheppard）用减法反应时法证明了心理旋转的存在；在 20 世纪 60 年代以前，人们一般认为短时记忆是以听觉编码的形式储存的，但是在 20 世纪 70 年代初波斯纳（Posner）等人的实验表明，短时记忆的信息存在视觉编码，其实验根据是减法反应时实验，从此实验结果可以看出，波斯纳等人用减法反应时法清楚地确定，某些短时记忆信息可以有视觉编码和听觉编码两个连续的阶段，这也是符号加工论认知心理学上的重大发现。

但是这种方法也有弱点，使用这种实验法要求实验者对实验任务引起的刺激与反应之间的一系列心理过程要有精确的认识，并且要求两个相减的任务中共有的心理过程要进行严格的匹配，这一般是很难的。这些弱点大大限制了减法反应时法的广泛使用。

20 世纪中期，斯腾伯格（R. J. Sternberg）发展了减法反应时法，提出了加法法则，称之为加因素法。这种方法并不是对减法反应时法的否定，而是减法反应时法的发展和延伸。加法反应时实验认为完成一个作业所需要的时间是一系列信息加工阶段分别需要的时间的总和。如果发现可以影响完成作业所需要的时间的一些因素，那么单独地或成对地应用这些因素进行实验，就可以观察到完成作业时间的变化。加因素法反应时实验的逻辑是：如果两个因素的作用是相互制约的，即一个因素的效应可以改变另一个因素的效应，那么这两个因素只作用于同一个信息加工阶段；如果两个因素的效应是分别独立的，即可以相加，那么这两个因素各自作用于不同的信息加工阶段。这样，通过单变量和多变量的实验，从完成作业的时间变化来确定这一信息加工过程的各个阶段。因此，重要的不是区分出每个阶段的加工时间，而是辨别每个加工的阶段和加工的顺序，并证实不同加工阶段的存在。加因素法假设，当两个因素影响两个不同的加工阶段时，它们将对总反应时产生独立的效应，即不管一个因素的水平变化如何，另一个因素对反应时间的影响是恒定的，这就是所谓的两个因素的影响效应有相加性。加因素法的基本手段是探索具有相加效应的因素，以区分不同的加工阶段。

5. “开窗”实验法

前面所说的两种反应时实验都不能直接得到某一特定加工阶段所需的时间,而要间接地通过两种作业的比较才能得到,并且相应的加工阶段或操作也要通过严密推理才能被发现。如果有一个实验技术能够直接地测量每个加工阶段的时间,从而能明显地看出这些加工阶段,那就好像打开窗户一样,一览无遗了。现在发展出来的这种实验技术即称作“开窗”实验,它是反应时实验的一种新的形式。

除反应时实验外,认知心理学还应用以作业成绩为指标的实验,它与传统的心理实验没有差别。比较而言,反应时实验有利于揭示内部信息加工过程的诸阶段,作业成绩实验有利于揭示某一加工阶段的特点。这两类实验不是互相排斥的,事实上常可同时应用反应时和作业成绩两个指标,以取得更为完整的资料。但在具体的研究过程中,要依具体情况来决定采用哪种方法。

6. 计算机模拟法

计算机模拟是符号加工论认知心理学家采用的一种特殊方法。要使计算机像人那样进行思维,计算机的程序就应当符合人类认知活动的机制,即符合某种认知理论或模型。把某种认知理论表现为计算机程序就叫计算机模拟。因此,计算机模拟首先可以用来检验某种理论,发现其缺陷,从而加以改进。

计算机模拟所提供的输出可以与人类行为进行比较,这种方法是通过对心理过程的计算机模拟来认识人的心理活动过程本身,即对人的内部信息加工过程进行逻辑分析。采用这种方法进行研究时,应把总的认知任务分解为一个个具体的步骤,并根据这些步骤编写相应的计算机程序,最后将计算机运行的结果和从人的认知实验中得到的实际数据进行比较,以此来验证人们对认知过程的分析是否正确,这是从事认知研究的一种相当直接的方法。计算机模拟是心理学与计算机科学的交叉领域,也是人工智能的一个重要方面。这种方法试图通过对心理过程的计算机模拟来认识人的心理过程本身,即对人的内部符号加工过程进行逻辑分析,因此它常与理论分析结合在一起,多从程序缩减、流程分析、程序模拟三个方面入手。程序缩减是一种以潜在性因素作为资料来源,用分离认知因素来探讨认知过程的方法,其典型的设计是让被试执行两种复杂程度不同的任务,从对比的角度来探讨复杂任务的操作时间和符号加工过程;流程分析是通过计算机的流程图的比较过程编制某种计算机语言输入计算机,如果输入的程序能正常工作，研究者至少知道某种心理过程在逻辑上是可行的，即获得逻辑合理性方面的验证；程序模拟就是用计算机的程序模拟人类认知活动的机制，计算机模拟首先可以用来检验某种理论，发现其缺陷，从而加以改进。

四、符号加工论认知心理学的实质

符号加工论认知心理学比较集中地体现了信息加工的特色，主要表现为：符号加工论认知心理学所研究的是行为的内部机制，即研究意识或内部心理活动；可以将心理过程理解为信息的获得、储存、加工和使用的过程，或者是经历一系列连续阶段的信息加工过程；建立相应的计算机模型并运用恰当的计算机程序来模拟心理过程。这既是符号加工论认知心理学的框架，也是符号加工论认知心理学的特色。

符号加工论认知心理学的实质就在于它主张研究认知活动本身的结构和过程，并且把这些心理过程看做信息加工过程。在认知心理学出现以前，心理学家主要关心的是心理活动的生理机制或神经机制，在某些情况下，甚至将心理活动的机制归结为其生理机制。但是，心理活动的机制与其生理机制并不相同。符号加工论认知心理学倡导信息加工观点，实际上是在高于生理机制的水平上来研究心理活动，也就是立足于心理机制，研究信息加工过程。在研究内部心理机制的过程中，符号加工论认知心理学还强调策略的作用，这些看法对于揭示认知活动的本质极富启发性。符号加工论认知心理学提出了研究内部心理机制的新观点和新方向，即信息加工观点。这种观点因强调研究心理活动本身的结构和过程而带有更多的心理学色彩，并能使各种心理过程有机地统一起来。但这并不意味着符号加工论认知心理学否定生理机制的研究，其实它只不过是强调了内部心理机制的研究而已。生理机制的研究将有助于揭示其心理机制，这一点容易被人们理解和接受。但心理机制的研究反过来可以促进生理机制的研究，这却是不易为人们接受的。符号加工论认知心理学的核心是揭示认知过程的内部心理机制，即信息是如何获得、储存、加工和使用的。尽管目前一些心理学家对符号加工论认知心理学的研究对象有不同的表述，侧重的方面有所不同，但他们所涉及的实际上都还是认知的内部心理机制问题。正是由于符号加工论认知心理学强调研究意识和内部心理机制，因而被称作心理学中的“新心理主义”，又由于它强调人的行为要受其认知过程的制约，因而被看做是一种带有强烈的理性主义色彩的心理学理论。

第二章

心理的计算机模拟:符号加工论认知心理学(下)

第一章主要分析和论述了符号加工论认知心理学产生的背景、其基本隐喻和基本主张。在这一理论隐喻的指导下,符号加工论认知心理学在感知觉、注意、记忆、语言、思维、问题解决等问题上进行了大量研究。本章将对此进行详细介绍,并对其贡献和局限进行相应的评价。

第一节 符号加工论认知心理学的具体研究

从20世纪50年代末起,符号加工论认知心理学就致力于感知觉、注意、记忆、语言、思维、问题解决等问题的研究,并取得了丰硕的研究成果。这些研究不仅有利于科学心理学的发展,也为认知科学的发展奠定了基础。

一、感知觉研究

奈瑟在其《认知心理学》一书中这样总结:认知心理学是指感觉输入被转换、约减、精制、储存、提取和使用的所有的加工过程。按照这个定义,认知是从感觉开始的,首先是由外部物理世界的能量作用于我们的神经和认知系统,然后才被进一步加工处理。知觉是确定刺激物意义的过程,包括对刺激物的定向、选择、组织和解释。从这种观点来看,感觉和知觉无论在加工水平还是在心理活动的内容方面都有着明显的区别,因为感觉只是对刺激信息的觉察，尚无意义可言；而知觉的信息加工要比感觉复杂得多，它不仅取决于刺激信息的特征，而且在很大程度上有赖于知觉者的已有知识经验、期待等主体因素，因此不同的人对于同一事物往往会产生意义不同的知觉结果。当然，在不同个体对同一事物所产生的有差异的知觉之间，也必然存在相对的一致性，这主要是由刺激物固有的特征决定的。

符号加工论认知心理学注重对知觉过程的精细研究，从而揭示出其内在的信息加工方式，这些加工方式主要包括：(1) 数据驱动加工和概念驱动加工。前者指从刺激作用开始的加工，也叫做自下而上的加工；后者是从主体对于知觉对象的一般知识开始的加工，也叫做自上而下的加工。(2) 系列加工和平行加工。前者是指信息加工按照确定的顺序一步一步进行的加工方式，后者是指多方面刺激信息可以在不同的信息加工单元中同时进行的加工方式。(3) 整体加工与局部加工。前者是指知觉到刺激物的整体特征，后者是指知觉到刺激物局部的特征，而且在许多情况下，知觉加工表现出明显的整体优势效应，如字词优势效应、客体优势效应等。

符号加工论认知心理学对感知觉等低级认知过程的研究是从信息的输入到模式识别，如果把模式识别理解为一种过程性概念的话，就与传统心理学中的感觉和知觉有着相同的意义。我们在此主要探讨模式识别的有关问题。

1. 对模式识别的研究

(1) 什么是模式识别。

要了解模式识别是什么，就必须首先搞清楚模式是什么。所谓模式，是指刺激的空间组合和时间组合。我们能够确认某种模式是什么，并把它与其他模式区别开来，就是模式识别。模式识别是动物和人的基本能力之一。从进化的阶梯上看，由于动物自身的运动，使模式识别问题显得更为重要，也更为复杂。动物能够识别在不断变化的外界环境中的稳定的模式，是保证其生存的重要条件。人类为了更好地生存和生活，也需要具备相应的模式识别能力。这些能力在人类的社会交往、生产和生活中起着重要的作用。随着计算机的迅猛发展，研究者正在探索把模式识别的能力赋予机器的各种途径，这已成为计算机视觉和听觉研究的一个重要方面。正因为如此，模式识别问题已成为心理学、神经生理学、系统工程、计算机科学共同关心的一个问题。

根据相关资料的记载，近代关于模式识别的研究，可以追溯到 19 世纪中叶德国著名的哲学心理学家洛采(R. H. Lotze)的工作。洛采在其《医学心理学，即灵魂的生理学》中提出了部位符号理论，认为人的空间知觉是从非空间的感觉特性中产生的。例如，当物体作用于皮肤表面时，由于皮肤各部分的组织结构不同，因而受到物体影响的程度也不同。这样就在皮肤上产生了一种紧张的模式，即紧张度在空间的不同分布，这种紧张模式就是部位符号，它使我们有可能从非空间的感觉特性中得到对物体的空间知觉。按照洛采的看法，模式识别和空间知觉是由于刺激作用于感受器表面而产生的紧张模式引起的。在现代心理学中，格式塔心理学对模式识别问题进行了较系统的研究。格式塔心理学家们从现象的角度描述了模式识别的规律，如图形从背景分出的规律、部分如何组成为整体的规律、知觉结构变化的规律等。这些研究至今对了解模式识别的规律仍有现实意义。

符号加工论认知心理学关于感知觉的研究，大多是围绕模式识别这一课题进行的。模式识别是指对于外界刺激进行辨别和归类，这在我们日常生活和工作中都是非常重要的，因为生活在这个大千世界，人们接收到的刺激实在太多，如果我们不能很好地对它们进行识别，就会带来无穷的麻烦。符号加工论认知心理学家之所以对模式识别感兴趣，原因在于他们试图通过计算机模拟人的这种能力，使之更加智能化。由于模式识别在人的心理活动和行为中的普遍意义，以及与人工智能研究的密切关系，它已成为符号加工论认知心理学对知觉研究的一个颇受重视的课题，并形成了一系列理论模型和假说。

(2) 模式识别中的两种加工。

模式识别既依赖于感官直接输入的信息，又依赖于人的记忆系统中保存的信息，即人们已有的、有组织的知识经验或图式。心理学的研究早就发现，人对模式的识别是一种积极的、主动的、有选择的过程。知觉者根据头脑中已有的知识结构把大量信息带入当前的知觉情境，并决定他们对外部世界刺激信息的提取。借用计算机的语言，我们把人脑直接接受由感官输入的信息，叫做自下而上的加工或数据驱动加工；而把人脑根据已有的知识结构或图式对外部输入的信息进行加工、处理，称为自上而下的加工或概念驱动加工。自下而上的加工受刺激物的物理特性的影响。如对象的照明、对象与背景的反差、有无环境“噪音”的影响等。自下而上的加工也受感受器的特性和神经系统某些编码特性的影响。由于这些特性，我们的感官从外界输入的刺激能量与从感官输出的神经信息能量，往往不是一一对应的。视觉感受器和其他感受器中均存在着侧抑制作用，正是由于这种作用，才出现了视觉边界增强的效应，使人们能够根据事物的轮廓而把不同的视觉模式区别开来。自上而下的加工依赖于人脑存储的知识结构，包括事物的表征与概念。它表现为对外部刺激的选择、推理、解释与期待。模式识别不是被动地接受某个刺激模式的影响，而是对模式作出合理的解释。

影响人的模式识别的因素很多，人的知识经验就是一个重要的影响因素。如果对一个从未见过的模式，长时记忆中没有相应的编码，虽然经过分析、比较，仍不能决策是什么，也不可能达到识别。另外，期待具有重要的作用。由于被试的期待不同，他们从图形中提取的特征也就不同。有研究者认为，起始知觉产生了知觉期待，并决定了被试怎样组织对图形其余部分的知觉。期待、假设、推理构成了人类模式识别中的高级变量，它使人的模式识别明显地不同于机器的模式识别。人的模式识别具有目的性、复杂性、适应性和自调性等特点。人类能够区别各种不同的物体和刺激模式，并且将这种区别奠定在不同因素广泛变异的基础上。人既可根据事物的整体分辨模式，也可以根据其个别部分或某一特征来区别它们。在人的模式识别中存在恒常性，也会出现错觉。当观察角度或距离改变时，外界的物理刺激特性发生了改变，但人对模式的识别却并未受到明显的影响。相反，在另一些条件下，相同的刺激模式在人们的心理上却引起不同的反应，从而使人产生明显的错觉。人对模式识别的这些特点，已经引起心理学和邻近学科的广泛关注。

2. 模式识别的理论模型

（1）模板匹配模型。

这是模式识别的一种早期理论，最初主要用于说明机器的模式识别，后来则借以解释人的模式识别。这种理论认为，模式是一个不可分割的整体，在人的长时记忆中储存着很多由过去生活经验所形成的关于客观事物刺激模式的微型复本或拷贝，称为模板。这种内在的模板与客观事物的刺激模式之间存在着一一对应的关系。当通过感觉分析、编码后传递的刺激信息进入人们的记忆系统时，人们就将它们与已有的各种模板进行比较，寻找最佳的匹配，从而作出对刺激模式的确认和决策。模式识别是将刺激模式的信息与长时记忆存贮的模板相匹配，当刺激模式与模板完全匹配或重叠时，这一模式即被识别。模式识别是通过该模式与记忆储存的不同标准的重叠程度实现的，重叠程度越高，模式的识别越准确。

模板匹配理论可以在一定程度上解释人在知觉过程中是如何进行模式识别的，同时这一理论在计算机上也得到了证实。如商品销售的条形码识别、银行储蓄存折的磁性编码以及信用卡编号的自动辨认。

但是，这种理论在解释人的模式识别时也有很多不足之处。它不能解释人如何在模式的物理属性广泛变化的范围内来识别模式，而且如果对每种模式都建立相应的模板化标准，所需的模板将不计其数，这也是不可能的，可见，此理论显得过于朴实与简单化。例如，按照该理论假设，人们必须在事先储存足够多的模板，才能对相应的刺激模式进行识别，这与现实生活中人们进行模式识别的事实不相符合；再如，这种理论对模式识别的解释也比较生硬和呆板，缺乏人们在实际知觉中对模式识别的灵活性和变通性。

（2）原型匹配模型。

既然模板匹配理论有局限性，在模式识别的研究中，研究者就试图以“原型匹配理论”解释人为何能识别大小或形状变化了的模式。研究认为，储存在长时记忆中的不是与外部刺激模式一一对应的模板，而是各种各样的原型，原型不是刺激模式的复本或拷贝，而是人脑中所存储的代表一组物体的关键特征的表征，它表现某类客观基本成分的抽象形式，不仅是对一类刺激的概括，也是这些刺激在头脑中的最优代表。原型与刺激是一对多的关系，因此具体的外部刺激信息经感觉传入后，只需与这种概括化的原型进行比较并获得最佳的匹配，并赋予其一定的意义之后就可得以识别和理解了。原型匹配假设是对模板匹配假设的改进，它表明即使长时记忆的编码不是对刺激的确切复写，人照样能识别。而且人脑中确实储存有抽象的、共性的原型。里德用脸谱辨认实验、西蒙用棋子识别实验都证明了人类运用原型匹配来识别和区分信息的可能性，强调了原型在一定范畴分类操作中的作用。

相对于模板匹配理论，原型匹配理论大大减少了模板的数量，不仅可以减轻人的记忆负担，而且还能够使模式识别的过程具有灵活性和变通性。原型匹配模型包容了模板匹配模型，同时克服了模板匹配模型不灵活、不经济的缺点，也得到更多生活经验和心理实验的支持。不过，更能体现符号加工意义的模式识别理论还是特征分析模型。

（3）特征分析模型。

每个模式都是由若干元素按一定关系组合而构成的，任何模式都是可分解为一些基本成分或特征的。模式识别的特征分析理论认为，每一种刺激模式都能被分解成一些基本的特征，而同一类模式的刺激物都具有共同的基本特征，这些特征成为确认该模式的基础。“特征分析理论”正是试图把模式分析为组成它们的各种特征，并用这些特征来描述模式。研究表明，各种刺激在长时记忆中的编码，登记着该种刺激具备某种特征的“特征表”。当人感知到一个刺激信息后，首先对其特征进行分析，把模式译成一组特征，而后与长时记忆的内部编码特征进行比较。如能获得最佳匹配，则此模式即被识别。例如，26 个英文字母的特征可以归纳为 7 种：包括垂直线、水平线、正反斜线、直角、锐角、连续曲线和不连续曲线。按照特征分析模型的观点，刺激信息的特征和对这些特征的分析在模式识别过程中起着关键性的作用。在人的知识经验中对经历过的客观事物，是以其所具有的各种基本的特征储存在记忆系统之中的。在进行模式识别的过程中，首先对刺激信息的特征进行分析，抽取有关的特征并确定这些特征之间的关系，然后再与长时记忆系统中已储存的各种相应特征进行比较，一旦获得有关特征之间的最佳匹配，该刺激模式就得到准确的识别。

特征分析理论有很多优点，因而成为模式识别的主导观点。相对于前两种理论模型，特征分析理论模型的优点在于：第一，因为特征是比较简单的，所以也就容易看到；第二，对于模式至关重要的那些特征之间的关系，能够用特征分析理论加以说明；第三，使用特征可减少所需要的模板的数量。这种模型兼容了模板匹配模型和原型匹配模型的合理成分，具有更强的适应性和变通性。特别是它强调了模式识别中对特征的综合过程和学习功能，使其更符合人的实际认知活动。在解释人的模式识别方面，特征分析模型显得更为灵活和经济，而且也具有更高的抽象性。但这种理论模型还是存在一些问题，比如大量的特征表是如何贮存的？它会增加记忆负担吗？

特征分析模型得到了实验材料的证实。例如，有研究者以小于 50 毫秒的时距呈现字母 G，被试在辨认时出现了 29 次错误，其中 21 次误认为 C，6 次误认 O，其他两次分别误认为 B 和 g。由此可见，被试主要是根据相似的特征来辨别字母 G 的。在特征分析模型中，最具有影响力的是塞尔弗里奇(O. P. Selfridge)在 1959 年所提出的“鬼蜮模型”。

这个理论模型把人的模式识别过程描述成四个阶段和层次。在每个层次中都有一些“小鬼”，分别承担着不同的职能，并配合完成整个模式识别的任务。在第一层次中，有“映象鬼”负责对外部刺激模式进行接收、编码和形成感觉输入；然后由第二层次中的“特征鬼”执行对感觉信息特征的分解和分析，分别由负责某一特征的小鬼报告传入的感觉信息中有无相应的特征；第三层次中的“认知鬼”密切监视着第二层次中各个“特征鬼”的反应和报告，每个“认知鬼”只负责一个模式，当“特征鬼”所报告的特征信息符合自己所负责的模式时，就兴奋地大喊大叫起来；此时在第四层次的“决策鬼”根据各个“认知鬼”的反应程度，选择其中最为兴奋、反应最强烈的那个“认知鬼”所负责的模式作为应予以识别的模式。

“鬼蜮模型”理论在一定程度上得到视觉生理学研究的支持。视觉生理学的研究表明，视网膜由三层细胞组成，由外向内依次为视细胞层、双极细胞层和神经节细胞层。视觉信息在经过这三级神经元的加工后，经视神经传入视觉中枢。这与信息加工的“鬼蜮模型”的理论假设近乎一致。相对于模板匹配模型理论和原型匹配模型理论，由于特征分析理论模型在解释模式识别的过程中，具有层次分明、灵活性高、变通性强等优点，因而受到学术界的广泛关注。但是这种理论模型只注重了自下而上的信息加工，未能体现出自上而下的加工特点；而且这个理论也是一个典型的由局部加工到整体加工的模型，无法说明人在识别模式中的主动性和能动性，这是模式识别的特征分析理论有待进一步探讨和完善的问题。

此外，拓扑学模式识别理论所研究的是，在拓扑变换情形下图形保持不变的性质和关系，其中的性质及关系就是拓扑性质。这种理论强调模式识别是对大范围拓扑性质的提取，而无需对特征进行分析。模式识别的研究也受到其他领域研究成果的启发，不断形成一些模式识别理论的扩展模型。有些心理学家认为，人对外界事物的识别，是数据驱动和概念驱动相结合的过程。人脑直接接受由感觉输入的信息，经编码产生内部表征，称为“自下而上的加工”，即数据驱动加工。这种加工受刺激的物理特点影响，由于感受器的侧抑制作用，使人可以根据事物的轮廓将不同的模式区分开来。模式识别的交互模型理论认为，模式识别是感受信息与假设相结合的过程，是来自现实的信息和预期假设之间相互作用的过程。模式识别既从感觉输入开始，又受预期假设控制。预期假设不仅指导着比较和决策过程，而且在分析阶段也可指导特征的提取。预期的假设还可能在一个待识别的模式信息未进入感觉存贮之前就产生影响，从而控制信息的最初记录。

总之，符号加工论认知心理学在知觉领域对模式识别进行了大量的研究，目的在于使计算机模拟人的模式识别能力并使其更加智能化，以真正解释信息的识别、理解和破译原理。模板匹配模型是根据机器的模式识别原理提出的，其基本思想就是刺激与模板匹配，并要求两者有最大限度的重叠。这种模型虽然得到一些实验证据的支持，但仅用这种机械呆板的模板匹配来解释人类高度灵活的认知过程显然是不够的。在此情况下，研究者在对模板匹配模型进行改造的基础上提出了原型匹配模型，这种模型认为在记忆系统中所储存的不是与外部模式严格对应的模板，而是原型，是一类事物的范畴表征，这种模型克服了模板匹配模型的不足，因而得到了更多生活经验和实验证据的支持，但由于这个模型只含有自下而上加工而没有自上而下加工，因此也存在一定的局限性。为了能够更加客观地说明知觉过程，研究者又提出了模式识别的特征分析模型，这种模型认为外部刺激在人的长时记忆中是以其各种特征来表征的。相对于前两种模型，这种模型可以减轻记忆的负担，具有更强的适应性，也使模式识别带有更多的学习色彩，更加符合人的真实的知觉过程，因此这一模型受到了该研究领域研究者的广泛重视。但由于这一模型未能说明人在模式识别中的主动性和能动性，因此也存在一些问题。由此可见，对知觉的模式识别的研究远未完成，仍然有待于进一步探讨和完善。

二、注意和信息选择研究

注意的实质是什么？什么原因引起注意和不注意？对于这些问题给予理论上的说明，曾经是早期实验心理学的兴趣所在。冯特在其《心理学引言》第一章的标题就是“意识和注意”。他认为，注意的焦点就是统觉，而统觉又是其心理学的核心概念之一。詹姆斯（W. James）认为“注意的实质是意识的聚焦和集中”，把注意看做是“意识流”的一个重要特性。但是，从 20 世纪 20 年代起，由于行为主义心理学的兴起，注意被完全排斥于实验心理学的研究之外。直到 20 世纪 50～60 年代，随着符号加工论认知心理学的出现，心理学家又重新对注意理论的研究产生浓厚的兴趣。符号加工论认知心理学一般倾向于把注意理解为人加工信息的有限容量，这种有限性来源于人的心理智源的有限性。所谓智源涉及到心理的能力、记忆的能力、通讯的通道，它们被指派去执行一定的任务。因为有限，所以一旦它们被全部指派去执行任务，则不再能同时执行其他任务。所以注意只能去分担有限范围内和有限数目的任务。既然人加工信息的容量有限，那么注意的一个关键方面就是关于个体所关心的任务的选择问题。符号加工论认知心理学家根据不同的实验材料，从信息选择的角度，提出了几种注意和信息选择的理论。

1. 过滤器理论

过滤器理论的基本思想是：注意受人的信息加工系统的结构的限制，某些特定类型的输入信息可以通过过滤器得到进一步的加工而得到识别，而其他的信息则不能通过。因此，过滤器理论一般要解决下列几个问题：(1) 信息加工系统中有多少个过滤器；(2) 过滤器处于信息加工系统的什么位置；(3) 过滤器是以什么原则进行工作来选择信息的。

(1) 早期选择模型。

信息选择的过滤器模型是由英国心理学家布鲁德本特（A. M. Broadbent）于 1958 年在《知觉和交往》一书中最先提出的，是一种早期选择的注意模型。该理论的基本假设是：信息加工受通道容量的限制。来自外界输入的信息是大量的，这些感觉信息将通过大量的平行的感觉通道进行加工。但是人的神经系统高级中枢的加工能力是极其有限的，于是在信息加工的某一阶段就出现了瓶颈口。为了避免系统超载，就需要过滤器加以调节，选择出一些信息进入高级分析阶段，而其余的信息则迅速衰退。通过过滤器的信息受到进一步的加工而被识别或存贮。这种过滤器类似于高保真度听力设备中的交叉过滤器。布鲁德本特认为，过滤器是根据感觉特征并按照“全或无”的原则对信息进行选择的，并认为人在进行信息加工时是按照系列加工的方式进行的，一个通道通过信息同时就关闭其他通道。当环境需要的时候，过滤器又转换到另一个通道，使有关信息通过；同时阻断其他通道，不让信息通过。因此该理论也称为单通道理论。这种理论认为，过滤器位于语义分析（知觉）之前，对输入信息的通过或拒绝完全是由刺激的物理属性决定的，不需要信息加工系统的高级分析阶段参与活动，即不需要已有知识经验对输入信息的作用。由于这种模型的过滤作用是在知觉加工的早期阶段进行的信息选择，所以也称为“早期选择模型”。

布鲁德本特用过滤器模型这样解释注意现象。在他设计的一个双耳分听实验中，向被试的双耳同时呈现一定的刺激，例如，右耳：8，5，2；左耳：1，7，6。呈现速度为1秒钟两个数字，要求被试以两种方式进行再现：(1) 以耳为单位分别再现左右耳所收到的信息（如，852，176）；(2) 以项目出现的顺序进行再现（如，81，57，26）。根据要回忆的信息量（6个项目）和呈现速度（每秒2个），布鲁德本特预计正确再现率为95%。但在这两种实验条件下，再现都低于期望值：以第一种方式再现，正确率为65%；以第二种方式再现，正确率仅为20%。如果事先不对被试规定再现方式，多数被试选用第一种方式。布鲁德本特对实验结果的解释是：每只耳朵是一个通道，过滤器只允许一个通道的信息单独通过。在以耳朵为单位再现时，被试只需转换通道一次，因而再现效果较佳。以项目出现顺序再现时，被试至少需要在双耳之间进行三次转换，他不能注意每只耳朵的全部项目，一些信息迅速丧失，因而再现效果较差。

由于这种过滤器理论无法解释人对有意义材料的信息加工和注意分配等现象，因而很快就遭到了人们的质疑。例如，在双耳分听实验中，事先规定被试只对一只耳（如左耳）的输入信息进行追述（追随耳），而不追述另一耳（非追随耳）的输入信息。结果是：对追随耳的信息被试能很好地知道，对非追随耳的信息常常不能识别，但被试却能够识别特别有意义的信息（如被试的名字）。显然，布鲁德本特的过滤器模型是无法解释通过非追随耳的特别有意义的信息为什么能得到识别这个问题的。因为这种过滤器是按“全或无”的原则进行工作的，是依据刺激的物理属性来选择信息的，同时输入的信息也不与已有的知识经验相互作用。

（2）衰减模型。

过滤器模型提出后，其他有关注意在模式识别的信息加工中的规律与特点的研究结果表明，注意对刺激信息的选择作用并不在于知觉的早期阶段，也不是按“全或无”的方式进行的。特雷斯曼（A. M. Treisman）在1960年和1964年进行了一系列的实验研究，对“过滤器模型”加以修改和补充，并在此基础上提出了“信息选择的衰减模型”。她认为过滤器不是按“全或无”原则工作的，而是按衰减的方式工作的，并认为许多通道都能对信息进行不同程度的加工。

根据双耳听力实验的结果，特雷斯曼认为，在信息加工的不同水平和阶段上至少存在着两种过滤器：一种是在语义分析之前的，被称为外周过滤器，发生在知觉过程的早期阶段，主要是在感觉水平上对刺激物理特征的初级加工。所有的刺激信息都能够通过该阶段的过滤器，只是在非追随耳中的刺激信息受到了衰减，而追随耳的信息没有受到衰减。另一种是在语义分析之后的，被称为中枢过滤器，它将在信息加工的高级阶段对刺激信息的意义进行分析和选择，其作用是根据所接受到的信息在目的、意义、熟悉程度和倾向性等方面的因素予以取舍。前一种过滤器对刺激的特点进行级差性选择，即对输入的感觉信息给予不同程度的衰减而不是完全阻断感觉输入。她假定长时记忆中已储存的项目具有不同的激活阈值。当输入的信息（追随耳的）通过过滤器未受到衰减时，能顺利激活长时记忆中有关的项目而得到识别；当输入的信息（非追随耳的）通过过滤器受到衰减时，由于强度减弱，常不能激活长时记忆中相应的项目，因而不能被识别；但特别有意义的项目（如自己的名字）的激活阈值较低，因而能被激活、被识别。因此，选择注意不仅取决于感觉信息的特征，也取决于中枢过滤器的作用。中枢过滤器在信息选择中起积极作用，它是根据在回答反应组织中起着巨大作用的范畴、语义特征进行选择的。由于强调了中枢过滤器的作用，人们把它称为中期选择模型。

信息选择的衰减模型是对过滤器模型的改进和发展，把“全或无”的选择方式变为对信息的衰减作用，把单通道式的模型改为双通道或多通道的模型。这两个模型具有如下一些共同特点：首先，它们都认为信息传送的通道以及模式识别的高级分析水平的容量有限，必须通过过滤器的作用加以调节和选择；其次，两种过滤器的作用都位于模式识别过程中信息的初级加工和高级加工之间，因此衰减模型有时又被称为“中期过滤器模型”；最后，都认为过滤器的作用是选择刺激中的一部分信息进入知觉的高级阶段，从而实现模式识别。所以，这两种模型都属于注意的知觉选择模型。

(3) 晚期选择模型。

格雷(Gray)等人通过实验研究发现,对信息的选择不在知觉阶段,而是在对已经接收到的信息作出反应的阶段,对信息的选择是发生在模式识别之后。个体受到环境刺激时,模式识别的过程无需意识的觉察而自动进行,直到完成模式识别之后才出现选择。他们认为,所有进入感觉通道的信息都能被登记和保存,并全部得到知觉的加工而进入高级分析阶段。当需要将这种经知觉分析后并存入记忆的信息重新提取出来时,选择的作用就发生在有关的反应过程中,因此注意在模式识别的信息加工中的选择功能不是在对刺激接收阶段,而是在对已经知觉到的信息的反应阶段,所以将其称为"反应选择模型"。该模型认为,所有的选择注意都发生在信息加工的晚期,过滤器位于知觉和工作记忆之间。注意的选择依知觉的强度和意义而转移。事实上,该模型假定信息到达了长时记忆,并激活其中的项目,然后竞争工作记忆的加工。这个模型强调了中枢控制过程,选择注意就是加工系统中这个控制的一部分。通过它,某些信息的编码被选择出来进行进一步的系列加工。诺曼(D. A. Norman)把这个机制称为"相关机制",即对相关刺激作出反应。选择注意就是这个控制机制用来使人集中加工特定信息的结果,这是一种主动的过程,选择的依据是经过分析识别的信息类型。

这个模型能很好解释注意分配现象,因为输入的所有信息都得到了加工;也能很好解释特别有意义的信息容易引起人注意的原因,因为储存在长时记忆中的这些项目的激活阈值是很低的。但是,这个模型看来是不经济的,因为它假设所有的输入信息都被中枢加工,这就不能很好解释早期选择现象。

2. 智源限制理论

智源限制理论是由卡尼曼(D. Kahneman)在1973年提出的。他把注意看做心理智源,认为对输入进行操作的智源在数量上是有限的。智源限制是指由于智源有限,因而一旦它们全部被使用,则没有更多的智源去执行其他任务。因此,智源限制任务是指:如果给执行这项任务的作业分配较多的智源,那么这项作业便得到改善。如果一个任务没有用尽所有的智源,那么注意就可以指向另外的任务。注意的有限性不是过滤器作用的结果,而是从事操作的智源的有限数量所决定的。人的心理智源可以在意识控制下进行分配,当人面临一项任务时,就会把心理智源都用在该项任务上,努力程度越高则调用的心理智源越多,活动效率就越高,但当把心理智源全部调用时,努力程度提高也不能再提高活动效率了。当人面临不止一个任务时,就需要把心理智源进行分配,每个任务所占用的心理智源就相对减少,活动效率也会相应降低。如果多项任务的完成所需要的心理智源之和超出了最大的心理智源的限度，人就无法很好地同时完成几项任务。

最初，智源限制理论认为，操作的有限性仅仅是由心理智源的有限性决定的。后来，诺曼和博布罗(D. G. Bobrow)扩大并精确化了智源的概念，区分出两种类型的限制：一类是作业成绩已经达到了最佳水平，人再努力也不可能提高作业的成绩，这类任务称为"资料限制"任务。另一类是指通过更多的努力可以提高作业操作水平的，这类任务称为"智源限制"任务。实验表明人是可以同时操作两项任务的。在这种情况下，说明注意两项任务的智源是足够的。也有研究表明，操作一项任务往往会影响另一项任务的操作成绩，这说明同时完成两项任务缺乏足够的智源。这一理论的基本假设是，完成每一项任务都需要运用心理智源。操作几项任务可以共用心理智源，但是人的心理智源的总量是有限的。这些加工过程产生一定数量的输出，人在操作几项任务时根据特定数量的智源和输出在质量上的变化，将智源分配给这些任务。只要同时进行的两项任务所需要的智源之和不超过人的心理智源的总量，那么同时操作这两项任务是可能的。这个结论得到了相关实验的证实。

显然，智源限制理论可以解释许多实验结果，而且这一理论不涉及信息加工阶段的分析，也不必要问在加工序列的哪个阶段有个过滤器，因此可以很好地解释注意分配现象和有关实验结果。但这个理论的最大缺陷是不能作出预测，不能预测人的心理智源究竟有多少，如何分配，所以它仍然是不能令人完全满意的。

与智源限制相反，资料限制任务是指执行这些任务的作业之所以受到限制，不是由指派的智源有限造成的，而是由资料的质量问题造成的。在资料限制任务中，如果输入的资料较差，那么即使再给它加上一些智源也不能改善作业。符号加工论认知心理学认为，个体能用于执行任务的智源数量有限。只要个体仍保留有智源，那么他就能去执行另外的任务或者用以改善正在进行的作业。因此，如果指派的任务并没有使用全部智源，那么在作出选择决定之前便对所有有关信息进行了加工。另一方面，如果指派的任务需要的智源多于当时能利用的智源，那么个体便减少对某些任务的作业，以便不超出智源限制的范围。人们也许不能明确说出注意的选择发生在加工的早期或是晚期，因为这有赖于个体所执行的任务的类型。但是，符号加工论认知心理学认为所有的信息都进入感觉记忆之中，为保留信息，则应该注意到它们并且把它们转换为更持久的形式。

3. **多重选择信息加工理论**

这个理论是建立在人类信息加工系统工作的一般模型基础上的。该理论认为,注意是灵活的,加工系统可以依据输入的物理属性或其意义来进行选择,但对输入的加工却受工作记忆容量的限制。该理论的基本假设是,从感觉储存中抽取的信息类型取决于中央控制器的特性,奈瑟就把注意理解为中枢对知觉结果的主动预期。通过注意刺激的物理属性,加工系统可能仅选择特定的输入进行进一步加工。经最初的选择,较少的输入就留下来,这样工作记忆的加工容量也就相对较大了。中央控制器和刚进来的刺激一起激活长时记忆中的一些项目。因此,有意义的刺激比不重要的刺激更容易进入意识而被注意。晚期选择被认为注意主要是由中央控制器确定的,是长时记忆中特定项目高度激活的产物。由于晚期选择可能需要更多的工作记忆进行加工,因而往往有许多项目竞争注意。

符号加工论认知心理学在研究注意的同时,也涉及到自动化加工的问题。它认为,对于一个加工所需要的注意的总量有赖于该加工的熟练程度,加工越熟练,所需注意越少;高度熟练的加工则只需很少注意或无须任何注意,这种加工便是自动化加工。自动化加工的特点主要是:第一,它们只需要很少的智源,因此常可以与其他任务同时进行。第二,它们需要经过广泛的训练才能产生,而且一经产生,要对它们作出修正则比较困难。第三,人们很少能够意识到这些过程的组成成分。第四,对这类过程的作业水平能通过多次训练而得到提高。自动化的过程对于人们是很重要的,因为它使得人们可以很快地且无需多少注意甚或无需任何注意地去做经常需要做的事情,所以人们就有时间和智源去做其他的事情。

总之,知觉信息的选择实质上就是注意。在知觉中正是由于注意的参与,才能使人控制、选择、监督和维持必要的信息加工,从而完成整个知觉过程。符号加工论认知心理学将注意看做是信息加工的重要机制,强调注意的选择性特征,借以实现对刺激信息的选择和控制,以便更加有效地对重要信息进行加工。从这个角度出发,符号加工论认知心理学提出了一些模型,试图从理论上来说明注意的机制。

布鲁德本特所提出的过滤器模型把人对刺激信息的接收过程看做类似于通讯系统的信号接收传送通道。由于这个通道对信号传送的容量有限,因此需要一种"过滤器"将超过容量的信息滤除,只允许有限的信息通过。在此模型中,"过滤器"是按"全或无"的方式以系列加工的形式来加工信息的。虽然得到了很多实验证据的支持,但也有研究对其"单通道"模式提出质疑,特雷斯曼对该模型进行了相应的改进,改进后的模型被称为"衰减模型”，这个模型将“全或无”的选择方式改为对信息的衰减作用；将单通道模型改为双通道或多通道模型。由于该模型承认注意在通道间的分配，因此比过滤器模型更有弹性。与特雷斯曼提出衰减模型的同一时期，又有研究者提出了完全不同的理论模型，由于该模型认为注意在知觉的信息加工中的选择功能，不是出现在对刺激的接收阶段，而是出现在对已知觉到的信息进行反应的阶段，因此被称为反应选择模型。这三种注意模型均与认知系统加工能力的有限性相联系，因此都不能有效地解释和说明“双作业操作”①。在这种情况下，一些研究者认为，对信息加工中的选择问题不能仅仅从较低方面去解释，而应从如何分配中枢能量的角度来分析注意对信息加工的作用，即把注意看做是人能用于执行任务的数量有限的能量或资源，并用这种能量或资源的分配来解释注意，这就是注意的中枢能量理论。这种理论认为，只要不超过可得到的能量，人就能同时接收两个或多个输入，或者进行两种或多种活动，否则就会发生干扰。值得注意的是，该模型将不随意注意包含在内，这对于说明注意是十分有意义的。随着对知觉信息选择问题的研究的深入，研究者逐渐认识到“注意”在知觉信息的选择中并非处于信息加工的某一特殊位置，因此把注意的选择功能定位于知觉刺激阶段或对知觉作出反应的阶段都是没有意义的。特雷斯曼在反思以往研究并进行大量新研究的基础上认为，知觉所具有的情景结构的特点是把通过分别独立编码的特征予以整合后构成的，并据此提出了注意的特征整合模型，将注意分为前注意和集中注意两个阶段。由于在前注意阶段，对知觉信息的特征不存在定位问题，因此无需注意参与；而在集中注意阶段，由于信息加工通过定位地图的中介作用，把已经编码的各种特征进行了整合，因而需要特别予以注意。虽然研究者已经提出了很多有关知觉信息选择的模型和理论，在说明知觉信息的选择中也曾发挥过重要作用，但是，由于注意的机制十分复杂，因此目前认知心理学关于注意的理论主要探讨的是注意的选择性，对于注意的其他方面的探讨显得十分薄弱，更少见到把这些机制综合起来加以考察的。同时，符号加工论认知心理学都采用标准化的实验程序来研究注意，这些实验结果缺乏实验室之外的对照，往往与人在生活实践中的注意现象有相当的差距。人是有主观能动性的，生活实践的需要不仅制约着人的注意力，而且通过社会实践也能培养和发展人的注意力。因此，对注意的机制进行综合研究，并把实验室的研究与生活实践中人的注意的研究结合起来加以考察，应该是今后注意理论研究的一个重要方向。我们必须

① 王甦等：《认知心理学》，北京大学出版社 1992 年版，第 91～92 页。

指出，在此领域研究者还需要进一步开拓和探索。这是因为注意是知觉的前提，也是符号加工论认知心理学有关模式识别研究的必要条件，只有探讨清楚了这个问题，符号加工论认知心理学才有可能取得更进一步的发展。

三、表象研究

表象是一个富有特色的心理过程，符号加工论认知心理学对于表象的研究具有独到之处。在现代心理学发展的早期，表象就已经得到研究，但在行为主义兴起后，关于表象的研究中断了。行为主义心理学拒绝研究表象，有些行为主义心理学家虽然承认表象的存在，但也只是把表象的产生过程简单地等同于一般的外部行为。斯金纳说过：当人在想象中看到一个人或一个地方时，他仅仅就是在做那个人或那个地方出现时做过的事情。符号加工论认知心理学扬弃了行为主义的反心理主义的做法，围绕着表象进行了大量的实验研究，取得了一些值得重视的成果。表象是物体的抽象的类似物的再现，研究表象就是研究在没有任何外部刺激的情况下，加工视觉信息和空间信息的过程。

1. 心理旋转

符号加工论认知心理学认为，表象是真实物体的类似物，这是因为对表象的加工类似于在知觉真实物体时的信息加工，表象是一种重要的知识再现形式，它使人们有可能在物体并不存在时，再现该物体的物理属性并对它进行加工。对此，谢波德等人进行了心理旋转的实验研究。

所谓心理旋转就是指在内心将某个图形的映象加以转动的心理操作过程。谢波德等人在 20 世纪 70 年代初开展了心理旋转的研究，其最初的实验是有关这类实验中最具代表性的。在实验中给被试成对地呈现如图 2-1

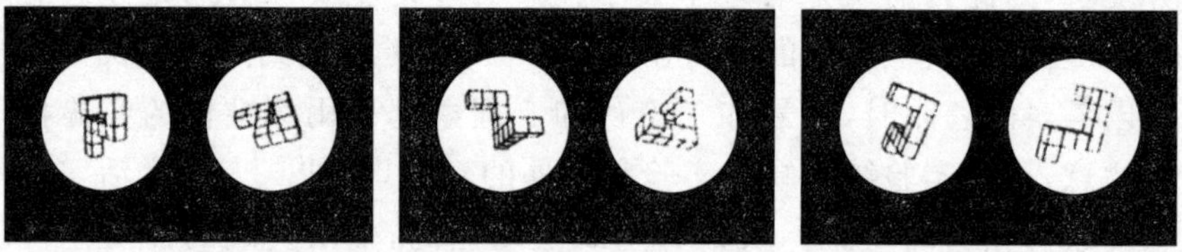

(A)平面对，在平面上旋转 80°　(B)立体对，在空间中旋转 80°　(C)镜像对，两个不同的图形

图 2-1　心里旋转图例①

① R. N. Sheppard, *Mental Rotation of Three-dimensional Object*. Science, 1971, 7. pp. 701～703.

所示的图形，这些图形的成对应用有三种情况：首先，两个图形相同而方位不同，其中一个相对于另一个在平面上转动了一定的角度；其次，两个图形是相同的，但其中一个图形在与纸张表面相垂直的平面上即在三维空间中转动了一定的角度；再次，两个图形是不同的，它们的镜像是对称的，其区别如同左右手一样。被试的任务是判定这两个图形是相同的还是不同的。实验结果表明，无论是平面对还是立体对，如果两个图形的形状和方位都相同，那么被试只需要 1 秒钟就能看出它们是相同的；但当其中一个图形转动了一定的角度，出现方位差后，反应时就增加了，到转动角度为最大值 180°时，平均反应时已经超过 4 秒钟，反应时随方位差的增加而增加，两者成正比。而且就整体情况来说，平面对和立体对的实验结果是一样的。根据这一实验结果，谢波德等人认为，被试对两个图形做比较时，是在头脑中将一个图形转动到另一个图形的方位上来，然后根据匹配的情况再作出判断，而心理旋转或想象的转动则是这类比较的基础。谢波德等人的实验确定了心理旋转这一事实，并且他们认为，表象的实质就在于它是一种类比表征，表象与外部客体有着同构关系；但是表象并不是直接从结构上来表征外部客体，它与外部客体在结构上并没有一对一的联系，他们所谓的同构是指内部表征的机能联系与外部客体的结构联系是相似的，即如心理旋转与客体的物理旋转那样。由于心理旋转的研究着眼于表象的表征和加工，所以这类研究开辟了表象研究的新方向。

这个实验的结果表明，被试在头脑中完成物体的三维空间旋转。两物体间的角度差别越大，则被试完成这种旋转历时越长。实验者认为，无论实际的心理加工是什么，它都像是物理旋转的一种类似物。进一步的研究表明，被试报告其心理旋转的角度越大，则其作出判断的时间也越长。这种结果与人们实际旋转类似的物体时所花时间的长短具有一致性，从而进一步说明表象是类似物的再现。但也有研究者对此提出质疑：被试是否真正连续地进行心理旋转？反应时的增加是否只是因为两物体的方位差别越大，被试便越难看出它们之间的基本共同点，因而需要耗费更多的时间去考虑。对于这种质疑，有研究者通过实验证明，加工时间应该是在表象上表现出的运动量的函数，这与实际折叠活动有类似之处，从而进一步证明了表象是类似物的再现。

符号加工论认知心理学认为表象不仅是具体类似物的再现，而且还是抽象的类似物再现。这是因为，表象并不受视觉通道或其他任何感觉通道的束缚；表象也不是个体存储的有关环境的一幅完整的、原始的、未经加工的图片，即表象并非刻板的摹写。实验表明，视觉表象不依赖于视觉通道，而包含着对于类似物信息加工的更加概括的能力，在从知觉到抽象变化的三种水平上，都发现了类似的反比函数：当被比较的物体是真实地向被试呈现时，反应时与物体属性的数量差异大小成反比；当对心理的物体的物理属性进行比较时，反应时与想象中物体的物理属性的数量差异大小成反比；当对看不见的品质进行比较时，反应时与这些品质的相差数量等级大小成反比。这些结果都说明在心理的数量之间进行比较的加工过程是抽象的，因为它不依赖于感觉通道。还有一些研究支持表象不是刻板的、原始的心理画面的观点。相关实验表明，表象并不是总能受到如具体画面那样的检查，表象不是刻板的、原始的心理画面，它会受到一般的原有知识的歪曲，表象系统并不像简单的心理照相机那样活动，表象和画面的不同之处在于表象能被分割成有一定意义的小块，并且这些小块能够和整体一样得以再现。

2. **心理扫描**

所谓心理扫描是指从记忆表象上的一点到另一点的心理运动过程。信息加工认知心理学家考斯林(S. M. Kosslyn)做了一系列有关心理扫描的实验，其中比较具有代表性的更为复杂的心理扫描实验是这样的：他们给被试呈现一个虚构的小岛地图，图中画有茅屋、树、石头、池塘、草地等物，要求被试记忆。当被试能够对岛图形成精确的相应表象时，实验者把岛图拿开，并说出一个事物的名称，要被试在心理上把这个事物的位置想象出来。5 秒钟后，实验者说出另一个地名，如果该点是地图中存在的，被试就应对它扫描，等扫描到该点时就按键作出反应。扫描的方式是让被试想象一个小黑点从第一个地点出发，沿最短的直线尽快地运动到第二个地点，但小黑点要始终能“看”出来。如果说出来的第二个地点是地图中没有的，则按另一个键作出反应。计时从实验者说第二个地名开始到被试按键结束。实验结果表明，被试的反应时间是原图中两个事物之间距离的函数，即图中两个事物之间距离越长，完成这一心理操作所需的时间越多，即加工时间随着表象“通过”的运动量的增加而增加。两物体分离越远，反应时越长。显然，在被试头脑中并没有一张实际的地图，因此在他们的头脑中也没有从一个坐标点向另一坐标点的运动。但是，实验结果却表明他们是在进行一种类似于这种物理操作的加工活动。显然，被试在心理上完成从一点到另一点的运动过程同物理上的操作过程是类似的。布鲁克斯(L. R. Brooks)的一个有关干扰和表象扫描的实验研究也说明，当被试对心理排列进行扫描时，他们是在对一物理排列的类似物的再现进行扫描。要求被试在外部实际物理排列上从事一种与心理扫描相冲突的扫描活动，则引起对心理扫描的巨大干扰作用。

3. **空间能力和表象**

在人类早期智能研究中就已经发现：言语能力并非唯一与智力有关的能力，空间能力也是较为独立的智力结构。空间能力是指非言语信息加工中的个体差异以及在完成空间测验中的个体差异，是个体在空间或视觉表象方面的才能。它能保持心理表象并在心理上使表象扭曲、转动或旋转到不同位置，并能将移动了的表象和结果相匹配。空间能力涉及二维中的表象运动，指想象一个物体被移动到不同位置时的能力或是想象结构间存在运动，一种结构取代另一种结构的能力。一般来说，空间能力涉及到对物体内部的关系、物体与物体之间的关系、物体与观察者之间的关系的把握，至少涉及三个因素：空间关系、想象、定向。可以说，空间认知技能是由准确知觉世界的能力、对知觉到的事物进行改造或修改的能力及重建视觉经验的能力构成的，而这几种能力又是视觉空间表象能力的具体表现。许多心理学家很自然地将视觉空间表象能力视为空间智能的核心。图形旋转的心理操作实验涉及各种空间因素，较多涉及表象运动，往往能揭示人的空间表象能力和人们的视觉空间表象体系。同时，由于心理旋转的内部加工类似于其他许多空间任务的内部加工，因此心理旋转中的理论可为其他空间加工过程提供总框架。

4. **表象研究的贡献**

符号加工论认知心理学对表象的实验研究，为心理学作出了重要贡献，使人们更为具体地看到心理现象是客观现实的反映。符号加工论认知心理学通过对表象的独特的研究，进一步把人的想象活动和人在物理世界中的真实操作活动联系起来，证实了它们两者之间的对应关系，从而说明了人的想象活动不能凭空产生，它需要以客观现实为基础，这便从一个方面支持了辩证唯物主义的反映论原则；进一步说明了心理学研究人的内部心理活动的必要性和可能性。符号加工论认知心理学通过对表象的研究说明，心理学不仅应该而且可能对不能直接观察到的心理现象进行研究；而且它用一些巧妙的方法把人的内部心理过程与客观事物以及人的外部行动联系起来。这样就能进一步揭示表象的性质和产生规律，也进一步说明自我观察法是心理学研究的一个重要方法。符号加工论认知心理学在研究表象时，就广泛采用了自我观察法。而且，实验结果也表明这种方法是可靠的，可以用它取得许多有关人的心理活动的生动资料，因此在心理学的研究中必须提倡使用自我观察法，并把这种方法和其他方法结合起来，以取得像符号加工论认知心理学对于表象的研究那样的有意义的成果。

通过研究，符号加工论认知心理学进一步解释了表象的性质，认为：表象能够连续地再现变化着的信息；能够让人对它们表现出操作，这种操作类似于现实中的物理操作；表象不依赖于视觉通道，而是空间的、连续变化着的、较为概括的信息的再现；数量是难以用较为类似于物体本身的表象去辨别的；与画面相比，表象更为可塑而不大清晰；复杂的物体表象可以被分割为一些小块而再现出来。

四、记忆研究

自德国著名心理学家艾宾浩斯(H. Ebbinghaus)开创记忆研究以来，记忆问题在各个时期都受到重视，也取得了很多有价值的研究成果。特别是随着符号加工论认知心理学的产生，对记忆的研究又取得了新的进展。

1. 记忆的结构

1890 年，美国著名心理学家詹姆斯在其所著的《心理学原理》一书中把记忆划分为初级记忆和次级记忆；1965 年，沃夫(N. C. Waugh)和诺曼提出了两种记忆系统的模型；1968 年，阿特金森(R. C. Atkinson)和谢夫林(R. M. Shiffrin)在前人研究的基础上提出了记忆信息的三级加工模型，把记忆系统划分为感觉记忆、短时记忆和长时记忆三个子系统。

(1) 感觉记忆。

感觉记忆也叫瞬时记忆或感觉登记，它是记忆过程的第一阶段或系统。感觉记忆按照刺激信息原有的形式来储存，是外界刺激的真实的摹写或复本。虽然其容量很大，但如果没有给予选择性注意，就会很快消失，其持续时间不足 1 秒。当客观刺激物直接作用于人的感觉器官时，刺激信息就会经过分析器系统激活大脑皮层上的感觉中枢，形成感觉。这种感觉映象如果不能得到进一步的加工，就会在很短的时间内消失。通常所说的视觉后象实质上就是一种感觉记忆。此时，信息以未被分析的“真实的”形式进行短暂的储存和停留，人们似乎尚未知觉，故称其为感觉登记或瞬时记忆。符号加工论认知心理学的进一步研究发现，感觉记忆其实是实现记忆活动的重要的开始阶段，它按照所接受到的刺激的原有特征和形式进行编码，具有鲜明的直观性。感觉记忆是无意识的，不受人的主观意志控制，并且可以发生在各种感觉通道上。至今研究比较多的有两种：一种是视觉的感觉记忆或称为图像记忆；一种是听觉的感觉记忆或称为声像记忆。感觉记忆的信息储存时间很短，如图像记忆的储存时间只在 1 秒以内；而声像记忆的储存时间可以持续到4秒钟。虽然在感觉记忆阶段没有对信息进行更进一步的加工，信息保持的时间也很短暂，但其记忆容量很大，使信息的进一步加工成为可能。

研究者通过实验研究发现，感觉记忆具有如下特点：

① 感觉记忆的信息储存数量大，只要被感觉接受的刺激信息几乎能全部予以储存。

② 感觉记忆的信息储存时间相当短暂。图像记忆的有效保存时间仅为几百毫秒，如果接近或超过1秒则迅速消失；而声像记忆信息的保持时间最多可达4秒，大于4秒时，也将迅速消退。

③ 感觉记忆中的信息只得到了初步加工，基本上是按照刺激的物理特征进行编码，因而这种记忆的内容具有刺激情境的生动性和形象性。

④ 感觉记忆的记忆过程是无意识的自动化信息加工活动，人无法对其予以觉察和控制。

⑤ 感觉记忆中只有一部分信息能够被传送到高一级水平的短时记忆中进行进一步加工，并继续完成模式识别的过程。在对感觉记忆所储存信息的选择中，注意起着极其重要的作用。只有被注意到的信息才能进入短时记忆，并获得模式识别所赋予的特定意义。

（2）短时记忆。

最早对短时记忆进行研究的是美国心理学家詹姆斯。他在1890年出版的《心理学原理》一书中提出了两种记忆说，把记忆分为初级记忆和次级记忆。这实际上就是后来短时记忆和长时记忆概念的雏形。由于当时缺乏实证材料的支持，詹姆斯的观点并没有引起人们的重视，直到20世纪50年代，短时记忆才成为符号加工论认知心理学的热门课题，获得了比较充分的研究。现已证明，在人的记忆过程中确实存在一个短时记忆的信息加工阶段，它既不同于感觉登记，也不同于长时记忆。在短时记忆阶段，信息保持的时间比感觉记忆阶段要长，但不到1分钟。在不严格的意义上，我们可以将短时记忆称为工作记忆，因为它与人当前从事的活动有直接联系，并具有明显的意识性。同时，它也是记忆过程中从感觉记忆阶段到长时记忆阶段之间的中间阶段或过渡阶段，为人们进行各种心理活动提供了一个平台。

感觉记忆中的信息如果受到注意，就会转入短时记忆。20世纪50年代以后，很多心理学家运用字母、音节、字词等识记材料进行了大量实验，证明无论是什么识记内容，短时记忆的容量都在7个左右，说明短时记忆的容量是有限的。美国心理学家米勒(G. A. Miller)在1956年发表了题为《神奇的字数7±2:我们加工信息的能力的某些限制》的著名论文,用实验证实了短时记忆的容量为7±2个组块,并首先以组块这一概念来测量短时记忆的容量。所谓组块就是由较小信息单位按一定关系联合所组成的较大的信息单位。不同的组块所包含的信息量各不相同,一个组块可以是由一个字母组成的,也可以是由几个字母组成的,还可以是由几个词组组成的。所以,不同组块本身的容量大小也各不相同。但就以组块为计量单位来说,人们的短时记忆容量一般都是7±2个。虽然不同个体对同一份材料的记忆内容在数量上可能有出入,但按其各自编码所形成的组块来说都在这一范围之内。这就意味着,如果能把不同的刺激组成一个组块,短时记忆的容量就会得到扩展,但能否组块化则受个体以往知识经验的影响。

那么,在短时记忆中信息究竟是如何储存的呢?这就涉及到了记忆信息的编码问题。在记忆系统中,编码就是对有关信息进行转换,使其成为合适记忆活动所需形式的信息加工过程。通过编码所形成的具体信息形式称为代码。在短时记忆中,信息的编码主要有听觉编码、视觉编码和少量的语义编码。在对短时记忆编码方式所进行的研究中,影响较大的是英国心理学家康纳德提出的听觉编码理论。他在实验中发现短时记忆错误的产生是以听觉特征为基础的,而不是以视觉特征为基础的。他把实验分为两个阶段:第一个阶段以字母广度作业来测定视觉刺激材料呈现后的错误回忆量;第二个阶段是在噪音背景下,测定听觉刺激材料呈现后的错误回忆量。在这两个阶段中,每一实验的刺激材料都是由6个字母所组成的字母序列。有些字母的发音十分接近,如C,V;M,N;S,F。每个字母都呈现一定的时间,刺激呈现结束后,立即要求被试回忆所呈现刺激字母的顺序。结果表明,即使以视觉方式来呈现刺激材料,被试产生的错误仍然是按其发音的特征产生的。例如,容易将B误认为P,V;将V误认为B或C;将M误认为N;将S误认为F等。在以听觉刺激呈现字母读音时,发音特征相似的字母之间的记忆出现高度的混淆,而发音不相近的字母则很少发生这种混淆。这个实验证明,听觉编码是短时记忆中信息编码的主要形式。

虽然听觉编码是短时记忆中信息编码的主要形式,但却并非唯一形式。大量研究结果表明,视觉编码也是短时记忆中信息编码的一种形式。波斯纳等人的研究结果表明,至少在部分时间里,刺激信息在短时记忆中是以视觉编码的形式处理的。实验是以两种呈现刺激的方法让被试辨认两个刺激字母是否相同。一种为等同辨认,即两个刺激字母的读音和形状都分别相同;另一种为同名辨认,即两个字母的读音相同但形状不同。无论用哪一种方法呈现刺激，都分别以同时呈现和继时呈现的方式显示刺激字母。当同时呈现时，两个字母同时并排显示，而在继时呈现时两个字母相继显示的时间间隔分别为0.5秒和1秒、1秒和2秒两种。被试的辨认结果用正确反应的反应时表示。实验结果表明，在等同辨认中被试正确辨认的速度显著快于同名辨认的速度，这就说明视觉编码也是短时记忆中信息的一种编码形式。

听觉编码和视觉编码都以感觉代码作为具体的信息加工形式，但语义编码却是以某种意义作为抽象内容的代码形式。在过去相当长的时间里，研究者一直认为语义编码只是长时记忆中信息编码的形式，但相关研究发现，在短时记忆中也存在少量的语义编码。

由于短时记忆的容量为7±2个组块，因此要扩大短时记忆的容量就必须在组块的构成上下功夫。通过扩充和增加组块的内容可以使短时记忆的信息容量得以扩充，这种特性称为组块的可扩容性。由于组块构成水平存在差异，即组块在对信息编码的方式、途径和关系等方面不同，因而各种不同类型的组块所能包含的信息量也不相同。但当以组块作为短时记忆的容量时，随着组块所包含信息量的增加，短时记忆的容量将会相应降低，这种规律已经被许多实验所证实。之所以会出现这种情况，是由于语言单位中所包含的信息量的增加，使相应组块中的信息密度加大，从而使短时记忆容量随之减少。但应该注意的是，在上述情况下组块数量的减少并不意味着短时记忆信息量的相应减少。尽管短时记忆的组块容量是有限的，但由于组块具有可扩容性，因此在不同水平的组块编码之间，各自所包含的信息量存在显著差别，这是不同个体在短时记忆容量上存在差异的原因之一。所以，要提高短时记忆的能力，就必须优化组块的编码方式和提高组块水平，并研究影响组块的各种因素。一般来说，影响组块的因素有以下几个方面：

第一，组块受记忆材料特征的影响。记忆材料的特征可分为内部的性质与结构特征和呈现的时间与空间特征。记忆材料的不同性质特征与短时记忆的容量有一定关系。记忆材料呈现的时间和空间特征主要表现为材料之间各组成部分在时间和空间上的接近程度，接近程度越高，在相邻的部分之间就越可能形成时空组块。而记忆材料的时空特征不同，则形成组块的水平和方式也不同。

第二，组块受信息加工者知识经验的影响。组块的形成实际上就是信息加工者对已接收到的信息加以组织或再编码的过程，而这种过程总是需要调用长时记忆中的知识经验进入短时记忆中参与对信息的加工活动，使之形成对个体具有特定意义的相对熟悉的有较大容量的信息组块。因此，组块的意义就在于减少短时记忆中有关刺激信息的单元数，其方法是增加每个单元中的信息量，从而在有限的短时记忆容量范围内提高总的信息加工量。这对于保证和促进人的工作效率是十分重要的。同时，这也说明要提高短时记忆的效果，不仅应考虑刺激信息本身的特征，还要充分发挥信息加工者的主观能动作用，积极优化对刺激信息的组织和再编码。

由于短时记忆的容量有限，因而其信息保持的时间比较短。研究表明，通过复述能够减慢或防止短时记忆中遗忘的发生。如果不进行复述，信息在短时记忆中一般只能保持1分钟左右；如果予以复述，则其保持的时间就相对比较长。复述对短时记忆中信息的保持具有两种功能：一是可以增进短时记忆中的信息强度；二是可以通过复述把记忆材料的有关项目转入到长时记忆中。为增强信息所进行的复述方式与被复述的记忆材料在短时记忆中最初的编码是一致的，即如被复述的信息在短时记忆中最初是以视觉编码的，复述的方式就以内部视觉进行；如被复述的信息在短时记忆中最初是以听觉编码的，复述的方式就以内部听觉或内部语言进行。由于这种过程通常不需要理解信息，只是简单重复而已，因此可以把这种复述看成是一种机械性的复述方式。相比之下，借助复述将有关信息转入长时记忆的过程则需要加以理解或解释，这是一种有意义的复述方式。因此，复述的功能以其方式的不同而不同。

在短时记忆中复述的方式和性质及其所受到的干扰都会对记忆效果产生较大影响，但对于记忆中遗忘的原因，在心理学的研究中却是一个长期争论的问题。一种观点认为，遗忘是记忆没有得到强化而自然消退的结果；另一种观点认为，遗忘是由于已经储存在短时记忆中的信息受到其他信息的干扰所致，而这种干扰作用在于阻断了对原有信息的复述。当代心理学借助于神经生理学、脑科学的相关研究结果，认为遗忘的原因可能与大脑中的某些化合物的不均衡有关，或者是由大脑中某些化学物质的传递失败所导致的。显然，这是一个十分复杂的问题，对此问题还需要在相关学科研究成果的基础上进行更进一步的研究。

(3) 长时记忆。

如果说感觉记忆和短时记忆是记忆过程的开始和继续，那么长时记忆则是一个具有巨大容量的信息库。在信息保存的时间上，长时记忆中的信息至少保存在1分钟以上，有的甚至可以终身保持；在记忆信息的容量上，长时记忆的容量很大甚至是无限的；在信息编码的方式上，长时记忆主要以言语编码和表象编码为主；而且长时记忆中的信息在激活之前往往不被意识到。

人类积累知识经验主要依靠长时记忆，而长时记忆必须通过短时记忆中对有关信息的复述才能完成。复述方式可以分为保持性复述和加工性复述两大类。就保持性复述来说，其特点在于仅仅重复刺激材料而不必予以思考，其作用只是使被复述的信息在短时记忆中得到保持而不能进入长时记忆。加工性复述则需要对刺激信息进行操作、重新编码和组织。因此，加工性复述是信息进入长时记忆的必要途径。这就说明，对刺激信息的加工水平决定着长时记忆的效果，加工水平越高则长时记忆效果越好。

长时记忆一般可分为情景记忆和语义记忆两大类。情景记忆中所接受和储存的信息均按刺激发生作用的时间顺序，以及有关时间之间的空间关系而排列和构成，具有与个人生活在特定时间与空间所经历的事件相联系的自传体性质；而语义记忆中的信息则与其出现的时空特征无关，是对语词、概念、规则、定律等必须运用语言来表达内容的记忆，因此语义记忆中的信息具有抽象性和概括性。

人的记忆系统是一个信息的接受、编码、储存和提取的系统，由三个子系统构成，处于不同记忆系统中的信息以完全不同的方式被编码、转换和储存，反映了记忆系统对信息加工的阶段性、层次性、能动性和策略性等特征。符号加工论认知心理学在运用信息加工观点研究人的记忆时，采用了三个基本概念，即编码、储存和提取。它们是记忆的三种不同过程，任何一种过程在人的记忆过程中都可能因某种原因受到破坏，从而使记忆归于失败。编码决定了储存什么信息、以什么方式储存和怎样提取这些信息。编码的过程可能包含改变信息，以便使它成为人和机器系统的一种适宜的形式，在把信息纳入感觉记忆、短时记忆和长时记忆这三种系统时，都有编码发生。信息进入感觉记忆和短时记忆时，人可以进行“视野编码”和“组块编码”；信息进入长时记忆时，除了“组块编码”外，人还能进行多种形式的编码，比如对自然语言进行调整的编码形式。符号加工论认知心理学家认为，人不是信息的消极、被动的容器，而是主动积极作用于信息的加工者。人可以对信息进行各种编码以便贮存和提取，从而大大提高记忆效率。

符号加工论认知心理学认为，储存是记忆系统的永久性的、固有的成分，是所有记忆过程的储存所。经信息加工系统筛选的刺激首先到达感觉记录器，被识别和注意的信息就被送入短时记忆储存所，其余的就被遗忘了。人对于短时记忆中的信息能够“复诵”，这不仅会使信息变得新颖以保持在短时记忆中，而且还能把信息送入长时记忆，由于信息被进行了种种加工，它们在长时记忆中被安排得井井有条，因此长时记忆是一种高度的有组织的实体，这种观点得到了大量的实验证明。

提取就是重新再现储存的信息。编码和储存相当于传统记忆理论的识记和保持，提取则相当于再认和回忆。实验表明，在感觉记忆和短时记忆中都有提取发生，但由于信息在这两种记忆中都不能长久储存，因此从这两种储存中提取信息并不是一件易事，一般说提取多指从长时记忆中提取信息。给被试一个提取信息的指令，他就会从长时记忆中找到适当的点，并以此为出发点，按一定路径开始搜寻。每找到一个条目就进行再认，即判定决策。若断定是要求回忆的就报告出来，否则就继续搜寻。如此一来，再认就包括在回忆过程中了。

记忆的三级信息加工模型虽然容易说明信息在记忆系统中的流动方式和各系统的工作特点，但这一模型也存在着一些不容忽视的缺点：首先，对于人的心理生活而言，长时记忆的重要性大于短时记忆，但在这种理论模型中所重视的是短时记忆，长时记忆的研究相对较少；其次，这种模型虽然能够解释情景记忆，但不利于解释语义记忆；再次，这种模型与现实生活中人的实际记忆过程似乎是脱节的。因此在 20 世纪 70 年代以后，符号加工论认知心理学家就把研究的重点放在语义记忆研究上，提出了许多语义记忆的模型。

2. 有关记忆的理论

(1) 重复和复述理论。

重复是指外部环境刺激的反复呈现。艾宾浩斯曾根据刺激的重复呈现与保持效果的函数关系绘制了一条曲线，说明保持成绩随刺激呈现次数的增加而提高。诺曼也通过实验证明，言语材料的重复次数影响回忆成绩。符号加工论认知心理学对此有不同的解释。“联系强度说”主张，重复次数越多，学习项目与回忆线索的联系强度越大。“多表征说”认为，相同的信息在记忆中有不同的表征。信息每重复一次，在记忆中就多了一个表征形式，后来提取的线索也随之增加。“编码策略说”则认为，重复之所以能提高记忆成绩，是因为在此期间人有意识地采用了多种编码策略。外部刺激每重复呈现一次，学习者就运用一种新的策略对输入信息进行编码，于是就不断增加了新旧信息之间的联系，产生了许多潜在的提取线索。此外，人还可以对一次呈现的外部刺激进行内部重复。克纳克将复述分为“保存性复述”和“深化性复述”：保存性复述只是在同一层次上加工输入信息，记忆效果较差；深化性复述是在较高的加工层次上对输入信息反复进行语义分析，因而提高了记忆成绩。至于记忆过程中的“近期效应”或“优先效应”也都是信息加工者在期待等因素影响下对输入信息进行不同层次的加工所致。

（2）组织理论。

记忆结构的组织性是信息加工者长期和连续对信息编码的结果，编码是对信息进行组织和再组织的主动活动。关于组织的编码过程，符号加工论认知心理学也有不同的假说。图尔文(E. Tolving)描述了两种研究信息加工者内部组织过程的实验方法。第一种方法是由实验人员控制和改变学习材料的结构和组织特性，他称之为“分类组合”；第二种方法是采用缺少内部联系和组织特性的学习材料，信息加工者不是去发现学习材料的结构，而是用自己的方法组织和回忆材料内容。结果发现，被试在不同的尝试回忆中，几乎是按照相同的方式进行回忆的，不同被试有各自前后一致的组织方法。图尔文将这种现象称为“主观组织”，这种观点已得到了广泛的证实。但对于组织过程的机制和作用问题，许多研究者持有不同的看法。斯拉麦卡认为，信息加工者通过内部组织将学习材料的一般结构储存在记忆中，它们可以作为后来提取材料内容的线索。还有研究者认为，组织是信息加工者将材料的具体项目整合进较大的几个信息单位里，其作用在于：材料被信息加工者整合为较少量的储存单元，以充分利用记忆的储存空间；提取某个信息单元，就相应提取了这一单元内的全部信息。

（3）记忆重构理论。

符号加工论认知心理学不仅强调编码活动的主动性，也强调信息保持过程的主动性。学习之后，记忆内容不仅要发生数量上的变化，而且也将发生性质上的变化。巴特莱认为，保持实质上是在概括化经验的基础上对记忆内容进行重新建构的过程，信息加工者不仅主动积累知识，也主动改变知识，意义材料中一般的内容保持效果好，具体和特殊的细节知识、术语容易遗忘。考菲尔提出的记忆重构理论就是将巴特莱的记忆研究结果作为支持其假说的有力证据。记忆重构理论的基本观点是：人们倾向于将语义材料的一般意义，包括自己的主观推论组成一组内部的“整合图式”，并利用它来解释外部事件，其机制是记忆中原有的概念、规则等对新信息的编码起着“自然而然”的组织作用。

（4）提取理论。

提取是检索或搜寻储存在记忆系统中所需信息的过程，也是一种主动的信息加工活动。由于编码决定提取，因此有研究者主张提取过程的许多方面与编码过程很相近，甚至完全一样，但也有研究者仍倾向于将提取作为信息加工的输出阶段来研究。提取适当的信息首先必须搜寻，而搜寻又离不开适当的线索。引导搜寻过程的信息叫做提取线索，其作用是确定所需信息在记忆结构中的具体位置。提取线索在信息加工活动中的作用是无可厚非的，但对于它究竟在信息加工的哪一个阶段起作用，仍然没有取得一致意见。“联系强度说”主张，提取线索与学习项目的联系在学习之前就被确定了，它们之间固有的联系强度直接影响后来的记忆成绩。曼德勒提出的“产生—再认模式”就是基于这样的假说。但图尔文反对“联系强度说”的提取理论。他认为，线索的作用不是由记忆中原有信息之间联系的强度决定的，其作用不是在信息的输出阶段，而是在编码阶段，因而提出了“编码特征说”。在他看来，回忆成绩的好坏是由以下几个因素决定的：提取线索的性质决定编码方式；回忆项目最初的编码决定提取线索的作用；线索与回忆项目相一致的程度影响回忆成绩；线索与回忆项目的一致性是编码的结果，不依赖于它先前与语义记忆内容联系的性质。琼斯提出的“片段说”与“编码特征说”也有关。他认为记忆痕迹只是知觉情境中的一个片段，如果提取线索与这个片段同时编码和储存，就能提高记忆效果。因为知觉片段中任何一个信息特征都可以作为提取整个片段中包含的信息的线索。总之，在记忆信息提取问题上，由于“编码特征说”非常注重编码对于后来提取信息时的作用，因而得到了更多人的赞同。

(5) 阈限理论。

这种理论是由金茨奇(W. Kintsch)于1970年提出的。其基本观点是：记忆痕迹在强度上是不同的，而且回忆所需痕迹的强度比再认所需痕迹的强度要大。这一理论假定回忆和再认只在数量上有所不同，在性质上是相同的。但由于不同的因素操纵会对回忆和再认产生相反的效应，因此这一理论遭到了人们的广泛质疑。比如，罕见词的记忆痕迹强度比常见词的记忆痕迹强度要大，因而对罕见词的回忆成绩也应较高。但事实上，对罕见词的回忆成绩不如对常见词的回忆成绩好，而且也不能轻易地通过阈限理论去说明词频对回忆和再认的不同影响。因此这一理论不能说明各种不同的因素对回忆和再认的复杂影响。

(6) 双加工理论。

双加工理论的主要倡导者是安德森(J. R. Auderson)、鲍尔(G. H. Bower)和金茨奇。它克服了阈限理论所遇到的某些困难。该理论认为，回忆包含着搜寻或检索加工和对检索出来的信息的表面适合性进行决策或再认的加工，再认仅含有上述两种加工中的第二种。它假定知识系统包含大量的结点，每个结点都对应于一个概念，这样的结点被称为单词。当人们在学习过程中偶然遇到这些单词时，有关的结点会自动地进入工作记忆，而且将一个事件标签贴在这个结点上。作为加工活动的结果，在这些结点之间会形成联合线或联合通路。这种理论为许多记忆现象提供了一个比较合理的解释，因而得到很多心理学家的赞同。根据双加工理论，我们可以轻而易举地说明再认相对于回忆所具有的优势。因为回忆包含两个易犯错误的加工阶段，而再认仅有一个易犯错误的加工阶段。但双加工理论本身也存在一定的问题，也遭到了人们的质疑。

（7）编码特征理论。

编码特征理论是由图尔文提出的，这是一个与双加工理论不同的理论。该理论的基本内容是：对一个要求记住的项目进行编码时，同时也对该项目所处的背景进行了编码，从而产生出一个唯一的痕迹，该痕迹是目标信息和背景信息的混合物。当检索这个项目时，线索信息必须近似地与该项目所处的背景的痕迹相匹配。编码特征理论认为，当回忆时所提供的线索与输入时所提供的线索相同时，回忆的成绩最好，线索的任何改变都会降低回忆的成绩，即使是从输入时的弱线索向回忆时的强线索转化时，情况也是如此。汤姆森（Thomson）和图尔文强调直接回忆途径和输入线索与输出线索之间的相似程度的重要性，但是强回忆线索比弱回忆线索更有效这一事实说明，间接回忆途径也是经常被采用的。但是编码特征理论也存在一定的问题，因为在应用编码特征理论的过程中存在着循环论证的危险。

曼德勒（Mandler）所提出的再认记忆理论认为，再认有时是在对刺激的熟悉程度的基础上进行的。熟悉程度是由内部项目结构的数量决定的，而内部项目结构的数量又要取决于对由该刺激引起的感觉和知觉元素进行整合的程度。如果刺激是熟悉的话，那么被试会迅速地作出决策。根据曼德勒的说法，熟悉程度加工和检索加工是平行进行的，但熟悉程度加工的完成比检索加工迅速得多，但熟悉程度加工不能纯粹取决于刺激的熟悉程度的绝对值，因为熟悉程度加工是对熟悉程度的相对增长敏感，而不是对熟悉程度的绝对水平敏感。曼德勒理论的关键性假设之一是再认操作通常在很大程度上依赖于刺激的熟悉程度，而熟悉程度与回忆仅仅是间接的相关。相当原始的加工操作影响刺激的熟悉程度，而对回忆的检索加工没有多大影响。这种理论存在的主要问题是对熟悉程度加工和检索加工说明得不精确，而且这两种加工在大多数情况下，所起的相对作用也不确定。

符号加工论认知心理学有关记忆的理论虽然在解释记忆的信息加工的过程中起过一定的作用,能成功地解释某些记忆现象,但也存在着各种各样的问题,因此有关记忆的信息加工研究还需要进一步进行。

3. 语义记忆的理论模型

(1) 层次网络模型和激活扩散模型。

符号加工论认知心理学中所出现的第一个语义记忆模型是由考林斯(A. M. Collins)和奎利安(M. R. Quillian)在1969年提出的。他们认为,理解是把输入语句与先前作为一般知识而在记忆中存储的信息联系起来的过程,每一次信息都是以准确无误的代码表现出来,但也必须有充分的灵活性,使代码能进而代表自然语言表达的任何概念。语义记忆乃是由词与词(包括相应的概念)之间的联系而组成的一个规模宏大的知识网络。它们通过特征连线与有关信息相联系,然后再通过上属连线与有关上属和下属的范畴联系起来。在长时记忆中,相关的概念被有层次地组织为一种逻辑性的种属体系,构成一个层次网络结构;每一类事物的特征都储存在该类事物的层次上,通过连线就可以把各级概念的结点联系起来,也可以把每一概念与相应的特征联系起来,这样就构成一个内容庞大的概念—特征层次网络,这就是层次网络模型,如图2-2所示。虽然有些实验结果支持这种理论模型,但也有一些研究对这种模型提出了批评,认为这种理论模型在某些方面的解释没有充分的说服力。后来所出现的激活扩散模型则部分地解决了网络层次模型所未能解决的问题。

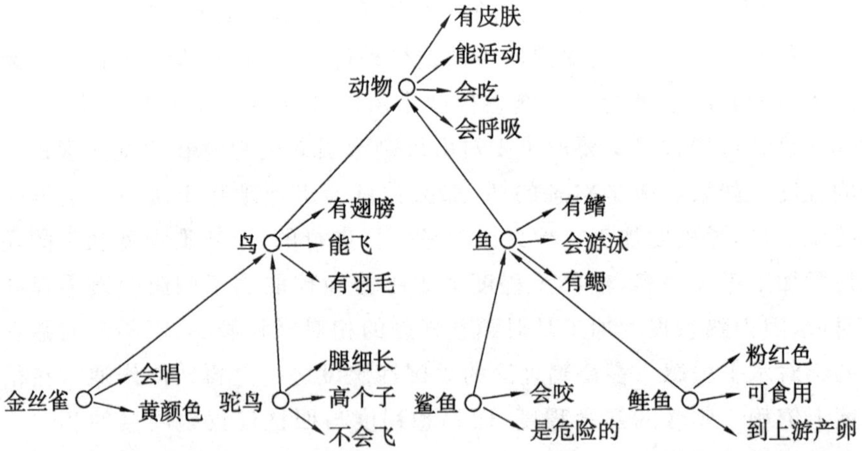

(资料来源:A. M. Collins, M. R. Quillian, *Retrieval Time from Semantic Memory*. pp. 240～247, Journal of Verbal Learning and Verbal Behavior. 1969)

图 2-2 层次网络模型

1975 年考林斯和罗夫特斯(E. F. Loftus)提出了一种新的网络模型,这就是激活扩散模型。这个理论模型能解释语义距离效果。它不采用层次网络模型的层次组织原则,而以语义距离作为基本的组织原则,根据语义相似性把概念组织起来,如图 2-3 所示。语义距离指的是概念之间关系的远近。

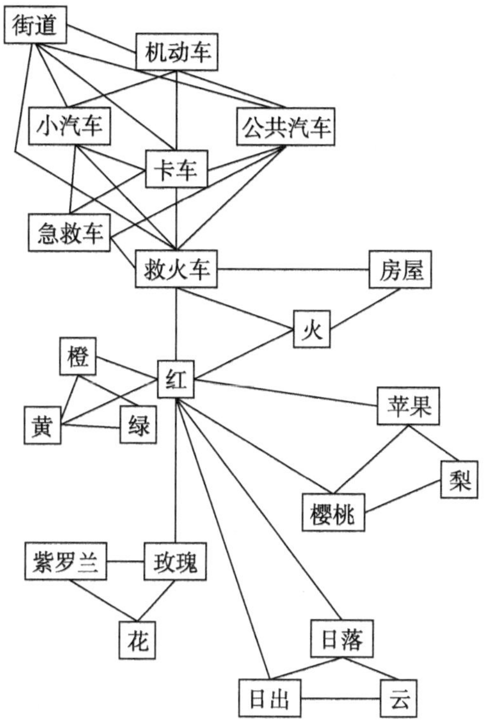

图 2-3　激活扩散模型

这个模型主张,当一个人遇到或想到一个概念时,一个概念结点就被激活。激活向邻近结点扩展,两个结点之间的通路提供了评价有关这两个概念的命题的信息。在这个模型中,连接概念结点的连线长短和多少表示概念之间联系的强度,连线越短、越多则表示这种联系越紧密。有些概念之间是通过某种共同的特征而紧密联系在一起,而有些概念之间虽然具有共同特征,但相互之间并没有紧密的联系。连线的长度随语义距离如何测量而有所不同。所以如何测量语义距离是对全部语义记忆模型的主要挑战,特别是对激活扩散理论。决定什么结构相连,相连强度如何是影响语义记忆研究方向的。这就说明激活扩散模型中的语义结构不同于逻辑层次结构,但是其本身并不排除所包含的概念在逻辑层次上的联系。在这种模型中,信息的加工过程主要是通过搜索和决策两种方式进行的;而且这种模型不仅是一种预存式模型,在提取信息和应用有关概念时还需要进行计算。这个模型也认为,语义记忆网络连接的是概念,而不是词。概念信息和词汇信息是分开的,这也是其他许多语义理论的设想。

我们可以将激活扩散模型关于加工过程的设想比作一个充满同样音叉的房间,刚敲一个音叉时,声音最强,随后强度下降,直到无声。邻近这个发声音叉的音叉也随之而振动。但是强度较小,其强度也随时间而下降。在一个充满音叉的房间里,振动从发声音叉向外扩展。概念结点就像是音叉,当一个人听到、看到、读到或想到一个概念时,这个概念结点就被激活。激活一个结点也就激活邻近的结点,邻近的结点又激活邻近的结点。这样,激活沿语义记忆结构扩展开来。结点的激活随时间和距离而下降。由于在语义记忆中任何一件事都通过某个通路与其他事件相联系,所以系统必须能够忽略无关的很弱的激活结点。这个理论与证明课题速度的反应时资料很符合,所以人们认为,如果它能符合于人类根据语义记忆进行的各科课题运算,那么就很可能发展成为一种普遍的理论。

实际上,激活扩散模型以语义关系取代了层次网络模型的层次结构,从而实现了对层次网络模型的修正,使记忆信息的加工更加全面和灵活,不仅能用以概念范畴的大小效应,而且能表现出各个概念之间的紧密程度和关系强度,因此相对于层次网络模型,它更符合人类记忆的特点。

(2)集理论模型和特征比较模型。

上面所讲的两种模型都属于网络模型,又名为预存模型。下面所要讲到的两种模型则可称为特征模型,又名为计算模型。

集理论模型是迈耶(D. E. Meyer)在1970年提出的。这种模型认为语义记忆是由大量集合构成的一种系统。概念是基本的语义单元,每个概念都要用一信息集或要素予以表征,这种信息集可分为样例集和特征集。集理论模型不仅能说明对测试句子进行真伪判断的依据,还能说明概念范畴的大小效应,更为重要的是这种模型提出了非预存的设想,认为对概念之间的联系需要通过比较、判断和计算才能确定,从而使其具有更大的推理可能性,但这种理论模型却不能解释熟悉效应和典型性效应。

1974年史密斯(E. E. Smith)等人提出了特征比较模型,这种模型与集理论模型相似,也认为长时记忆中的概念是由语义特征的集合所表征的,但却把一个概念的各种语义特征分为两类：一类为定义性特征，另一类为特异性特征。当人在判断某个简单陈述句时，将对两个概念的定义性特征和特异性特征进行比较。这种模型能够较好地解释概念范畴的大小效应和典型性效应，也能较好地说明不同句子在判断时的反应时间差，但是这种模型也存在一些自身无法解决的问题。

（3）HAM 模型。

1973 年，安德森(J. R. Anderson)等人提出了“人的联想记忆模型”，简称 HAM 模型。这种模型也是一种网络模型，但与前面所讲的网络模型不同的是，其中的基本表征单元是把概念联系起来的命题，而不是单个概念本身。一个命题由一小集联想构成，而每个联想把两个概念结合在一起。在这种模型中，联想可分为四种：上下文—事实联想、地点—时间联想、主语—谓语联想和关系—宾语联想，此外还有概念—实例联想。这种理论模型得到一些实验的证实和支持，也成功地实现了计算机模拟。既可以表征语义记忆，也可以表征情景记忆，因此得到了高度的评价，但它是以命题作为基本单元，较少考虑概念特性，因此也遭到人们的批评。

总之，记忆信息的加工模型是符号加工论认知心理学有关记忆研究中最受关注的一个领域，研究者在此领域也取得了重要的进展，其中最具代表性的是克雷克(F. I. M. Craik)等人所提出的加工水平说。克雷克等人认为，决定记忆信息保持时间长短的不是其所处的系统，而是由于这些信息受到了不同水平的加工。对记忆信息进行不同水平的加工，就会留下与其相对应的不同的记忆痕迹，因此“记忆痕迹是信息加工的副产品，痕迹的持久性是加工深度的直接的函数”。① 当外界信息进入信息加工系统后，既能受到较低水平的浅层次的加工，又能受到深层次的加工，但加工程度主要是由当时的加工任务所决定的。一般来说，受到深层次加工的信息所留下的记忆痕迹较深，因而其保持的时间也比较长。虽然记忆的加工水平说从操作的角度对记忆提出了一些新观点，推动了记忆的研究，但也存在不少问题，受到了研究者的批评，但我们却不能因此而忽视这一理论。实质上，记忆的加工水平说与记忆信息的三级加工模型之间并不存在质的区别，只是它们对记忆进行研究的角度不同而已，但当代在符号加工论认知心理学中占据

① 王甦等：《认知心理学》，北京大学出版社 1992 年版，第 129 页。

主导地位的仍然是记忆信息的三级加工模型。

五、概念表征研究

概念表征是符号加工论认知心理学的一个重要研究领域。概念是构成知识的基本单元,为了表征知识就需要表征概念。围绕这一问题,符号加工论认知心理学展开了一系列研究,提出了几种不同的理论观点。

1. 经典的概念表征理论

经典的概念表征理论思想可追溯到古希腊的亚里士多德时期,这种理论认为,每个概念的所有例证都具有共同的基本特征,概念表征的内容就是一些必要的、充分的特征,这些特征又叫定义特征。所谓必要的特征是指某一例子若成为某个概念的例证就必须具有的特征。所谓充分的特征是指某一例子必须具有某个概念的所有必要特征,才能被看成是该概念的例子。任何事物只要同时具备这两方面的特征,就是某一概念的具体样例。这种理论还认为,某一事物是否属于某个概念是清楚的、"全或无"式的,即如果具有该概念的充分且必要的特征,就是该概念的例子,反之则不是。换言之,某一例子要么是某一概念的例子,要么不是。而且,某一概念的所有例子的地位是平等的,没有哪个例子比其他例子更好或更差,更符合该概念,但也有一些研究成果与上述观点相左。

概念表征的经典理论可对某些概念的界定作出合理解释,但却难以解释另外一些概念的表征。这是因为,第一,确定定义特征十分困难;第二,无法解释概念表征中的典型性效应问题。如果说人们在作出判断时必须把事物和定义特征进行匹配的话,那么同一类事物的定义特征应该是一样的,进行匹配的时间也应一样,但事实并非如此。这就说明经典的概念表征理论有其局限性,需要其他理论来补充、完善。

2. 概念表征的原型理论

概念表征的原型理论是罗齐(E. Rosch)在20世纪70年代提出的,她认为概念是通过抽象原型表征出来的,这个原型包括了这类事物的主要特征。所谓原型是指某一概念所有特点性特征而不是定义性特征的抽象,是概念所有例证的总和与平均,可以是也可以不是概念的实实在在的例子。某一物体是否是某一概念的例子,要看它是否与原型有足够的相似性。如果它与原型很相似,与原型共享的特征越多,它就越可能被看做是该概念的例子。相对于概念的经典表征理论,原型理论在分类标准上比较宽松,不需要指出某一类事物的充要特征（定义特征），而是以家族相似性为基础。所谓家族相似性是指概念的每一个例子具有一些特征，同时与其他不同的例子共享一些特征，但只有很少的特征是概念的每一个例子所共有的。某一例子与其他例子共有的特征越多，它就越典型。换言之，某一例子与概念的其他例子共有的特征越多，它与其他例子的家族类似性也就越强，因此它就越典型。一个事物要想被归到某一个类别中去，就必须具备一定数量的这一类别的主要特征。通常，特征之间的权重是不一样的，主要特征的权重大一些，次要特征的权重小一些。概念表征的原型理论允许其实例在一定范围内发生变化，但原型是核心，它为各具特点的众多实例组成一个集体提供了基础。

相对于概念表征的经典理论，原型理论具有一定的优越性。它不用定义特征，这不仅解决了经典理论中存在的第一个问题，也为典型性效应提供了比较合理的解释。因为越是典型的例子就拥有越多的此类事物的主要特征，就越容易通过分类的检查，其判断时间也就更短。但原型理论也存在一些局限性。首先，原型理论把概念看做是独立于特定情境的，但很多事实表明，典型性效应是随着情境发生变化的，原型理论对此很难作出合理的解释；第二，原型理论假设人们是孤立地看待某一类事物的各个特征的，但事实上人们知道事物的某些特征是联系在一起的，而且能够在分类中利用这些特征之间的联系，而仅仅依靠原型是无法建立这种特征之间的联系的；第三，实验证据表明，用家族类似性来解释典型性效应也有问题，而且为达到某一目标而形成的概念例子的典型性效应也不能用家族类似性来解释。这就说明，概念表征的原型理论也是有局限性的。

3. **概念表征的样例观点**

概念表征的样例观点认为，概念的表征至少包括一些实际的个别例子，但人们并不从对这些例子的记忆中进行抽象概括以形成一种抽象的知识。人们在对某一新例子分类时，是通过与头脑中事先贮存的例子的表征进行比较后作出的，这些例子就叫样例。对同一类事物的类别表征不只有一个，这种理论认为一个概念会有多种表征。在对新的例子进行归类时，它可能会用到任何一个表征，但用何表征是由例子与其表征相似来决定的。

关于概念表征的样例理论的证据来自人工概念的学习研究中。布鲁克斯在有关学习人工概念的研究中发现，在某种条件下，仅仅记忆概念的样例是学习概念的一种方式，它比尽力找出概念的定义更好。概念表征的样例理论可以描述人们如何习得难以定义的概念，允许多个匹配例子存在，还可以解释为什么典型性效应随情境发生变化；同时，这一理论也十分灵活，可解释概念表征中的很多心理现象。但这一理论也存在着明显的问题，主要的问题是：有时人们明明运用的是抽象表征而不是具体样例；其次，这样的概念表征理论似乎也太松散了。

4. 基于理论知识的概念表征理论

这一观点认为，我们关于概念的表征，除了定义性特征或原型样例外，还必须加上一些有关领域的内在原则或理论。所谓理论是指能解释或产生某一领域内的现象的一套因果关系。我们可以用这些因果关系来解释为什么一些特征或功能密切联系在一起。这一观点强调了在概念形成过程中理论或复杂知识的作用。要完整理解一个概念，我们还必须了解概念所镶嵌的领域知识，也即个体关于某一领域的理论。由于人是以某种理论知识为基础形成概念，并以这些理论知识作为概念表征的依据的，因此概念表征是镶嵌在一个包括多种关系的大结构中的。具体来说，这些关系有样例和概念、特征和样例、特征和概念、特征和特征、概念与概念之间的关系，而所谓的理论知识也就是关于这些关系的知识。根据这一观点，人们首先必须具备有关概念的理论和结构知识，因为这些知识能使人们确定哪些特征是最重要的。由于这种理论强调的是知识和知识结构的表征，因此就为了解概念之间的关系提供了可能。这种理论克服了分类仅仅是罗列特征并进行特征匹配的简单做法。但由于这种理论的发展尚处于早期阶段，还需要作进一步的扩充和完善。例如，人们的理论知识是怎样发展起来的等，都有待于进一步探讨。

5. 概念的双层表征理论

这种理论将概念表征分成两种成分：原型或样例和核心成分。人们的概念行为是基于这种认识：某一事物之所以是某一类事物而不是其他类事物，是因为这一事物具有一些实质性的基本性质，这是概念内涵的一部分。原型在知觉上是显著的，但对确定概念的成员资格并不具有完全的诊断意义。核心成分则对确定概念例证的成员资格更具有诊断性，但倾向于相对地隐藏起来，不那么明显。虽然原型中的特性不如核心成分中的特性更能判断例子的成员资格，但因为它易于提取，我们还是用它们来进行分类。这样看来，原型是分类的启发式，是超越给定信息的快速而不保险的方式，而核心成分则可以在推理中起重要作用。这种观点得到了有关实验研究的支持。根据这一理论，经典概念和模糊概念都可以从双层表征的角度进行分析。在经典概念中，其定义性特征相当于核心成分，而且它也具有原型或样例，模糊概念也有原型，但其核心成分是由专家来确定的，人们一般难以把握。

符号加工论认知心理学对概念表征的研究是概念研究的深化。从研究趋势上看，综合的双层表征模式将是今后研究的主要方向。但我们也要看到，符号加工论认知心理学在研究概念表征的同时，对概念表征的形成过程还研究不多。如何将概念表征的研究与概念学习与教学的研究结合起来，也是我们应努力的地方。

六、问题解决研究

问题解决很早就得到心理学的重视和研究。在心理学发展史上曾经出现过各种各样的有关问题解决的理论。这些理论虽然推动了问题解决的研究，但均未成功地解释整个问题解决过程。符号加工论认知心理学产生后，问题解决的研究才出现了新的转机。

1. 什么是问题解决

从符号加工论认知心理学的角度来看，问题解决是指一系列有目的指向性的认知操作过程，是一种企图达到目标的尝试过程。符号加工论认知心理学将问题解决分为两种类型：要求运用新颖独特方法的问题解决叫做创造性问题解决；使用现有方法的问题解决叫做常规性问题解决。问题解决是人类思维活动的方式之一，但并不是所有的思维活动都是解决问题的思维活动。

人们在解决问题时，通常要涉及两个方面：首先是根据已经给定的条件，把问题的各个状态在头脑中表示出来，这就是所谓的表征；其次是要考虑采取哪些步骤可以使人们比较快地达到目标状态，这就是所谓的搜索。纽厄尔和西蒙对于怎样来研究问题解决、怎样来分析表征和搜索，提出了一系列在心理学界和人工智能界都很有影响的理论和方法，并把这些方法运用到人解决各种问题的认知过程研究和计算机的问题解决过程的研究中。他们把解题者看做是信息加工系统，把问题看成特定的任务环境，把问题解决看做是在问题空间中进行搜索的过程。

纽厄尔和西蒙所说的任务环境就是要解决的问题。之所以要运用这个术语，主要是为了更清楚地表示问题是一个客观的存在，解题者对它的表征和编码则是问题的内部表达，具有主观性。在问题解决的初始过程，问题解决者将任务领域转化为问题空间，实现对问题的表征和理解，这个阶段主要受到问题提供的信息和已有知识经验的影响。在问题解决研究中的另一个术语就是“问题算子”。它是指在问题解决过程中从一个状态转换到另一个状态的方法。由于解决问题的过程是系列地进行的，而且人的短时记忆容量有限，因此人在问题解决过程中的每一时刻都将其注意力集中在当前的状态和所要采用的算子上。

符号加工论认知心理学认为，尽管现实生活中的问题是多种多样的，问题解决的途径也不完全相同，但任何问题的解决都具有三个共同的基本特征：

(1) 目的指向性。任何问题的解决都具有一定的目的，并在目的的指导下来进行；由于问题解决的目的就是要达到某个特定的目标状态，因此问题解决活动必须是目的指向的活动。

(2) 操作序列。问题解决是按照一定的步骤和程序来进行的，任何活动，只有包含一系列的心理过程序列，才能被看做是问题解决。有些活动虽然具有明确的目的性，但由于过程太简单，因而不能称为问题解决。

(3) 认知性。问题解决过程是依赖于认知性操作的，认知成分在问题解决过程中占有重要地位，这是因为在问题解决的各个阶段和环节中都需要认知成分的参与。有些活动虽然包含有一定的目的和操作，但却没有重要的认知成分参与，因而也不属于问题解决。

2. 什么是问题空间

与传统的理论观点不同，符号加工论认知心理学从信息加工的观点出发，把问题解决过程看做是对问题空间的搜索过程，即把问题空间看做是问题解决的一个基本范畴。所谓问题空间就是问题解决者对一个问题所达到的全部认识状态，它反映了在当前情境下可以被问题解决者使用的知识。一般来说，问题空间是由问题的初始状态、中间状态和目标状态组成的。在问题解决的过程中，问题解决者所处的最初状态为始发状态，这是问题还未得到解决的开始状态。这个状态是问题解决的基础，是形成问题表征的关键。中间状态指的是达到问题解决的目标状态的过程中所形成的各种状态。目标状态是问题解决后的状态，这是问题解决的最终状态。

一般来说，符号加工论认知心理学把问题空间分为四种：

第一种，初始状态和目标状态都是明确的，问题解决的方法只有一种。此时，问题解决者知道自己面临什么样的问题，应该达到什么样的目标和怎样达到目标。

第二种，初始状态和目标状态都很明确，但问题解决的方法不止一种。在这种问题空间中，问题解决者必须根据不同的条件在不同的方法中作出选择。

第三种，目的状态很明确，但问题的初始状态是不明确的，即问题解决者不知道自己所面临的问题是什么，解决问题的方法也不明确。在这种问题空间中，只有目标是明确的，但起点是什么，如何解决问题都是不明确的。

第四种，目标有很多、起点也不明确、方法更不清楚。在这种问题空间中，初始状态、中间状态和目标状态都是不明确的。这是问题解决者所遇到的最困难的问题空间。

由于问题解决者所面临的问题是不同的，问题的三种状态都有不同的具体内容，因此对每个问题来说，其问题空间都是不同的。

3．问题解决的策略

人在解决问题时，常常要从长时记忆中提取以前解决类似问题所用的策略，或者形成一个新的策略。当然，问题解决的策略是多种多样的，对于一个问题究竟应该利用什么样的策略来解决要依赖于问题的性质、内容以及人的知识经验。如果问题解决的过程就是问题解决者在问题空间搜索的过程，那么就必然会涉及到两个概念：算法和启发式。算法是解题的一套规则，它精确地指明解题的步骤，因此算法是一种能够保证获得问题解决的系统方法，它会引导问题解决者把问题空间的各种路径和状态都搜索一遍，这样总能够找到问题的解。从这种意义上说，算法是一种穷举法，运用算法解决问题时花费的精力和时间都非常多。因此，虽然从理论上讲，算法可以帮助我们一定会找到问题的解，但是由于耗费的精力和时间太多，因此在实际操作过程中，人们并不倾向于运用算法来解决问题。为了处理比较复杂的问题，就需要采用启发式。启发法是以经验为依据的解题方法，因此也可称为经验规则。这种方法不需要进行问题空间的完整搜索，可以使问题解决者节省大量时间和精力。它虽然不能保证一定能够找到问题的解，但在大多数情况下对有效地解决问题具有一定的启示，能够帮助问题解决者用比较少的代价找到一个满意的解。符号加工论认知心理学家在研究人的个体差异时发现，不同的人在解决问题时的差异主要反映在他们选择和运用启发式的能力上。水平高的被试能够迅速找到和熟练运用合适的启发式方法，水平低的被试则无法做到这一点。在符号加工论认知心理学有关问题解决的研究中，最常用的几种启发法有手段—目的分析、逆向工作等。在此以手段—目的分析为例加以介绍。

手段—目的分析最早是由纽厄尔和西蒙提出的，其核心思想是要发现问题的当前状态与目标状态的差别，找出其中的差别，然后看哪个算子能够帮助缩小这种差距。不断运用这种方法，对于每一个新出现的差距，都运用此方法来尽可能地加以缩小，直到消除所有差距，达到目标状态。在此应注意的是，问题解决一开始把当前状态和目标状态进行比较，并选择能够最大限度地缩小差距的算子时，就是从解决问题的全局来考虑的，而并不是只考虑到当前的局部状态。可以说手段—目的分析是一种有明确方向，通过设置子目标来逐步缩小初始状态和目标状态之间差别的策略。纽厄尔和西蒙把这种策略应用到计算机上，以计算机模拟人类解决问题的过程，提出了“通用问题解决者”的程序。其主要步骤是：(1) 确立目标；(2) 比较当前状态与目标状态的差距；(3) 寻找缩小差距的算子；(4) 确立首先达到的子目标；(5) 实现子目标，向总目标不断靠近。

纽厄尔和西蒙曾以如下的事例来说明手段—目的分析法。这个事例是讲某人想送儿子去学校，其解决问题的思维过程是：“我打算送儿子去学校，我现有的和我想要达到的之间的差别是距离，而要缩短这个距离，就必须使用汽车，但汽车坏了，需要修理；修车需要什么呢？需要一组新电池。怎样才能得到新电池呢？需要通知修理部；怎样通知修理部？打电话；电话在哪里？在房间里，等等。”由此可以看出，在运用这种方法时，问题解决者首先要制定一个计划，在制定计划时要充分利用有关的领域知识，然后根据预定的计划来逐步消除差距，最终达到目标。这是一种很有用的方法，在人和计算机解决问题时都可以运用它。

关于问题解决的另一项主要研究是专家与新手的研究。专家与新手在问题解决方面的差异，主要表现在两个方面：问题表征和问题解决方法类型的不同。专家基于某一特定领域中的知识，比新手有更丰富的问题表征。这些表征可以被看成是包含有亚图式(subschemata)的图式。对于专家来说，图式包含的信息往往是根据基本定律而组织的信息，而不是来自问题的表面信息，专家也更可能使用问题给予的信息，采用正推策略向问题目标状态推进。新手则可能提出基于可能解决方法的假设，然后检验假设，这种策略的绩效较少。通过应用策略的实践，专家在正推过程中会把各种回忆起来并容易执行的操作自动化，通过这样的自动化和图式化，专家会把工作记忆的负担转到没有资源限制的长时记忆中去，进一步提高了问题解决的绩效和准确性。他们工作记忆的解放使得他们能够有能力监控问题解决的进程和精确性。但由于新手必须使用他们的工作记忆搜索问题信息和寻找多个可选的策略，因此他们就没有了工作记忆空间来监测他们的问题解决进程和精确性。

就目前来讲，符号加工论认知心理学关于问题解决的研究还很不成熟，甚至关于思维的研究也很不成熟，这主要是因为思维的内隐性。该领域还需要积累更多资料，或者需要更有效的研究手段。

第二节　符号加工论认知心理学的成就与不足

符号加工论认知心理学的产生使心理学的研究无论是在理论上还是方法上都取得了重大进展，同时也积累了丰富的实验材料，在认知研究方面取得了重大的成就；但也存在着难以解决的问题，表现出一定的局限性和不足。我们将从两个方面对此加以分析。

一、符号加工论认知心理学的成就

虽然符号加工论认知心理学的发展只有几十年的历史，但它凭借实验研究的现代化技术手段和实验计划的精确图式，对心理学的许多领域进行了卓有成效的研究，建立了一些颇有意义的理论模式，为心理学的长足发展积累了丰富的经验。从这个意义上来说，符号加工论认知心理学的出现具有重要意义。

（1）有研究者以行为主义的兴衰作为心理学发展史的两座重要里程碑，把心理学史划分为三个阶段，即行为主义以前的心理学、行为主义心理学、行为主义以后的心理学，试图以此来说明符号加工论认知心理学的兴起具有划时代的意义。符号加工论认知心理学冲破了行为主义心理学的禁锢，使心理学从只研究外部行为转向研究内部的心理机制，从而把研究心智和行为统一起来，实现了心理学研究对象的回归，开辟了现代心理学研究人类心智的新方向，这无疑是有重大时代意义的。

（2）在传统心理学中，冯特特别重视低级心理过程的研究。虽然他也承认高级心理过程是心理学的内容，但却认为高级心理过程不能像低级心理过程那样用实验的方法来研究，应将它们归入所谓民族心理学的研究范围。这样，对高级心理过程的研究就在无形中成为一个禁区，使许多后来者望而止步，不敢问津。行为主义心理学则索性把心理现象拒于门外，仅仅局限于研究可观察的外显外为。格式塔心理学虽然对高级心理过程进行了初步的尝试和探索，但其研究是很有限的。符号加工论认知心理学的出现则彻底结束了心理学忽视高级心理过程研究的现象，把高级心理过程作为主要研究对象，强调研究认识的高级过程，并注意各种认知活动的内在联系，这不仅在理论上而且在实践上都具有重要的意义。符号加工论认知心理学虽然以认知为主要对象，但它并不局限于这一范围。它不但把从低级的感知觉到高级的思维当做一个不可分割的连续的整体，而且也试图把认知因素和非认知因素结合起来进行研究。虽然在此方面的研究上还有很多问题和困难，但它把人的心理、意识当做一个整体、一个系统来看，则是可取的。在传统心理学研究感知觉和表象的基础上，符号加工论认知心理学家更加关注高级认知过程的研究，侧重于研究理解、学习、问题解决、推理及决策等高级认知过程和复杂的认知行为，其目的在于把高层次的认知策略和初级信息加工结合起来，这对于理解人类认知的奥秘具有重要意义。而且符号加工论认知心理学吸收了众多学科的研究成果，运用了科学的研究方法和先进的研究工具，并采用计算机模拟的方法综合地研究认知过程的复杂心理活动，从而找到了一种探索高级心理过程的新方法，促进了心理学研究的科学化进程，具有重大的时代意义。

(3) 符号加工论认知心理学同以往的心理学相比较有一个十分明显的特点，即它承认人的主观能动性，承认人的意识的能动作用。由于符号加工论认知心理学考虑到了人的信息的获得和加工与已有经验的联系，因而强调了策略因素，认为在与环境的相互作用中，人总是利用过去的经验，使用一定的策略来获得和加工信息，这体现了人类智慧的重要特征——主观能动性。符号加工论认知心理学家强调了认知主体的能动作用以及认知主体既有的经验、知识在信息加工过程中的作用，同时还把认知过程作为不断运动的过程来进行研究，体现了认知活动的动态性和连续性，这对于研究认知过程的本质无疑具有重要意义。

(4) 符号加工论认知心理学对作为从感知到思维的过渡环节的表象，进行了较有说服力的探索，使人们更为具体地看到了心理现象是客观现实的反映，证明了心理学不仅应该而且可以对不能直接观察到的心理现象进行研究，这是一个新的突破。这样，就有利于把感性认识和理性认识更好地联系起来，从而有利于对人的心理的内部过程的研究，有利于克服对人的心理、意识的简单机械的和玄想的理解。

(5) 在研究方法上，符号加工论认知心理学把自我观察、实验室实验和计算机模拟有机结合起来，开辟了心理学研究的新途径，这是很值得我们重视的。符号加工论认知心理学家采用整体论的观点来研究人的认知过程，把感知觉、记忆和思维等完整的心理过程纳入信息的输入、加工、储存和提取的完整的计算机操作模拟过程之中，初步形成了认知研究中的整体观，有利于将认知过程的各个环节联结为整体来探讨其各自的特点和规律。

符号加工论认知心理学重视心理学研究中的综合的观点，强调各种心理过程之间的相互联系、相互制约，在具体问题的研究方面、在扩大心理学研究方法方面都有所贡献，而且其研究成果对计算机科学的发展也有贡献。

二、符号加工论认知心理学的不足

虽然符号加工论认知心理学具有以上种种进步意义，但由于其理论观点和方法论自身的局限性，使其在具体的研究过程也出现了种种弊端，具体表现在以下几个方面：

(1) 对于符号加工论认知心理学的研究范围方面的问题，要做具体分析。一方面，符号加工论认知心理学在一定程度上打破了以往心理学有形或无形地设置的禁区，重又研究人的高级心理过程；但另一方面，符号加工论认知心理学把自己的研究主要局限于人的"认知"过程，而对人的包括情绪、情感在内的意向活动，对于人的个性心理特征的研究显得无能为力。虽然它对于情绪、期望等有所涉猎，但显得少而零碎，并且常常是为了研究认知过程而附带加以研究的。从这个意义上来说，它把心理学的研究范围大大地缩小了，缺乏体系性。因此，它所提出的观点，取得的研究成果均难以构成完整的心理学体系。另外，符号加工论认知心理学研究人的认知活动的时候，没有重视对意识这个重要理论问题的研究，这就忽视了心理学的一项重大任务。

(2) 较之于传统的意识心理学把人的意识经验割裂成片段进行研究的做法，符号加工论认知心理学强调从整体上研究人的认知过程是有其进步意义的。但是，一味强调整体性就有导致认知过程之间界限不清，把知觉等同于思维，甚至把知觉等同于全部认知过程的危险。这对于科学的分析是有害的，因为实际情况常常不是这样。而这恰恰是符号加工论认知心理学的一个主要倾向，这很值得引起我们的注意。

(3) 从人的心理的实质看，符号加工论认知心理学家主要把人的心理、认知和计算机进行类比，这就不可避免地使其研究只能更多地局限于认识过程，只能更多地局限于理智主义或心理主义的框架中。这样，他们就无法说明人的心理、意识是人的社会实践活动的产物，是完整的主体和客体相互作用的产物，是认识和情感、意志辩证统一的产物。因而也就不能真正说明人的心理的社会性、能动性和创造性。很多研究者指出，计算机的工作无论怎样精密、完整，它也只能按人所制定的程序来动作，计算机不能提供任何新的创造性的东西。再聪明的计算机也是人所创造的，但人的创造性活动则永远不是任何聪明的计算机所能比拟的。

（4）从心理活动中认知因素和非认知因素的关系看，人的心理活动是一个整体，是认知因素和非认知因素的辩证统一。符号加工论认知心理学家虽然看到了这一点，但由于他们把人看成计算机或信息加工器，这就使他们无法弄清这两者之间的辩证关系，从而也不可能揭露人的心理实质。计算机“千人一面”，难以把握和模拟人的情绪、动机、兴趣等心理现象，尽管符号加工论认知心理学也提出了情绪的激活模型，但所涉及的仍然是情绪的认知方面，并没有在整体上把握这些心理现象，更不用说评价等价值系统了。符号加工论认知心理学家对情绪的模拟研究仍处于争论阶段，因为情绪活动除了受认知因素影响外，还受机体和脏腑活动的制约，而这是计算机所无法模拟的。虽然符号加工论认知心理学在一定程度上打破了行为主义的禁锢，重新强调了对认知过程的研究，但它却忽视了对情感、动机、人格等领域的研究，以至于给人留下“认知是无情感的，无动机的”①印象，因而符号加工论认知心理学的局限性也就充分暴露了出来。

（5）从心理的生理机制看，心理的生理机制问题是唯物主义心理学不能回避的根本问题之一。由于符号加工论认知心理学家把人的心理活动类比为计算机的复杂活动，这就使他们在对心理的生理机制进行研究时遇到严重的困难。因为人脑的神经细胞绝不等于晶体管，除了人脑中的信号活动和机器中的符号操作有类似之处外，人脑和计算机具有根本不同的特点。计算机的内部结构是相对固定不变的，它对构件的要求很苛刻，少几个元件就会影响整个系统的正常运行。而人脑则具有自我调整和自我组织的功能，在社会实践活动中，人不断改造和完善自己的智能，不断发展自己的主观能动性和创造性，所有这些都是计算机模拟所做不到的。

（6）尽管符号加工论认知心理学具有很强的科学性，但它依然无法将心理学统一到完整的理论体系上。这是因为在符号加工论认知心理学内部的科学家还没有形成一个可被所有科学家所接受的共同“范式”，在研究中他们所依据的理论基础也各不相同，从而使研究缺乏“可共证性”和“可重复性”。在对一些重要问题的理解上，他们的看法还存在着分歧，缺少统一的概念体系，研究工作也因此而变得支离破碎，这显然不利于完整的认知理论的建构。

① 高觉敷主编：《西方心理学的新发展》，人民教育出版社 1987 年版，第 97 页。

第三章

心理的脑模拟:联结主义认知心理学(上)

符号加工论认知心理学取得了显著的成绩,但其局限性也是显而易见的,这引起了人们越来越多的质疑。在这种情况下,以构建更接近于神经活动的认知模型为目的的联结主义认知心理学于20世纪80年代早期得以复兴,并在很多方面进行了富有成效的研究。本章将分析联结主义认知心理学产生的背景,并在此基础上介绍其理论隐喻和基本观点。

第一节 联结主义认知心理学产生的背景

与符号加工论认知心理学一样,联结主义认知心理学也有着源远流长的思想背景。它的产生既有哲学的原因、心理学的原因,又有其他相关学科的原因。本节主要分析联结主义认知心理学产生的各种背景。

一、哲学背景

对联结主义认知心理学产生较大影响的哲学思想主要有以下几个方面。

1. 联想主义

对心理学中很多问题的探讨都可以从柏拉图或亚里士多德开始,对联结主义认知心理学的探讨也是如此。安德森(J. R. Anderson)、鲍尔

(G. H. Bower)1973 年曾指出:“我们在亚里士多德有关联想主义的论述中可以找到联结主义事业的根源。”①亚里士多德不仅明确探讨了联想的问题,而且还涉及到后来联想主义的三大联想律:相似律、对比律和接近律。虽然亚里士多德本人并未明确使用“联想”概念,而只是运用联想概念的内涵来说明记忆或回忆的历程,但却启示了后来的研究者。洛克(J. Locke)、霍布斯(T. Hobbes)、哈特莱(D. Hartley)等都进一步阐发了联想主义的有关思想,在联想的本质、联想的生理机制以及联想的类型等方面均有独到的建树。联想主义认为经验的单个元素的配对(pairewise)是心理变化的主要过程,无论是主观的还是行为的。洛克对观念的结合及情绪形成的说明、贝克莱(G. Berkeley)对人的视觉空间知觉的分析、艾宾浩斯(H. Ebbinghaus)的记忆研究以及桑代克(E. L. Thorndike)的动物学习实验研究,莫不是运用联想原则对心理现象进行分析的明证。联想主义的这些主张对当代联结主义认知心理学的形成有一定的理论启示。诚如 P·T·昆兰所说:“一个不争的事实是联结主义可以还原为联想主义。”②

2. 经验主义

经验主义强调文化和生活经验的作用,因为它们决定着人的能力和倾向。经验主义的最早思想渊源可以追溯到古希腊哲学家伊壁鸠鲁和亚里士多德。在近代,培根(F. Bacon)、霍布斯、洛克、狄德罗(D. Diderot)等哲学家的研究使经验主义得到了更为广泛的发展。培根认为,一切认识都来源于感官经验,认识过程就是由感官知觉到理智知觉的过程,他说:“因为既然全部解释自然的工作从感官开端,是从感官的认知经由一条径直的、有规则的和防护好的途径以达于理解力的认知,也即达到真正的概念和公理,那么,势必是感官的表象越丰富和越精确,一切事情就能够越容易和越顺利地来进行。”③霍布斯认为,我们所有的一切知识都是从感觉获得的。洛克则更进一步正面陈述了一切知识都来源于经验并明确提出了著名的“白板论”思想。狄德罗在继承洛克经验主义思想的基础上,提出了认识世界的三种方法,即观察、思考和实验,认为认识过程就是“从感觉回到思考,又从思考回到感觉”的过程。这种唯物主义的经验论思想也是联结主义认知心理学得以产生的重要哲学基础。

---

① Quinlan, P. T. (1991). *Connectionism and psychology: A psychological perspective on new connectionist research*. Cambridge University Press, p. 2.

② Quinlan, P. T. (1991). *Connectionism and psychology: A psychological perspective on new connectionist research*. Cambridge University Press, p. 2.

③ 培根:《新工具》,商务印书馆 1984 年版,第 216~217 页。

3. 唯物主义

唯物主义有各种各样的表现形态，但不论哪一种形式的唯物主义都认为心理现象是由外物决定的，心理的机制和大脑的机制是一致的。当代出现的突现论的唯物主义与联结主义认知心理学的出现和发展有着更为密切的关系。突现论的唯物主义在坚持唯物主义基本原则的基础上，试图用突现论的观点解释心理，认为心理是综合了多层次的复杂因素的大脑动力系统的突现特性，这种性质产生后又能对突现它的大脑发挥控制作用。他们指出，一切心理状态、事件过程都是中枢神经系统的状态、事件和过程；相对于中枢神经系统的细胞组成部分而言，心理状态、事件和过程是突现性的，即是说它们不是表征个别细胞，而是表征整个细胞系统。质言之，心理状态、事件和过程是极其复杂的、可塑性极强的神经系统的一种突现性的、整体的特性，把心理所依赖的物质看做是一种包括神经细胞、物理化学、生物因素及社会因素的非常复杂的动力系统。心理从复杂的动力系统突现出来后，有自身的相对独立性，有自身特定的结构与层次，但它并不超越于物质之上，也不能独立地发挥对大脑的控制作用。在身心关系问题上，他们认为由于心理不是物质之外的独立实体或层次，因此心理不可能独立地发挥对大脑的反作用。心理要反作用于大脑，必须依赖于突现它的神经系统。[①] 突现论的唯物主义总结概括了现代自然科学的有关成果，丰富和发展了唯物主义的心身理论，特别是其中所体现的整体论思想对当代联结主义认知心理学的进一步发展不无启示。

二、心理学背景

联结主义认知心理学虽然是 20 世纪中期认知心理学中所出现的一种研究取向，但它并非脱离现实的空穴来风，在这种研究取向出现之前，心理学史中已经有了这种思想的萌芽。当代联结主义认知心理学正是在这些思想的基础上才得以形成。

1. 斯宾塞的心理学思想

斯宾塞（H. Spencer）在其代表作《心理学原理》中强调了心理的细节和生物进化，对心理学和物理学产生了重要影响。他认为，所有心理现象包括知觉、推理等都与神经机制有关，模糊的一般推论是在作为其活动功能的细

① 高新民：《现代西方心灵哲学》，武汉出版社 1996 年版，第 77～85 页。

胞变化矩阵中的“神经交往”。所有的智力，从其最低形式到最高形式，均可根据连续的心理状态的联想而得到解释，这种联想是通过“内在状态之间联想的强度”而得到的。联想主义的最基本法则可以应用到“即时的联结变化及一小群变化”之中。这样，斯宾塞的观点就非常接近联结主义认知心理学的“知识存在于联结之中”①的思想。1897年在谈到智慧生长问题时，他又指出“智慧的生长有赖于这一规律，当任何两种心理状态紧靠在一起相继发生时，便会产生这样一种结果：如果第一种状态后来重新发生，那么第二种状态便会有随之而发生的倾向”②。可见，斯宾塞试图根据神经系统和大脑的感觉运动来推导出心理的联想规律，这一观点非常类似于赫布规则。而且，他认为虽然在高级和低级中枢中，神经元的活动依赖于神经网络的相互作用，但他更赞同功能的组织化，就像在否定颅相学观点时所运用的“所有组织法则”一样。他还初步阐述了分布表征的思想，认为所谓分布表征实际上就是不同网络的交叉和关联，以及在任何网络中的“弥漫性局部化”。他明确反对知觉的“祖母细胞”概念，认为任何心理现象实质上都是神经细胞整体活动的结果，而不是单个细胞活动的结果。这些思想对于当代联结主义认知心理学的研究极有启发。

2. 詹姆斯的心理学思想

詹姆斯主要是根据大脑的活动来理解主观的心理现象，根据神经中介联想来描述大脑的功能的。在其代表作《心理学原理》中，他讨论了建立在同时性联想和继时性联想基础上的神经心理学的功能。他认为，“当两个基本的大脑过程被同时激活或继发激活时，一个过程的再次激活将导致把兴奋传导到另一个过程”③，这就是其“神经习惯法则”。这一法则非常类似于联结主义认知心理学中的“赫布规则”；詹姆斯相信大脑皮层中感觉功能的粗略局部化，初步阐发了分布表征的思想，把所有的联想都界定为介于构成元素与整体之间，认为普通的联想并不要求大量的重建，但可在两个个体思想A和B之间的联想的混合部分中插入一个图表，这非常类似于联结主义认知心理学所谓的微特征集合之间的模式联想。詹姆斯还探讨了神经抑制的机制，他认为“抑制不是一种偶然的事件，而是我们大脑生活的必要的连续不断的要素”，而且詹姆斯的“思想流”与福多(J. A. Fodor)的“思维语言”

---

① Rumelhart, D. E. & McClelland, J. L. (1986). *Paralell distributed processing: Explorations in the microstructure of cognition*. Cambridge, MA: The MIT Press, p. 132.

② 转引自托马斯·H·黎黑著，李维译：《心理学史》，浙江教育出版社1998年版，第457页。

③ James, W. (1890). *The Principles of psychology*. Harvard University Press, p. 534.

相距并不远。在《心理学原理》中，詹姆斯认为“大脑中任何已知点的激活量是所有其他点流入其中的其他倾向性的总和”。这些倾向性反过来被假设为与以下几点是相称的：(1) 两点先前被同时激活的次数；(2) 它们相应的强度；(3) 兴奋可能被转入其中的任何竞争点的缺失。关于总量活性的思想、两种事件同时发生频率的重要性以及竞争事件的可能性的思想在当代联结主义认知心理学的文献中一再出现，这不能不说是19世纪的詹姆斯对20世纪的联结主义认知心理学的贡献。

3．桑代克的联结主义

桑代克(E. L. Thorndike)提出了一种用当代联结主义认知心理学术语来说是亚符号而非操作性的神经联想理论。从技术上说，桑代克提出的教学原则类似于当代联结主义认知心理学的反向传播算法。通过这种原则，假设的结果得到了加强或“贴在”先于行为和刺激输入呈现之间的联结上，这非常类似于当代联结主义认知心理学的“知识信息储存于联结之中”的观点。桑代克所关心的联想的机制集中体现在其《心理学的要素》一书中。联想机制对于理解其神经物理学来说是很重要的，而且他很早就运用和强调了神经元之间的“突触”作用，并反对单个神经元对应于单个思想的观念。后来桑代克还推断了人类认知的联结主义原则。“情境—反应公式恰当地涵盖了任何种类的学习，无论其出现是有意识的还是无意识的”。这种结果就是重复和训练，大量的操作实验成为推荐的教育技巧，“联结的频率”成为一种实验变量。桑代克的亚符号神经联想理论对联结主义认知心理学有一定的启示，斯摩伦斯基就认为认知理论一定要建立在“亚符号”水平的基础上，因为相对于任何通过内省得到的单元，建立在“亚符号”水平基础上的认知理论可以很好地揭示思维的机制。

4．巴甫洛夫的大脑皮层理论

巴甫洛夫(I. P. Pavlov)的理论与当代联结主义认知心理学最为明显的关系是其关于兴奋与抑制的神经过程的有关思想。巴甫洛夫曾以电话交换机为例说明了联结主义认知心理学的一些基本法则，把条件的或“联结反射”看做是大脑皮层中新通路的形成，还提出了包括抑制和兴奋突触的突触变化理论，为联结主义认知心理学提供了一定的方法论和思想基础。

巴甫洛夫花费了大量时间探讨皮层中的兴奋或抑制过程的空间激活。他运用触觉刺激的序列联合的复杂实验说明当兴奋和抑制刺激在空间上非常接近时，它们之间具有巨大的相互作用，而且他还根据皮层各点之间的原型关系，说明了作为“功能镶嵌(embeded)—整合进入一个复杂的动力系统”

的皮层的概念，因为巴甫洛夫假设皮层的所有单个的点都是相互作用的。这显然与“平行分布加工”的涵义如出一辙，就像巴拉德（Ballard）强调大脑皮层的局部解剖学组织一样。在把其观点运用于人类时，巴甫洛夫说：“显然，建立在训练、教育和任何其他纪律（约束）之上的各种不同习惯，其实就是一系列的条件反射。”[①]虽然他是一位还原主义者，但其研究却相当灵活，甚至在对狗进行实验时，他也经常强调“高级”与“低级”脑功能之间的区别，把知觉看做是在高级和低级中枢中分析和综合的产物。

5. **华生和斯金纳的行为主义**

激进行为主义者对任何根据大脑过程解释认知的做法都无兴趣，他们只对公开的和可观察的活动事件感兴趣。华生（J. B. Watson）希望使心理学更客观、更科学，而把“不合法”的内省以及与它有关的任何事情都排除在心理学的研究之外。他认为，“思维过程就是喉头的运动习惯”，并把人类的认知看成是一种“语言习惯”。斯金纳提出了与华生观点非常类似的另一观点。他认为不仅应把脑科学而且应把整个认知都看做是关于行为的操作。虽然有些学者赞同这种客观的经验研究，但是这种研究似乎与联结主义认知心理学所提出的问题互不相关；但最近有一种观点认为，联结主义认知心理学与激进行为主义分享“不存在中枢运动”这一特征，而且联结主义认知心理学计划要解决的问题正是华生的观点——已知刺激，我们如何去刺激一个系统以使其产生预期的反应。从这种意义上可以说，行为主义已经提出了当代联结主义认知心理学的任务，或说行为主义提出的问题要由联结主义认知心理学来解决。

6. **赫尔的刺激—反应理论**

赫尔（C. L. Hull）认为，“客观行为所呈现的差异要归因于习惯建立和起作用的不同条件上”。据此，他提出了建立在意欲由经验检验的公式基础之上的有着广泛影响的形式理论。赫尔假设就“先天的接受器—效应器联结的增强”而论，所有的学习都是自动的。尽管体现在其方程式中的许多思想事实上都是可以由经验反驳的，但是他的刺激—反应习惯增长的公式却被看做是在神经网络中产生反向传播的“Δ 规则”的原始形式。撒顿（Sutton）和包图（Borto）仔细检查了瑞斯克拉（Rescorla）和瓦格纳（Wagner）所引进的方程式与维德洛（Widrow）和霍夫（Hoff）所提出的适应元素规则之间

① Pavlov, I. P. (1927). *Conditioned reflexes: an investigation of the psychological activity of the cerebral cortex*. Dover, New York, p. 395.

的关系，并得出结论认为，“Widrow-Hoff 规则与 Rescorla-Wagner 方程式是同源的”。瑞斯克拉和瓦格纳将此看做是“对赫尔的 sHR 增长的观点的调整”。与此观点相关的公式如下：

Hull(1943，pp115～120) $\Delta H = f(M - H)$ (3-1)

Rescorla 和 Wagner(1972，p75) $\Delta V_a = x_a y_r (M_r - V_{ax})$ (3-2)

Rumelhart(1986a，p132) $\Delta_p W_{ij} = nI_{pi}(T_{pj} - O_{pj})$ (3-3)

可以看出赫尔的方程式(3-1)最为精致，其公式对于计算习惯强度是非常直接的。首先选择一个最大值或目标值 M，习惯从 0 开始，但是当每一次加强它时，联结的增长是以前的值(H)与最大值(M)之间的函数(f)。由此可以看出，赫尔把可观察的反应习惯与“隐藏在神经系统复杂结构中的”联结强度对应起来，并且此方程是建立在对有关行为观察的资料基础之上的。

可以看出，方程式(3-2)和(3-3)都是对方程式(3-1)的调整，并被看做是当代联结主义认知心理学常用的“Δ 规则”和概括化了的“Δ 规则”。但根据当前值和目标值之间的差异，来界定学习规则的意义在概括化的“Δ 规则”的情况下比在赫尔的相对直接增长的情况下更难理解。

可以说，赫尔的习惯强度计算的公式与当代联结主义认知心理学的“Δ 规则”之间有着密切的渊源关系，“Δ 规则”正是在赫尔的习惯强度计算的公式的基础上发展起来的。从这个意义上说，赫尔理所当然是一位联结主义认知心理学的先驱者，其理论观点无疑为联结主义认知心理学及其学习规则的建立奠定了基础。

三、相关学科背景

作为与符号加工论认知心理学同时出现的认知心理学的另一研究取向，联结主义认知心理学必然与符号加工论认知心理学有着许多共同的相关学科背景，只不过这些相关学科背景对两种研究取向的影响不同而已。

1. 控制论

联结主义认知心理学直接从控制论中接受了形式启示和方法论启示。在控制论的方法论中占有突出地位的一个重要概念是“模型”。联结主义认知心理学即接受了控制论的“模型”思想，因为要想实现对大脑的更接近于实际的揭示的任务，联结主义认知心理学就不得不在对神经系统和大脑结构及功能的现有认识的基础上，建立相应的模型即人工神经网络模型，通过对人工神经网络模型的运行、特性及功能进行分析研究，来更进一步地揭示生物脑的功能，这是由大脑本身不可直接研究的特点决定的；控制论的另一重要概念“反馈”也对联结主义认知心理学产生了极为重要的影响。维纳认为人的“随意活动中的一个极端重要的因素就是控制工程师们所谓的反馈作用”①，并进一步将反馈分为正反馈和负反馈，认为由于负反馈使得一个控制过程得以趋近于其目的，因而“一切有目的的行为都可以看做需要负反馈的行为”②，即技术系统和生物系统都是通过负反馈达到控制的目的的。根据维纳的思想，负反馈是指预定目标值的信号与已输出的信号相比较，得出的误差返回输入到系统中去，然后选择适当的输入用来不断地校正误差，使之不断减小而达到目标值。控制论的负反馈思想对联结主义认知心理学的反向传播算法有着直接的影响，反向传播算法与负反馈在精神实质上是一致的。

2. 系统论

系统论的创始人贝塔朗菲(L. V. Bertalanffy)认为“科学的统一”是建立在相似性和同构性基础上的，而不是逻辑实证主义那种语言分析上的“科学统一”。这种观点在方法论上启迪了联结主义认知心理学的研究，联结主义认知心理学之所以以人工神经网络类比真实神经网络，原因就在于人工神经网络与真实神经网络在结构上具有一定的相似性和同构性；同时系统论的“整体”思想对联结主义认知心理学的研究也有一定的启示。贝塔朗菲认为，系统是处于一定的相互关系中，并与环境发生关系的各个组成部分的总体，其典型特征是“整体性”，系统的这种整体性是相对于机械论的系统观而提出的。联结主义认知心理学强调大脑的整体活动功能就是受到了系统论的整体性思想的影响。与整体性相关的系统的另外两个特性，如有机关联性及动态性，所强调的是系统各要素之间的空间分布及时间变化，这些对联结主义认知心理学的研究也有一定的影响。联结主义认知心理学虽然强调网络的整体功能，但并不否认网络内各要素即单元之间的动态的相互作用，反而认为网络内各要素即单元之间是相互连结并不断发展变化的，而且正是由于各单元之间的相互联结和不断变化，才使网络的整体功能得以实现。显然，联结主义认知心理学的整个研究思路与系统论是一脉相承的，它从系统论的有关观点中获得了有益的形式启迪。

3. 计算机科学

计算机科学对符号加工论认知心理学产生了不可估量的影响，它不仅

---

① N·维纳著，郝季仁译：《控制论》，科学出版社1985年版，第6页。

② 罗森布拉特等：《行为、目的和目的论》，《控制论哲学问题译文集》第一辑，商务印书馆1965年版，第4页。

促使了人机类比方法的形成，为人的智能研究提供了一种新的途径和思路，更为重要的是推动了人工智能和认知心理学的发展及二者的结合。但计算机所具有的“智能”是相对于大脑的某些智能行为而言的，并随着对大脑认识的深化及智能化计算机的发展而不断增添新的内容。虽然传统的数字计算机与人脑相比已具有非常强大的逻辑计算能力，但随着人类社会的发展，人们对计算机的智能要求越来越高，希望计算机能够听懂人所说的话，能够辨别文字、图像或图形信息，能够具有一定的综合决策、推理和创造能力，但立足于逻辑运算、符号加工，通过启发式算法来实现智能行为的串行信息处理方法显然不能满足这种要求。这就迫使计算机科学家不得不另辟蹊径，研究能够更真实模拟脑神经系统内部的组织和活动机理及其形象思维能力的神经计算机。这样就使联结主义的研究成为认知心理学和计算机科学的一个不容忽视的课题。可以说，以冯·诺伊曼计算机为代表的传统计算机在智能模拟上的局限性从反面提出了联结主义认知心理学研究的紧迫性问题。

4. 神经科学

脑神经科学家及其相关的研究成果也对联结主义认知心理学产生了重要影响。神经病理学家杰克逊(J. H. Jackson)论证了处理系统的多层次的分布式思想。神经形态学家卡哈(S. R. Cajal)关于神经元通过突触进行机构上的联系、组成复杂的神经网络组织的观点已为神经科学的发展所证实。加拿大心理学家赫布(D. O. Hebb)则强调突触强度的调变作用，认为突触联系强度能随神经网络运行状态的变化而变化，而此恰恰就是当代联结主义认知心理学的内在学习机制，即通过调整权重来适应新的运行状态，这种观点是科学思想史上的一大突破，奠定了联结主义认知心理学的科学基础。20 世纪 50 年代，拉什利(K. Lashley)进一步提出了分布表征的思想和“同等能力原则”，认为对信息的储存来说，皮层的各个部分是同等重要的，大脑皮层是作为一个整体来行使功能的，并且遵守质量定律。鲁利亚(A. R. Luria)则提出了动态功能系统理论，认为一切心理过程，包括自己的动机和目的成分在内的复杂的功能系统，都是由复杂的成套操作实现的，它们所依靠的是由一定的神经元群的直接神经支配所建立的感性组织。20 世纪 60 年代末，神经科学家坎德尔(E. Kandel)通过对无脊椎动物海兔学习和记忆的研究，用实验证明了突触可塑性假说。在当代，人们借助先进的仪器直接观察大脑内的超微结构，使人们对大脑及其功能的看法发生了根本变化，人们已经认识到脑内神经元与神经元之间的传递并非纯粹的线性传递，而是同一神经元和众多神经元之间存在着大量的并列的、立体的网络状的突触联系，并形成极其复杂的微回路系统；通过对裂脑人的研究，使人们重新确立了大脑的整体性观念，因为人的任何行为均是大脑内各神经元之间整体活动的结果；对于大脑信息加工的功能，人们也有了进一步的认识，认为大脑内除了生物电的信息编码系统以外，还有极其复杂的化学信息编码系统，各种神经递质在神经系统中的分布、通路和代谢在信息传递和加工中的意义已为人们所了解；海马的长时程突触增强和抑制的发现也为脑内活动依赖突触可塑性提供了有力证据，证明了“神经元的某些性质有可能为经验所改变”的预言。这些研究成果都进一步促使了联结主义认知心理学的形成。

此外，认知神经科学的研究成果也为联结主义认知心理学的深入研究奠定了基础。

第二节　联结主义认知心理学的理论隐喻和基本观点

与符号加工论认知心理学一样，联结主义认知心理学也有其理论隐喻。联结主义认知心理学的各种模型及其所提出的各种理论观点，都是建立在其理论隐喻的基础上的。因此，要了解和掌握联结主义认知心理学的真正意图及其基本观点，就必须首先搞清楚其隐喻基础。

一、联结主义认知心理学的理论隐喻

联结主义认知心理学以“心理活动像大脑”作为其隐喻基础，把认知过程类比为神经网络的整体活动。基于这种隐喻基础，联结主义认知心理学试图构建一个更接近于神经活动的认知模型。在联结主义认知心理学看来，人类认知活动的本质在于神经元之间的联结强度以及它们之间不断发生的动态变化，这种动态变化是通过平行分布式加工的方式对信息进行处理的，这是一种连续变化的模拟运算，这种研究人类认知的方法与符号加工论认知心理学的模拟运算不同，因为它把人类的认知活动看做是从大量单一加工单元的相互作用中产生的，而这些简单单一的单元则必须组成一定的神经网络才能完成这种活动。

二、联结主义认知心理学的基本含义及其网络构成

1. 联结主义认知心理学的基本含义

联结主义是现代认知心理学研究所采取的一种范式。我们通常将采用这种范式来进行认知研究的认知心理学称为联结主义认知心理学。联结主义认知心理学的基本含义就孕育在联结主义之中，因此要想明确联结主义认知心理学的基本含义，就必须首先明确联结主义的基本含义。"联结主义"通常是指"通过简单加工单元之间的联结方式进行计算的一类模式"①，它是包括大量特殊算法形式和结构的通用词。由于它把信息看成是分布在各个神经元以及神经元的联结中，信奉通过合作平行主义的形式来运用简单的单个加工单元来加工信息，因此又称为平行分布加工；②由于它是对真实生物神经网络的组织结构以及某些活动机理的人工模拟，故又称为人工神经网络；斯摩伦斯基(P. Smolensky)把它与符号加工进行了比较，认为它是处于符号水平层次和真实神经元层次之间的无意识加工，因此有时又把它称作亚符号加工。③ 可以说，联结主义是一种旨在模拟人脑结构及其功能并具有简化大脑结构的特征的信息处理系统。

联结主义认知心理学的网络模型是由单元和联结构成的。单元是带有活性值的简单加工器；联结则是单元之间相互作用的中介，单元及单元之间的联结被称为网络。一般来说，联结都是加权的，权值可以是正的，也可以是负的。因此特定的输入将根据权数的提示来决定接受它的单元是兴奋还是抑制。这些联结权重决定着联结的重要性以及对通过它所联结的单元之间的影响程度。单元所计算的数值都是纯粹用数字表示的，这些数值通过联结而在单元之间传递。运用这种网络时，大多是选择一些单元作为输入单元，这些单元都具有由环境所赋予的活性值。其他的一些单元则被选作输出单元，网络的任务就是计算与每一输入单元所对应的输出单元的数值。对于一个给定的结构而言，这就相当于选择一套能够使其成为可能的相互联结的权重。在联结主义网络模型中，知识是贮存在加工单元的联结之中，单元的激活表征将引起其他单元的新的激活模式。与经典认知主义相比，

---

① Morris, R. G. (ed)(1989). *Parallel distribute processing: Inplication for psychology and neurobiology*. Clarendon press, Oxford, p. 1.

② Clark, A. & Lutz, R. (eds.)(1992). *Connectionism in context*. Springer-Verlag, p. 1.

③ Smolensky, P. (1988). On the proper treatment of connectionism. *Behavioral Brain Science*, 11, pp. 1～23.

联结主义试图构建一个更接近于神经活动的认知模型，它对神经事件进行抽象表象的程度更低，与实际的神经事件有许多相似之处。因为，在联结主义看来，认知并不能用符号运算的规则进行解释，认知其实就是相互联系的具有活性值的神经单元所构成的网络的动态整体活动，这种网络所实现的整体状态与对象世界的特征基本一致。联结主义认知心理学的网络模型虽然包含很多神经节，但它们本身并不起多大作用。因为神经节中不包含任何信息。在联结主义认知心理学家看来，信息是整个交互作用的神经节的激活模式，知识信息并不存在于特定的地点，而是存在于神经网络的联结中或权重里，通过调整权重就可以改变网络的联结关系，并进而改变网络的功能，这就是“联结主义”概念的基本内涵。

2. 联结主义认知心理学的基本模型

联结主义认知心理学是通过各种假设的网络模型来说明人的认知的，这种模型既不同于符号加工论认知心理学中由少数几个功能不同、层次分明的心理模块搭建的“箭框”结构模型，也不同于完全生物性质的神经网络，而是介于二者之间并近似于神经网络的信息加工模式：以神经单元及其联结构成网络，然后将信息广泛储存于神经单元的联结中，内外因素导致神经单元之间联结强度或联结权重的改变，意味着心理状态或心理结构的改变，也包括知识结构的改变。虽然这种模型的结构很复杂，但可以简化表示成图 3-1 所示的形式。

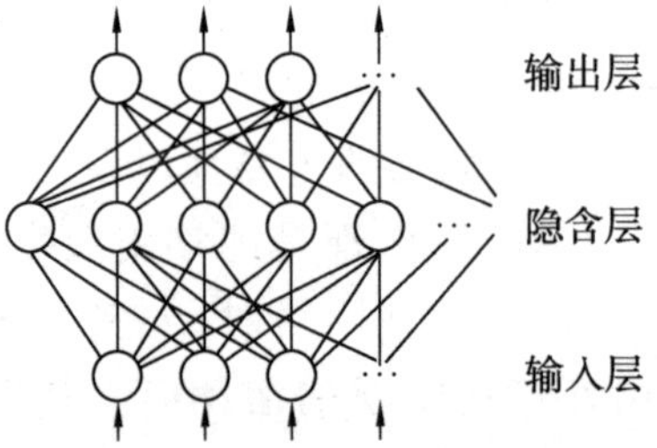

图 3-1　三层前馈人工神经网络模型

联结主义认知心理学的网络模型是对真实神经网络模型的简化，它近似但不同于生物神经网络，所以又被称为“人工神经网络”。这种网络模型是由大量的人工神经元经过联结而构成的，其典型的模型包括三层结构：输入层神经元、隐含层神经元和输出层神经元。不同层间的神经元形成交叉多维联结（包括兴奋性联结和抑制性联结），同层神经元之间无联结或只有抑制性联结。这里的输入层神经元模拟的是神经系统中的感觉神经元，隐含层神经元模拟的是联合神经元，输出层神经元模拟的是运动神经元。输入层中每个单元都像神经元那样伸出自己的轴突纤维，一直伸到第二层单元群(隐含层)。轴突纤维到达第二层单元群时，其纤维末端分裂成扇形状分支，并使这种分支的每个末梢都同隐含层的每个单元相联结，形成突触联结。这种突触联结结构可以确保输入层的每个单元都可以和隐含层的每个单元保持联系，并对隐含层的每个单元的激活产生影响，使其处于兴奋或抑制状态。

隐含层把每个单元所收到的兴奋或抑制的有效小事件加以汇总综合并作出相应的判断。这样，后来穿越输入层单元的某种类型的激活，经过汇总综合就能形成另一种不同类型的穿越隐含层单元的激活。至于这种激活呈现出什么样的类型，则是由输入层到隐含层的联结权重来决定的。隐含层单元又向输出层单元延伸其轴突，从而形成另一套突触联系。从隐含层到输出层也把所接收到的有效小事件加以汇总，结果原来通过隐含层的激活又转变成为另一种类型的穿越输出层单元的激活。实际上，这种激活类型的转变就是各个层次的神经元对接收到的信号的不同功能的处理。隐含层是对信号的粗加工，输出层则是对信号的精加工。整个过程用简单的话语来表示就是，网络把最初的大量不同类型的输入矢量转换成单一的与输入相适应的输出矢量。

在联结主义神经网络模型中，单元层被定义为拓扑的或关于网络的联结的类型，一个层内的单元或是没有相互联结或是仅有抑制性联结，而在单元层之间，则既可以有兴奋性联结，也可以有抑制性联结。在最简单的多层网络系统中，层内的单元不是相互联结的。这种网络模型具有自学习的特征，即根据一定的学习法则，网络可自行调节其原有的联结权重，然后网络再给出新的输出，并观察新的输出与目标输出的差别，然后再调节其联结权重，直到网络内部的联结权重对训练系列的全部输入都能给出正确的输出为止。

构造神经网络的结构实质上就是指构造神经网络的拓扑结构，亦即确定神经元之间的互联结构。由于单个神经元的功能极为有限，而由大量神经元通过互联结构而形成的神经网络，则具有非常强大的集团运算能力。神经网络的互联结构往往决定和制约着神经网络的特性和能力。神经网络早期模型的互联结构大多是单层或双层结构，有些模型只允许层间的神经元互联，而不允许同一层的神经元之间相互联结，感知机采用的就是这种结构；而有些模型则允许同一层之间的神经元互联，还有一些神经网络允许各层之间发生反馈联结，这样就能使系统进入一个平衡稳定状态；但是还有一种典型的互联模式是多层神经网络，我们上面所分析的三层前馈式网络模型结构就是这种类型的代表，这种模型就是我们通常所说的反向传播神经网络模型。这种网络模型虽然具有较强的计算能力，但是随着研究的不断深入，研究者发现这种纯粹的层次互联神经网络模型很难解决高层次信息处理的任务。为了完成高层次的信息处理任务，研究者近年来又研制出了更接近人脑神经系统结构的多层次、多模块的网络模型。这种模型不仅具有层次结构，而且具有模块结构。每一模块均有自己的特定功能，模块内部的神经元紧密相连，然后模块之间相互联结，以完成整体功能。这种网络模型是目前研究者普遍关注的一种新型模型。

三、联结主义认知心理学网络模型的基本特征

联结主义认知心理学之所以能在20世纪80年代早期得以复兴并成为当代认知心理学研究的主题，主要是因为它具有如下几个特点：

1. 平行结构和平行处理机制

联结主义认知心理学的网络模型是由大量简单加工单元相互联结而构成的高度平行的非线性网络。不仅如此，网络的所有运算处理也都是同时平行进行的，在同一层次内的所有的加工单元都是同时进行操作的。因此，从接受刺激信息到网络模型作出反应并发出输出信息之间的时间就非常短。

2. 分布表征

联结主义认知心理学的网络模型模拟了人脑的分布表征特点，网络模型对信息的表征是高度情境独立的，即信息是以交互作用的激活模式扩散在整个网络中，因此采用分布表征的方式来加工信息。这样就可以同时满足多重约束，节约大量单元，而且信息加工速度也很快。

3. 容错性

联结主义认知心理学的网络模型模拟了人脑的容错性特征。由于模型中信息的分布式储存和分布表征，模型激活时会有大量神经单元的平行加工。如果某个神经单元或联结受到损伤或损坏，记忆的一部分就会有轻微的降低，但整个记忆或概念却不会丢失，并不影响整个网络模型的输出模式，对作业成绩也无实质性的影响。因此，少数神经单元受到损伤，整个系统的功能将继续有效，局部残缺或甚至是错误的信息不会从根本上影响整个系统的正常功能，这就是网络模型的容错性。这样就可以使网络系统在受到损伤后继续发挥作用，而且通过整个系统的相互联结可以增强受损网

络的快速恢复训练，并使其重新获得以前的能力。

4. **连续性和亚符号性**

传统的符号加工理论是以离散的物理符号来表征较高级的概念，它所处理的是知识的结晶。而联结主义神经网络则强调模拟运算的连续性和信息表征的亚符号性。联结主义与传统的符号范式的区别仅在于采用符号表征的层次不同，符号范式采用的是物理符号假设，而联结主义范式采用的则是"亚符号范式"。它所表征的是直觉经验以及尚未结晶或升华为用语言表达出来的概念，即"亚概念"。这是联结主义网络的又一特征。

5. **自学习、自组织和自适应**

联结主义认知心理学的网络模型也模拟了大脑的自学习、自组织和自适应等特点，即当网络面对一个全新的输入模式时，其自身可以通过采取一定的训练策略来调整神经单元之间的权重，修正自身的特性以达到某种预期的效果。在训练过程中，网络可以学到相应的经验，并发展出一定的概括和想象能力。很多网络能够自动地发展其输入数据的内在表征来增强它们完成任务的能力。

6. **具有抵制噪音的特性**

人类通常可以在噪音很大的环境下从事工作而不影响工作的效果。联结主义也模拟了人的这一特点，即在与人类在嘈杂的环境中从事工作类似的情况下，联结主义网络经常可以抵制噪音。因为假如噪音没有大到混淆了网络的思维的话，输入与一切所存储的不同模式相类似，网络就可以正确地提取所存储的记忆。

在联结主义网络中，各神经单元之间的联结是可塑的，其联结强度可以在学习过程中得到调整和变化。如果网络的输出发生错误，其自身就可以通过采取一定的训练策略来调整神经单元之间的权重，直到输出与期望相符。在训练过程中，网络可以学到相应的经验并发展出一定的概括和想象能力。

四、联结主义网络模型的训练

训练联结主义网络模型所采用的方法是反向传播算法。反向传播算法的基本思想是：首先对权重设置一小的初始值，然后选择一个训练样本并计算相对于该样本的误差梯度，通过调整权重使得误差值能够达到全域最小值直至为0。

运用反向传播算法对网络进行训练时可分为两个步骤来进行：首先是前向过程，给网络一个输入，并且这一输入通过网络经由隐含层向上传播，当网络产生输出时，即把这种实际输出与期望输出进行比较。如果实际输出与期望输出不相符合，就会产生一个误差信号。例如，当我们给网络提供一个输入并期望它能产生[0　1　0]的输出，但网络实际产生的输出却是[0　0　1]。这就说明网络的实际输出与期望输出之间有一定的误差，误差为[0　1　−1]；然后是反向过程，即把输出单元作为输入单元，通过网络把误差信号向后传播，随着传播的不断进行，输出单元和隐含单元之间的权重就会发生改变，然后再进一步改变隐含单元和正常输入单元之间的权重。这也正是为什么网络的每一单元层只与其上层和下层单元联结的原因。随着输入通过网络不断地向上传播以及误差信号不断地反向传播，误差信号逐渐收敛直至收敛为0，此时网络不再需要进一步的反向传播就可从输入直接产生所期望的输出（如图3-2所示）。这种算法实际上是求误差函数的极小值，通过对多个样本的反复训练并采用最快下降法，使得权重值沿误差函数的负梯度方向改变，并收敛于最小点。

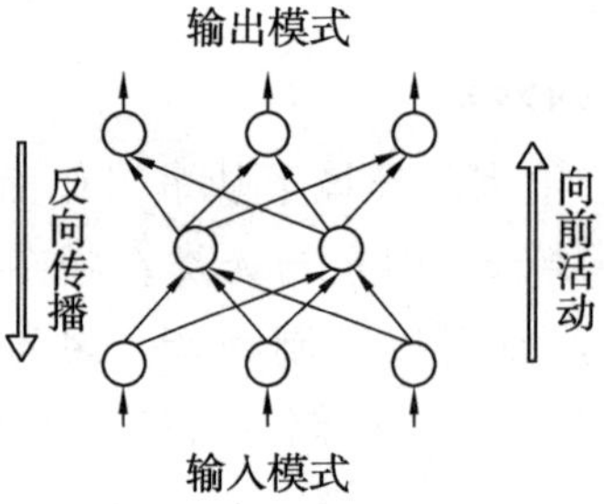

图3-2　具有两步程序的反向传播网络训练

五、联结主义认知心理学的具体研究方法

1. 结构与功能模拟的方法

联结主义认知心理学把“心理活动像大脑”作为其隐喻基础，采用脑模拟研究的方法来对认知的本质进行研究。这种模拟既是对大脑神经元功能的模拟，又是对大脑结构的模拟。它所建立的每一模型都是由对大脑神经元结构进行模拟的人工神经元相互联系而组成的简单或复杂的人工神经网络，通过把人工神经网络内各单元的活动与生物神经元的活动进行功能上的类比，而实现其对生物神经网络的功能和结构模拟，并以此为基础来揭示认知的本质。

2. 灰箱方法

联结主义认知心理学的脑模拟研究并不是建立在对大脑结构和功能一无所知的基础上，而是依据对大脑结构和功能的已有研究成果来构建各种大脑整体或大脑不同部位的同构型或同态型模型，并以对这些同构型或同态型模型的分析为基础而推论大脑整体的结构和功能，因此相对于符号加工论认知心理学的黑箱方法，联结主义认知心理学的这种研究方法可称为灰箱方法。这种方法为认知过程与脑功能变化规律的同时研究提供了前提，必将为逐渐打开脑功能的秘密奠定基础。

3. 批处理的方法

标准的反向传播算法解决了多层网络的训练问题，但在这种算法中，往往是在输入了一个模式之后就对联结权重进行调整，这样要调整的次数就比较多，整个运算的速度就慢。如果采用批处理方法，就可以在向网络输入一批模式并进行正向计算后，分别计算出与这批模式对应的权重的增量，求出这些增量的平均值，用该平均值对联结权重进行修正。

4. 磁共振成像技术

这种方法是根据氢原子在磁场中的特性而形成的。它可以使研究者得到有关大脑结构的成像，而且这种成像在大脑活动时是随时间而变化的。

联结主义认知心理学就是通过这些方法来提高网络的运行速度，并根据有关大脑结构的成像设计出相应的人工神经网络模型，以实现对大脑结构和功能的更真实的模拟。

第三节　联结主义认知心理学的早期研究

在本节，我们将依次介绍和分析联结主义认知心理学的早期研究者麦克洛奇（W. McCulloch ）、匹茨（W. Pitts）、赫布、罗森布拉特（F. Rosenblatt）以及明斯基（M. L. Minsky）和佩帕特（S. Papert）的研究。

一、麦克洛奇和匹茨的研究

1943年，麦克洛奇和匹茨在《数学生物物理学会刊》《*Bulletin of Mathematical Biophysics*》上发表了题为《神经系统中所蕴涵的思想的逻辑演算》一文，阐明了理论神经生理学的一些根本假设。在总结生物神经元基本特征的基础上，提出了形式神经元的数学描述与结构方法，并就形式神经元及其逻辑特征的有关思想进行了分析。由于心理功能与大脑功能是密切联系在一起的，因而麦克洛奇和匹茨所关心的是心理学如何向神经学映射的问题。他们不甚关注神经结构的发展，感兴趣的是神经元如何能完成原始的逻辑操作，以及复杂的逻辑过程如何由神经网络来完成。

麦克洛奇和匹茨研究的突破点在于设置"心灵子"或"最小种类的心灵子事件"。在设置"心灵子"时，他们主要关心的是如何在神经元水平上获得命题逻辑，目的在于如何把数字系统的行为理解为代表一定原始命题的真或假。麦克洛奇和匹茨认为，心灵子具有以下四个特征：(1) 它非常简单，可以发生也可以不发生；(2) 只有当其跳动引起发生时它才发生——以这种方式它暗示了其时间上的先驱；(3) 心灵子是连续的；(4) 连续心灵子是产生更复杂命题的等价物的混合。换句话说，这种假设提出了一种心灵子系统，在这种系统中心灵子支持原始的逻辑操作，麦克洛奇和匹茨通过这种方式而把心灵科学刻画为心理化学。麦克洛奇和匹茨研究的主要目标是解释原始的数字事件如何能够引起复杂的思想。为了达到这一目的，他们以当前被承认的真实神经元的特征为基础，界定了一个形式神经元。这种形式神经元具有以下特征：(1) 神经元的活动是全或无的过程；(2) 为了激活神经元，必须在一定的关键期内激活一定数量的突触，而这一数量与此神经元以前的活动和位置无关；(3) 神经系统内唯一有效的延迟是突触延迟；(4) 任何抑制性突触的活性在那时绝对阻止神经元的兴奋；(5) 神经元之间相互联结的结构不随时间发生变化。在形式神经元中，突触可以兴奋也可以抑制，而且是有阈限的。虽然阈限可以变化，但联结的真实结构却是不变化的。他们所提出的数字系统所处理的是一个二元阈限逻辑单元式的形式神经元，这种假设已成为现代联结主义认知心理学研究的重要组成部分。

事实上，麦克洛奇和匹茨所建立的形式神经元模型就是对生物神经元的一种形式化描述。它对生物神经元的信息处理过程进行抽象，并用数学语言进行描述，以达到对生物神经元的结构和功能进行模拟的目的。他们非常关心真实神经网络是如何模拟逻辑系统的，并提出了相互联结的神经元是如何获得命题逻辑的观点。

二、赫布的研究及其局限性

1. 赫布的研究

赫布是加拿大著名心理学家，他试图提出与大脑功能一致的联想主义主张，目的在于发现一种能够解释心理过程的大脑功能理论。他认为，在真实神经网络的增长之间存在着直接的同型性。其中心主张是同时性和历时性联想原则在神经网络或“细胞团”发展的过程中起着不同的作用。赫布试图通过对神经细胞结构和功能的考察而提出一种心理过程的神经物理学观点。他认为，仅仅因为一个突触是活动的，就增加其强度，这是不够的。他期望一种只在两个神经元的活动相关时才起作用的机制。正如他所说的：“当细胞 A 的一个轴突和细胞 B 很近，足以对它产生影响，并且持久地、不断地参与了对细胞 B 的兴奋，那么在这两个细胞或其中之一会发生某种生长过程或新陈代谢变化，以至于 A 作为能使 B 兴奋的细胞之一，它的影响加强了。”这个机制以及某些类似规则，后来被人们称为“赫布定律”。

赫布主要关心的是根据在细胞—细胞连接（即突触）上的结构和新陈代谢来说明记忆。他描述了两种控制神经元变化的方式，分别是同时联想和历时联想。其中心思想是，如果一再同时激活两个细胞，那么一个细胞的激活会引起另一细胞中的活性。两种联想形式可合并为一般的赫布规则，即当两个邻近的神经元被重复激活时，那么偶然的新陈代谢变化将导致两个细胞之间的突触抵抗力降低，反过来又会使一个细胞中的活性的增加导致另一细胞中活性增加的可能性。

虽然在讨论联结主义认知心理学的历史发展时，不得不考察赫布的观点，但这并不能证明他对神经学发展的分析及心理学和神经元之间的映射的观点是正确的。原因在于赫布想提出关于神经网络增长的可能性思想，以便解释知觉的发展并增进成人的知觉能力，但这只是一种主观的符合经验主义的思想。

赫布所提出的神经元增殖的观点也是很重要的，这就是说可以把神经系统中所发生的变化看做是一种神经元联结的分裂和恢复。分裂对应于先前同时发生的细胞停止同时发生的状态。此时如果不继续同时激活两个细胞，它们之间的联结就会停止操作。恢复对应于这样的状态，即两个先前不是同时激活的细胞现在是同时操作的，这并不是一种全新联结的形成，而是现存联结的功能恢复。一些联结主义模型就体现了这种分裂和恢复的功能,因为通过已建立的联结的加强或削弱可以模拟神经元的变化。

总之,赫布提出了很多有关联结主义的基本思想,在联结主义认知心理学的研究领域所产生的影响是广泛的,对脑模拟研究曾起到了历史性的推动作用。而且在一定的神经物理学约束条件下,赫布的观点在说明联结主义认知心理学的基本问题时还将继续发挥重要作用。但当代神经生物学的许多发现都表明,赫布的观点并未准确地反映出学习过程中突触变化的基本规律,因此其理论观点也是具有一定的局限性的。

2. 赫布研究的局限性

赫布研究的第一种局限性是他仅局限于预测兴奋的神经元增长,而忽视了对抑制性神经元的研究。虽然他也提到了抑制,但并未完全将其整合到其理论之中。赫布之所以重视对兴奋性神经元增长的研究,而忽视抑制性神经元研究的原因可能是这样做比较经济,因为只用兴奋过程解释学习,相对来说是比较简单和节俭的,而如果引入抑制过程就意味着会出现兴奋和抑制的复杂的相互作用,这样就会使问题变得复杂起来,正因为如此,赫布认为其理论是节俭的、经济的。赫布主要是根据神经元的兴奋来假设神经学的发展并展开其理论研究的。他把抑制看做是神经元兴奋的缺乏或不应,但并未发现把抑制过程与兴奋过程整合起来的有效方式。①

赫布研究的第二种局限性与现代神经物理学有关。赫布的学习理论是以突触前细胞和突触后细胞的整体必须激活的思想为基础的,但这种假设与后来的研究结果并不一致。更为重要的是,他只考虑了从同一细胞的不同后突触部分而来的电化学信号的扩散,而没有考虑后突触细胞自身的状态。当代神经生物学的研究已经证明,在学习过程中,神经元的突触可以发生形式众多的变化,很多电生理学和神经生物化学过程也会发生相当复杂的规律性变化。但赫布却将这种复杂的过程过分简化,丢弃了生物脑模型的主要特征。费克尔(Finkel)认为,赫布规则简单形式化地表达了突触在学习中的联想特性,认为同一刺激的重复可以引出性质相同、程度增强的反应。但到目前为止,在细胞生理学水平上,并没有得到有关突触特性的直接证据,反而有一些研究发现,突触前兴奋与突触后兴奋并不存在必然联系。突触前兴奋的主要作用是导致突触前释放的神经递质与突触后膜的受体发生结合,只能引起突触后膜的局部性突触后电位,而突触后神经元的兴奋则主要是由大量异源性突触易化现象所制约的等。这些变化形式中没有一个与某一突触前神经元的兴奋同时发生而导致突触后神经元的兴奋,突触后

① Milner, P. M. (1957). The cell assembly: Mark Ⅱ. *Psychological Review*. 64, p. 243.

神经元的兴奋要等突触后膜大量突触后电位的总和达到阈值以上才会发生。因此，与其说突触前与突触后神经元同时兴奋，还不如说是大量的不同突触前神经元的同时或相继连续兴奋。在某一突触后神经元中发生异源性突触易化，才会造成突触后神经元的兴奋。费克尔等把突触可塑性变化分解为突触前规则与突触后规则，并认为突触后规则在知觉和学习中起着决定性的作用。

虽然赫布及其追随者的早期研究工作存在很多缺陷，但却给后来的研究者留下了有益的启示，使后来的研究能够在吸收早期研究的经验教训的基础上不断向纵深发展。

三、罗森布拉特的研究：早期感知机

麦克洛奇和匹茨的形式神经元思想影响了很多研究者，使他们开始关注抽象神经网络的形式和操作特征。罗森布拉特有关感知机的研究就是在麦克洛奇和匹茨形式神经元思想的启发下开始的。可以说，感知机的问世是脑模型模拟研究的又一里程碑。

1. 罗森布拉特研究的指导思想

罗森布拉特及其合作者试图在关于知觉和记忆的假设基础之上制造一个包括形式神经元并能学习再认一类视觉模式的简单装置，以使其能把许多不同的输入模式分派到其各自的类域中，这种简单的装置被称为感知机。罗森布拉特及其所领导的感知机研究小组就以这种人类视知觉的脑模拟装置来研究视知觉及学习问题。

罗森布拉特认为，感知机所实现的知觉加工模式可与模板匹配观点进行直接比较。模板匹配建立在关于模式储存及搜寻(储存)并将输入与其储存的内在拷贝相匹配的假设基础之上。在模板匹配观点中，假设成功的模式再认是通过把一输入模式与一储存的内在拷贝相匹配而获得的。这与感知机的再认观点是根本不同的。一些关于抽象神经机制的假设已证明了这一点。在感知机中，CNS 被看做是一巨大的启动机制，在其中信息经由相互干预的神经元之间的联结而保存。通过这种方式可以发现这种观点与早期学习理论的假设在精神上是一致的。即在学习过程中，唯一重要的内在事件是隐藏的刺激—反应序列。因此，根本不存在匹配和搜索的过程；信息流通过系统经由强化选择的通道而流动。类似刺激经由从系统的输入通道或运动到反应，从而使系统的另一通道得到加工。因此，在输入到其各自的反应之间有一直接映射。由于类似的刺激采用类似的通道，因此，类似的刺激将会唤起类似的反应。根据这种观点,不存在单纯的再认和辨别过程。

2. 感知机的构成及运行

虽然罗森布拉特以抽象的神秘语言来表述其思想观点,但他试图把这种思想具体体现在感知机中,并以此为基础进行研究。感知机是罗森布拉特以对人脑结构和功能的初步认识为基础,模仿人脑处理信息的多层结构所制造的一个由感觉层或S单元、一个联想层或A单元及一个反应层或R单元构成的三层结构的视知觉脑模型。S单元从环境中直接接受输入,罗森布拉特假设S单元对应于感知机的视网膜。S单元与中间层相联结,其间的权重固定,在学习中不发生任何变化。R单元与环境在系统的另一端相遇并作出一可辨别的反应。A单元位于S单元和R单元之间,每一A单元都有某些S单元的固定权重的输入。换言之,一些S单元将其输出投射到一个A单元上;一个S单元还可以将其输出投射到几个A单元上。中间层是完全与输出层相联结的,输出层的元素叫做反应细胞(R单元)。中间层与输出层之间的权重是一个变量,因此是能够学习的。这样,感知机就实现了能够识别一些文字和模式的"电子眼"。在这种感知机中,所有的A单元与R单元联结。其另一重要方面是A单元和R单元都拥有一个阈限且都计算其输入的加权总和。网络中的每一联结有一个与其联系的协变系数或权重。

由于S单元和A单元之间的联结权重是固定的,而A单元和R单元之间的联结权重是可以改变的,因此这种感知机仅是一个具有调整权重层的简单感知机,仅具有自适应的权重联结。事实上,罗森布拉特及其小组成员也研究了层内具有相互联结的感知机、层间具有双向联结的感知机以及具有多单元层的感知机。联结主义认知心理学虽然忽视了这些研究,但却承认罗森布拉特及其合作者所证明的感知机收敛理论的作用。

3. 感知机的学习

感知机是一种神经计算机,它可以将感知模式分成可能的若干组。在两组的情况下,每一R单元学习以激活和去激活的方式来区别输入模式。感知机的学习程序是受指导的。因此,必须清楚地认识与所要学习的模式相应的每一R单元的状态,将要学习的模式呈现给该网络,在网络的中间层和输出层之间的权重就可以按照学习规则进行适应性学习,不断地重复这种程序,就可以使网络产生正确的输出。

我们要考虑的是最简单的情况,在这种情况下感知机必须学习对两个模式,诸如字母"A"和"B"作出不同的反应。假设单元R为了A必须标志为

1，而为了 B 则必须标志为－1。给视网膜呈现一个模式，活性就通过网络经由到 S 单元的联结以及 S 单元到 R 单元的联结而被传播。如果 R 单元的输出是错误的，系统就会发生改变；如果输出是正确的，系统就不会发生改变。因为只有当输出是错误时，学习才会发生。如果在实际反应和期望反应之间有一错误的匹配，那么可用两种一般原则改正这种错误。

第一种情况是当呈现 A 时，R 单元没有正确地作出＋1 的反应。此时则需要增加 S 单元和 R 单元之间的激活联结，并降低激活 S 单元的阈限值。当再次呈现 A 时，它们就会增加 R 单元正确反应的可能性；第二种情况是当呈现 B 时，R 单元未能正确地作出－1 的反应。此时就需要降低相关的权重且需要增加习惯的阈限，这样当 B 再次出现时，就会限制不恰当地激活 R 单元的可能性。一般来说，感知机是通过把其实际输出与期望输出进行比较而进行学习的，而且接近的误差改正程序以原则性的方式改变了权重和阈限。实际输出和期望输出之间的差异被称为误差信号。运用这种原则可以防止网络再次犯同样的错误。罗森布拉特考虑了很多使网络发生改变的方式以及跨越权重的误差信号的方式，他认为学习对应于联结权重的适应性变化。在典型情况下，这种原则所作出的改变与误差信号是相称的。

这种学习可能在此背景上会受到批评，即只有当系统中所发生的改变出现了错误，且对于正确的反应没有提供奖励时学习才会发生。虽然在心理学背景上有可能批评这种学习理论，但是这种程序的特殊性就在于对学习有一明确的终点。即当感知机对模式进行了正确的分类，则任何事情都不会发生，亦即如果机器对所有模式进行了正确分类，那么它就不再需要什么改变。如果不再发生变化，感知机就将达到一个固定状态：它正确地区分了所有模式。如果正确的反应得到奖赏而偶然的变化持续出现，那么学习就会持续进行下去。

感知机的学习程序是一种简单的算法：对输出层的每一单元均有一实际输出，相对于所希望的输出，这种输出是由一定模式产生的。如果实际输出与期望输出相符，那么该模式就已正确分类。如果所希望的输出等于 1 而实际输出等于 0，那么在时刻 t 的所有权重以及激活单元在随后的步骤 t＋1 上就被放大。如果所希望的输出等于 0，实际输出等于 1，那么所有具有激活元素的权重都会消失。

但是，感知机的学习程序是否能够学习任何事情，即感知机能否学习满足由给定学习所提出的约束的协同系数（权重）的值？这是一个需要进一步探讨的问题。由于协同系数（权重）经常发生改变，因此感知机似乎永远不能达到一稳定状态；由于一个模式的呈现可能导致一个方面的改变，而另一模式的呈现则可能导致相反方面的完全的补偿性变化，因此协同系数就会经常变化，学习也因此而不会终止。

4. **感知机收敛理论**

在对感知机的学习问题进行研究时，罗森布拉特证明了感知机收敛理论。感知机收敛理论是指，如果存在一套满足特殊分类问题的约束的协同系数，那么输入足够的经验，感知机将会学习协同系数，但关键是必须使输入模式进入线性分离类别。只要输入模式与线性分离原则一致，那么感知机就能学着在输入模式之间进行辨别，即一套使形式神经元 ON 的输入模式和一套使其 OFF 的输入模式之间的区别。

感知机的早期模拟是由 Mark 1 感知机承担的，它是由排列成 20×20 的 400 个光电管的视网膜、一层 A 单元和 5 个二元反应单元组成的。罗森布拉特假设简单感知机中的联结是随机联结，即如果一个具有随机联结的感知机可以学习已知的分类图式，那么一个具有详细说明的联结的感知机也能如此，"最坏"或"最小"的约束条件是与具有随机联结的感知机相联系的。这种研究可能耗费巨大而又无益，究竟是结构有问题还是学习程序出现了故障，在当时还是不清楚的。但当代联结主义认知心理学的最新研究成果表明，罗森布拉特的感知机模型无论是在结构上还是在程序上都存在着严重不足。

罗森布拉特所研制的感知机的意义在于，虽然其最初的联结是随机的，但它能使用一种简单而明确的规则改变这些联结，因而可以教会它执行某些简单的任务，如识别固定位置的印刷字母，这显然是一种有导师的学习。感知机的工作方式是，它对任务只有两种反应：正确或错误。你只需告诉它它所作出的回答是否正确，然后它就可以根据感知机的学习规则来改变其联结。罗森布拉特证明，对于"线性可分"的问题，感知机通过有限次训练就能学会正确的行为。

罗森布拉特对两层和三层的感知机都作了研究，但他只能证明，两层感知机能将输入分为两类，如果这两种类型是线性可分的话。罗森布拉特对两层感知机的研究所得出的结论是：输入和输出层之间权重的调节与计算输出值和期望输出值之差是一种正比关系。虽然罗森布拉特将其学习程序推广至三层感知机的研究，但未能找到一种严格的数学方法训练隐含层处理单元，也未能解决信任分配的问题。而 1969 年在明斯基和佩帕特对简单感知机的详细的数学分析公布以后，对感知机的研究兴趣几乎消失了。尽管它有着这样那样的局限性，但毕竟为当代联结主义认知心理学的研究提供了可以借鉴的经验和启示。

四、明斯基和佩帕特的研究

1. 明斯基和佩帕特对麦克洛奇和匹茨形式神经元的分析

明斯基和佩帕特详细分析了简单神经网络的形式有限性，也讨论了麦克洛奇和匹茨形式神经元的有限性：(1) 每一单元只有两个输入；(2) 每一单元有一阈限；(3) 每一单元总计其输入；(4) 如果在输入线上的活性的总和超过或等于其阈限，一个单元就 ON。通过这一假设，有可能把权重归结为每一输入线。

我们可以提供具有两个二元输入的二元阈限逻辑单元的形式界定。让单元为单元 c，两个输入线分别以 A 和 B 标志。A 把单元 a 和单元 c 联结，B 把单元 b 与单元 c 联结，此时我们就有可能对条件进行限定。在这种条件下，单元 c 将 off 或 on。单元 c 所要做的就是总合联结输入单元的有对应状态的联结线上的每一联结权重。A 输入线上的权重通过输出单元 a 的状态而增殖，B 输入线上的权重通过输入单元 b 的状态而增殖。然后把这两种权重加在一起并使这一总合与由单元 c 的阈限说明的数值进行比较。由于这种网络只能处理二元阈限逻辑单元，因此单元 a 和单元 b 可分别以两种状态中的一种出现状态：1 是 on，0 是 off。

当以这种方式描述时，加工单元正在完成（执行）线性函数。如果把来自单元的输出看做是与其总输入相反，图形将呈现为一条直线。运用这种直线的标准的 X-Y 描述，就要涉及一定的特征。这些特征就是在把直线分为 X 轴和 Y 轴之处以及线的斜度。结果表明二元阈限逻辑单元的加工特征与二维图形的几何学可进行直接类比。通过二维图形上的直线来刻画加工单元是恰当的。粗略地讲，单元的阈限说明这种直线的 Y 截取并且两个输入线上的权重共同说明了这条直线的斜度。改变了阈限就可改变直线的 Y 截取，而改变了权重也就改变了直线的斜度。

2. 明斯基和佩帕特对罗森布拉特的感知机的分析

罗森布拉特的感知机模型曾经引起了人们的极大关注和兴趣，明斯基和佩帕特也对这种感知机模型甚感兴趣，并对其能力进行了详细研究，于 1969 年出版了《感知机》一书，详细介绍了感知机模型的能力与缺陷。对明斯基和佩帕特而言，简单感知机是由一套输入或视网膜单元、一套 A 单元和一套 R 单元组成的。在这种系统中只有一个可调整的权重层而且是在 A 单元和 R 单元之间的联结之上。《感知机》一书的主要目的是详细分析这种简单感知机在原则上和在实践上能有何种类型的辨别力。对于明斯基和佩帕特，这种原则是由数学和逻辑提供的，他们写了很多涉及到这些装置的心理学可能性的文章。虽然有关感知机能力的学习理论可以用数学的形式来说明，但支持性假设与神经学的可能性并不一致。例如，即使对感知机收敛理论的证明，认为感知机将发现解决问题的协同系数的存在，但却不能保证感知机能在合理的时间内成功地解决问题。

明斯基和佩帕特认为，感知机是把二进制模式分为两类的一种装置。这一模式的每一元素由一分离的单元所登记，而且通过调整到输出单元的可调节“权重”的连线(lines)而把这些单元直接联结起来，输出单元具有一可调整的阈限。输出单元是否激活依赖于从“激活”单元而来的联结权重总和，即那些登记为 1 而不是 0 的联结权重超过还是不超过输出的阈限。当且仅当存在着一些平面(place)，在可能的模式空间中，就把一种模式从其他模式中区分出来，此时将选择一合适的权重和输出阈限来保证感知机正确区分这两类模式。这样，人们就可以使感知机从另外的两个二进制模式中把二进制模式(0,0)区分出来，但是权重或阈限的选择将不能促使把模式(0,1)和(1,0)从其他两个模式中区分出来，因为在从点(0,0)和(1,1)中而来的点(0,1)和(1,0)中没有直接的连线。

如果一个已知任务能由恰当准备的感知机来完成，那么一个具有类似结构的未准备的感知机也能学着完成任务。这是感知机收敛理论的必然结果。这种理论也支持联想网络，因为这种网络只是感知机以平行方式工作的一组，使每一输出单元直接地与每一输入单元联结。必须强调的是，对“线性”任务的限制，与证实的能力一起去完成任何任务，只能运用单层感知机及其后的联想网络。

20 世纪 60 年代中期，明斯基和佩帕特开始研究由罗森布拉特所建立的感知机的数学模型。明斯基和佩帕特在肯定感知机的研究价值以及它们所具有的很多引人注意的特征之后，指出简单感知机的功能是有限的。因为感知机只能解决具有线性可分空间的问题，而不能解决非线性分类等比较复杂的问题。这一事实说明，简单感知机具有很大的局限性。明斯基和佩帕特后来将他们的结论推广至多层感知机，并作了如下的陈述：“尽管(甚至正是因为)有其严重的局限性，感知机也已说明它本身是值得研究的。它具有一些引人注目的特征——线性性，巧妙的学习定理以及作为一种平行计算的清晰的模型简化，我们不能认为感知机所具有的这些优点只会保存在多层结构的网络中，但我们认为，要想说明或否定这种推广是出力不讨好的事情，因为这将是一个重要的研究课题，人们或许会发现一个更为有效的收敛定理，或者揭示出究竟是因为什么而不能为多层感知机构造出一种有趣的学习定理”。简单感知机的另一固有局限性，是它没有有效地解决信任分配问题。

在对简单感知机进行评判的基础上，明斯基和佩帕特又认为，要解决比较复杂的非线性分类问题，就必须在原有的神经网络中增加隐含层，建构具有隐含单元的多层神经网络。但由于只是提出了设想而没有就“对那些最初是随机的连接进行修改才能使网络完成所要求的操作”的问题提供解答，再加上当时技术条件的限制，要想找到一个多层网络的有效学习算法是极其困难的，更由于他们对联结主义神经网络的未来发展抱有非常悲观的态度，结果造成了 20 世纪 60 年代以后对神经网络研究的热情骤减。

如果明斯基和佩帕特不仅提出建构具有隐含单元的多层神经网络的设想，而且还就“对那些最初是随机的联结进行修改才能使网络完成所要求的操作”的问题提供解答，那么明斯基和佩帕特的贡献可能就会更大。但遗憾的是他们并未做到这一点。直到 1981 年，明斯基才在一个场合中承认，当时的观点和把感知机研究打入死路的做法对这一研究倾向伤害过大，做得也太过分了。

第四章

心理的脑模拟:联结主义认知心理学(下)

在对联结主义认知心理学产生的背景、理论隐喻和基本观点以及早期研究者的研究进行分析的基础上,本章将探讨和分析联结主义认知心理学在当代所进行的具体研究,并在此基础上对联结主义认知心理学的功过得失进行评价。

第一节　联结主义认知心理学的具体研究

联结主义认知心理学对感知觉、学习与记忆、语言、思维以及认知障碍等认知的很多方面都进行了研究,并取得了一系列的研究成果。

一、感知觉

感知觉是心理学的最基本的问题之一,人的一切心理现象都是从感知觉开始的。联结主义认知心理学对感知觉的研究可以视觉为例来说明。联结主义认知心理学对视觉的研究可以分为两个水平,即低水平视觉和高水平视觉。低水平视觉关注的主要是从物体图像中获得其边缘属性等视觉特征,而高水平视觉关注的主要是注意及物体再认等方面的视觉特征。由于研究视觉的神经网络种类繁多,我们不可能对其一一进行阐述,只能以马尔(D. Marr)和欣顿(G. E. Hinton)的模型为例,分别对两种水平的视觉加以说明。

1. **马尔的视觉加工理论**

作为联结主义事业的先驱，马尔在视觉问题上进行了很多创新性的研究，他认为大脑是由许多目的特殊和功能独立的信息加工装置组成的。在把联结主义原则运用于视觉问题时，他对低水平和高水平视觉加工进行了区分，认为视觉的低水平加工与视觉特征的抽取有关，而视觉的高水平加工则与注意和物体再认有关，这些观点对于揭示视觉的本质不无启示。

（1）马尔的低水平视觉加工理论。

马尔认为，对信息加工系统的本质和功能的解释可以分为三种水平：① 计算水平，② 表征和算法水平，③ 硬件水平。计算水平与从任何操作细节中所抽象出来的一个给定加工的目标和逻辑有关，应详细说明通过视觉信息加工对什么目的有益。马尔认为，视觉的主要任务是获得形状的表象。这是因为大脑是在其内部构建有关外部世界的符号表象，这样才可以使隐含在视网膜图像中的很多方面显现出来。在计算水平上视觉信息处理过程有三种内部表征：即描述图像的光强度与局部几何结构的原始要素图；描述以观察者为中心的物体可见表面的朝向、轮廓线、深度及其他性质的二维半图；识别和理解物体的三维表象。表征和算法水平与技术细节有关。马尔认为，表征是指符号标志的原始词汇表和方法或语法，并以有用的方式把这些标志联合起来。根据这种观点，符号标志可使外显的特定视觉特征在给定的表象中呈现；而算法则详细说明了通过这种方式如何来操纵符号标志并将其转换成其他表征。硬件水平处理表征和算法的物理例示，这一水平主要是解决与神经物理学有关的问题。

马尔以立体视觉为例来说明这一问题。立体视觉是人类视觉系统的一种能力，它可以在视网膜上把两个分离的图像融合为一个能够说明深度的知觉图像。马尔在计算水平上对立体视觉问题进行了划分：① 在一个表象中选择一个特殊的表面元素，② 在其他表象中辨认这一元素，③ 测量相应的表象点之间的差异。虽然这些步骤表面上看是直接的，但却因“假目标问题”而变得复杂，因为没有什么明确的方式能把一个表象中的元素与另一表象中的相应元素进行匹配。

马尔通过在算法中引入预先的约束机制来解决这类问题。他建立了两种约束机制：独特性约束（uniqueness constraint）和连续性约束（continuity constraint）。独特性约束规定，只能给任何图像元素赋予一不同的值，因为一种表面元素只能出现在深度的一个地方；连续性约束规定，表面的差异几乎在任何地方都是平缓地变化，这种约束仅在“事物是内聚的（cohesive）”以及一个表象的边界是由相对较小的部分构成的背景上被证明是正确的。如果用这种理论来说明人类的视觉信息加工，那么就可以把在模型中引入约束机制的整体思想看做是对先天论(nativism)程度的一种争论。虽然模型被先天地赋予了约束知识，但这是存在于现实世界中的物体特征之间的知识。实际上，马尔所提出的立体视觉的网络模型在结构上是非常严谨的。

最初，人们对这种模型的算法提出了严厉批评。虽然研究者仍在讨论这种模型操作的具体细节，但所强调的是这种模型所例示的相互约束满足的精神，其特征是：给定恰当的输入，网络就能进入一个整体的稳定状态，此时可以满足局部约束的最大值。通过同时满足很多局部约束而获得整体解决方案的能力是联结主义网络模型的基本特征之一，马尔模型也具有这种特征。而且，由于马尔模型是建立在人类可以融合立体图的心理学考虑基础之上的，因此通过对这些心理学依据的考察，马尔研究了关于在真实生物大脑中发现的特定的"差异—检测"神经元存在的神经物理学根据。

(2) 马尔关于高水平视觉加工的观点。

马尔是以对象再认为例来论述其高水平视觉加工的观点的。他对物体的两种表征进行了区分，即视点依赖表征和视点独立表征。视点依赖表征是从一定视域所获得的对象的外部形象，它随观察者注意角度的变化而变化；视点独立表征则是一种规范的表征，它并不随观察者观察角度的变化而变化。在马尔的框架内，这种规范的视点独立表征以一种抽象命题的方式说明了一个对象的容量分析特征，而且它还说明了集中于物体自身的并列系统内的对象的突出部分的空间布置。作为一种对象—集中表征，视点独立表征保持恒定而并不考虑观察对象的角度。

马尔认为，再认就是从输入表象中所获得的视点依赖描述与相应的内在储存的视点独立表征进行匹配。他对生物形状诸如动物形状的再认尤感兴趣，动物的显著部位如四肢、躯干和头，将由一个被称作概括化的锥形或柱形的装置来表示。关于动物体积和形状的知识对应于一套联结的概括化的锥体和柱体。对于一个给定的对象，马尔是以三维模型表征的形式来例示这种知识的。

这一理论的核心问题是解释如何把在输入中的联结部分与三维表征中的联结部分匹配起来。输入是在视点依赖并列之中，而模型表征是在对象集中并列之中。所以，没有理由认为在从表象处所获得的附属关系中的参变量的值将直接对应于那些在模型的附加关系中所说明的东西。因此，马尔提出了一个松弛的加工过程来解释如何获得这种对应。

在输入之前，可以利用特定的峰值来说明在显著的轴之间的三维模型表征中的附加关系。从马尔所提供的样例可以看出，每一三维模型表征是自然的以其标准的布置来安排的。因而，有时在从表象中获得的一套角度值与那些在三维模型中说明的值之间会有误配。为了获得对应的两套附加关系之间的匹配，一种方式是增量地改变模型的角度，并试图在输入表征中获得一种匹配。马尔认为角度可以发生改变并执行了松弛程序，以检查完成重述的情况。模型中最初的约束，如模型轴之间的角度，是通过一直增加它们而相继放松的。这种运用松弛技术解决视觉信息加工的问题在联结主义的研究中还是第一次。

但是对于松弛加工，是否具有任何心理学的证据呢？我们可以通过心理旋转现象来加以说明，并把心理旋转的特定观点理解为建立在松弛原则基础之上。谢波德（R. Shepard）认为，被试在解决心理旋转问题时运用了一些关于内在表征的目录操作形式。这种内在表征可以容忍一个严格的同型性与描述对象：即心理旋转的思想。在实验中，谢波德把被试看做是以一种与实际物理对象的运动一致的方式在心理上旋转一个外在对象的内在类推。在解决给定的问题时，内在装置的每一状态对应于在两种输入刺激中所描述的两种取向之间的中介取向。这种实验模式给我们所留下的最为深刻的启示是：应把装置看做是缩小中介取向的一种安排顺序。

马尔创立的视觉理论在图像处理、计算机视觉等领域最有影响。马尔认为，在视觉的初期阶段，视觉信息主要有两种：图像光强度的变化和图像的局部几何性质。其理论的整个过程是从计算局部性质出发，通过对局部细节信息的计算来描述图像中大范围的信息。马尔理论在分析图像细节信息方面获得了成功，然而在对图像整体信息的获取方面却遇到了困难。因为马尔的视觉理论把视觉看做是自下而上的三级加工过程，否认了高层次知识的参与在视觉形成中的作用。这一理论把视觉过程理解为功能模块，认为对机器视觉只能按三个层次进行，没有计算水平就不存在算法水平，更不能在硬件水平上进行模拟。实际上，马尔的视觉模型意味着视觉计算的特征是离散的特征、符号及其内部表象。由此看来，其理论并未脱离人工智能符号论的范畴，在其模型中并未蕴涵网络权重的连续变换，因而只能是一种非离散的模拟运算。这可能也是其模型不能获取图像整体信息的重要原因。但这并不是说马尔的理论毫无用处，实际上在马尔之后所出现的很多视觉理论都以马尔的理论为基础探讨了视觉的生物学机制。所以，对马尔的视觉理论应一分为二，既要充分估计其在认知科学发展史上的地位，又要用新的科学事实修正其理论的不足。

2. 克洛斯伯格的视觉神经理论

克洛斯伯格(S. Grossberg)对从低水平视觉向高水平视觉转换的问题进行了研究,建立了视觉神经系统理论——视知觉组织神经动力学系统理论。该理论揭示了视知觉自组织过程的一些神经机制,在国际上受到了极大的重视。这种知觉组织神经系统理论主要包括边界轮廓系统(BCS)和特征轮廓系统(FCS)。这种理论强调了竞争与合作的对立统一作用,强调了边界轮廓对特征填充扩散的阻挡作用。运用这种理论可以解释很多视觉现象,并且这种理论也得到一定的生物视觉神经系统研究数据的支持,为机器视觉、人工智能和脑科学等研究领域开创了一条新的研究途径。

克洛斯伯格等人所设计的模型认同视觉系统的神经物理学特征。他们认为BCS包括一套定向的网罩,这些网罩对边界的方向和跨越边界的数量对比敏感,而对跨越单元的方向对比不敏感。BCS自身精致地类似于简单的、复杂的和高度复杂的细胞单元。在一单个细胞中,对比的方向是黑—白;在其他细胞中,对比的方向是白—黑。让这两种细胞的输出映射到第三个复杂的细胞上,结果发现这种复杂的细胞对表象中的边界方向对比并不敏感,但它却对边界位置敏感。这些复杂细胞的输出依次前馈到高度复杂的细胞,并以尊重取向约束的形式而被联结起来。

在BCS中,定向网罩通过几种不同的方式而发生相互作用。类似的定向网罩聚集成行,而临近的网罩是相互竞争的。在定向式网罩之间存在着一短时程竞争的最初阶段,这些短时程竞争过程所提供的是终点—抑制。在共线邻近网罩之间的竞争缺失的情况下,系统对沿着线的长度而扩散的活性并不进行约束。因此,系统在设置线的终点时面临严重的问题。在这种意义上,系统所拥有的信息是冲突的,但在加工的第二个阶段,这种冲突得到了解决。

竞争的第一阶段的输出进入竞争的第二阶段后,不同方向的网罩在同一位置上竞争。如果一个方向的网罩变得抑制,其垂直的部分就变得兴奋。我们可以把系统在这个阶段的单元设想为是对高度复杂细胞的类推。竞争的第二个阶段的输出进入第三个阶段,此定向式网罩在一定的距离上再次汇聚成行,相互共同操作,这被称为长时程共同操作,这样就可以沿着一条幻想的轮廓线引起边界完善。由于从复杂单元到高度复杂单元的信息是前馈的,而高度复杂的单元是相互共同合作的,并发送反馈信号去干涉复杂细胞;复杂细胞反过来又会激活新的受干涉的高度复杂细胞,并导致进一步的激活反馈,这种特殊的过程被称为竞争—合作反馈转换。复杂细胞是相互竞争的,这种竞争对于标记线性终点是相当重要的。

由于在这种模型中找不到恰当的易于理解的方法来处理单元的特征或其联结，因此只有通过对很多方程进行解释才有可能理解这些问题，而这又是一个非常艰难的过程。

概括起来说，视觉是辨别外界物体的形状、明暗和颜色特性的知觉。BCS 本身最多只能产生一个概括的感觉世界，主要用于形成物体的形状描述；FCS 本身最多只能产生一个无准确形状的特征量的感觉世界，用于实现视觉对明暗和颜色的知觉。BCS 和 FCS 这两者是相互作用的，边界轮廓阻挡着特征填充的扩散过程，从而生成一个合成的边界轮廓，以限制特征的流动，使其不超出画面的边界。因此，我们认为，FCS 除了具有形成明暗和颜色的知觉作用外，还应该具有对 BCS 的反馈作用。关于 BCS 具有形成不可见边界的作用的证据是不充分的，因为对于整体结构而言，BCS 所形成的边界信息只反映了同定向边界信息的整合作用。该边界信息是比轮廓信息低一级的整体信息，具有一定的不确定性，所以只有进一步通过 FCS 所进行的特征扩散与阻挡的相互作用，才能去掉虚假的噪声边界，修正不准确的边界，最终形成一个确定的整体结构——轮廓。BCS 和 FCS 的相互作用过程，实质上是通过扩散与阻挡神经机制整合轮廓信息的过程，它能够将不同定向的边界信息组织起来，形成轮廓信息，同时进一步抑制区域内的随机干扰。

从上面的理论分析中可以看出，竞争与合作的神经学原理是 BCS 运行的本质；扩散与阻挡神经机制是 FCS 遵循的规律；而信息整合的实现则是神经学原理作用的结果。

3. 欣顿的视觉加工理论

根据马尔有关对象再认的理论观点，在视觉的联结主义研究中所面临的主要问题是从其视点依赖描述中发现对象的视点独立表征。受马尔的影响，从 20 世纪 80 年代初开始，联结主义研究者在视觉方面做了大量的研究工作，欣顿的形状再认模型就是受这种研究的启发而提出的。

这种模型是由四个层次组成的。最底层是视网膜单元，它们对投射到视网膜上的原始视觉特征，即在视网膜上可觉察的不同方向的线进行编码。视网膜单元根据视网膜并列系统提供了有关刺激的特征描述。第二层是映射单元。它可以提供视网膜限定特征和对象集中特征表征之间的映射。马尔认为，对象形状的描述是相对于一个参照框架而产生的，形状再认模型就是对这一观点的执行。映射单元的任务是给视网膜特征强加一参照框架，以便这些特征与在对象并列中说明的同样特征相匹配。第三层是对象特征单元。这些单元编码是从视网膜并列中抽取出来的特征信息。这些对象特征单元集中编码呈现于视网膜上的特征信息的分布表征，因为对象特征单元之上的激活模式是平行分布表征的。第四层是对象单元。与由对象特征单元所获得的分布表征相比，对象单元获得了局部表征。不同的对象单元所表征的对象是不同的，因为每一特殊对象代表了不同对象的规范描述。所以，鉴于视网膜单元编码对象的视点依赖表征，对象单元提供了相应的对象集中或视点独立描述，而映射单元则影响着视网膜单元和对象集中并列单元之间的转换。

可以把这种模型的操作概括如下：当落在视网膜上的恰当的原始特征刺激视网膜时，视网膜单元就被激活了。然后，这些单元又激活所有与其联结的恰当的映射单元，而映射单元又依次激活所有高级的基于对象的单元。从这方面看，信息是自下而上传递的。严格地讲，每一视网膜单元及映射单元的活性被发送到合适的基于对象的单元，当基于对象的单元的活性影响了映射单元的行为时，信息就自上而下传递。同样，每一对相互激活的视网膜单元和基于对象单元的结果被发送到映射单元。但值得注意的是，基于对象的单元、基于视网膜的单元和映射单元之间的门控联结。欣顿认为，每一对激活的基于对象的特征，及其相应的视网膜特征，把活性发送到恰当的映射单元，而映射单元通过控制视网膜单元和基于对象单元之间的活性而操作；映射单元保持抑制状态，就可以使基于对象的单元和视网膜特征单元之间的不恰当门控联结失效。

这种模型存在着一定的附加约束，即在视网膜单元和基于对象的单元之间只能存在一个映射单元。在表象中，在给定的位置上，只有一个特定方向和大小的对象。通过让映射单元经由抑制联结与另一个映射单元进行竞争，这种约束才能得以实现。

虽然欣顿模型在给一输入形状分派正确的基于对象的描述时传递了足够的信息，但是如果将其视为人类视觉加工的心理学模型，它就应该展示更多的东西。欣顿等人认为，如果允许网络完善运行，它就不会犯错误；但是，如果一个随机网罩代替了先于网络进入稳定状态的表象，那么就会得到字母特征的幻想联合。如果网罩在输入之后迅速出现，那么网络就会使其自身构形于单元的随机激活模式。因此，网络不得不紧随输入，在幻想联结的特定重要时期之后发生，这与人类产生错觉的情形非常相似。

在对欣顿模型进行评价之前，我们有必要搞清楚此模型的几个一般特征。首先，通过操作映射单元，就能够在视网膜的任何位置、大小和方向上接受一个输入字母，然后将其与其形状的内在规范表征进行匹配。这显然比传统的模式再认的模板匹配观点具有优越性，因为它不考虑视网膜上的位置、大小和方向上的变量。在欣顿模型中要求有大量的联结，欣顿等人认为，需要 N^2 个门控联结来把 N 个视网膜特征映射到 N 个基于对象的特征上。这种对于加工单元的要求使人们对这种模型的神经学的合理性提出了质疑。

根据鲁梅尔哈特(D. E. Rumelhart)和麦克莱兰德(J. L. McClelland)的观点，使用欣顿模型也可以在神经网络中对注意机制进行模拟。他们认为这种模型可以说明，注意焦点如何能在一段时间内仅让输入模式被映射到规范的特征单元的约束而在模式再认中起作用。他们对这一观点进行了扩展，并认为也可以通过映射单元来编码转换映射，就像旋转映射那样。网络模型的注意可以通过启动一个选择性的转换映射单元而从一个对象转移到另一个对象，这可能是注意焦点随着注意领域的移动而移动的缘故。

当然，运用这种模型也可以模拟对随后出现的形状的预期。例如，假设提前知道了一个给定形状、字母的一致性，要模拟这一点，将先于输入而启动与字母对应的对象单元和对象特征单元。当呈现字母时，将启动合适的视网膜特征单元。此时系统所面临的唯一问题是在一套视网膜单元和一套相应的对象特征单元之间发现一恰当的映射。如果先前不具有这些知识，那么模型的加工速度就会很慢。但现在由于预先知道了这些情况，因此模型的加工速度将会大幅度提高。因为在这种情况下，我们就不得不决定一个适当的映射单元以及可能的对象特征单元和对象单元究竟是什么。

最后模型给输入形状强加了一个参照框架。事实上，马尔在其对象再认观点中就认为，参照框架的强加应该是自下而上的，而不应求助于有关任何对象形状本质的任何知识。他认为，加工的最初阶段，模型对表象物的几何学特征很敏感，模型可以在没有强调关于特殊对象形状的特殊知识的情况下发现这些表象物。他最为彻底地考察了关于双边对称对象的本质的特殊观点，也讨论了关于装置对表象物的毛拉长(gross enlongation)敏感的其他思想。就这种观点而言，参照框架的强加主要是由对称轴或延长轴决定的，这种观点得到了很多经验事实的支持。

对欣顿模型的不满引起了在联结主义研究领域对如何解释对象再认的进一步研究。宰麦尔(R. S. Zemel)等人提出了 TRAFFIC 模型。他们认为，对象再认是从视点依赖表征到视点独立的对象集中表征的过渡过程。因此 TRAFFIC 也被看做是作为“转换特征事例的过程”的对象再认。颇吉奥(T. Poggio)和艾德尔曼(S. Edelman)[1]认为,一个对象的任何透视视界均可经由一平滑的函数映射到一标准的视界上,而且这种函数是从少数视界中获得的。换句话说,就是要把对象再认刻画为能够把任何透视视界映射到一个储存的标准视界上的函数,而且这种函数可以通过使系统经历少量的视界而获得,这样就突出了对象再认理论的基础。颇吉奥和艾德尔曼也由此着手建构神经网络,以揭示一个对象的几个视界。而艾德尔曼和温沙尔(Weinshall)[2]描述的模型则具有一个模拟的视网膜,并且可直接从视网膜上获取真实的表象资料。再者,它是在缺乏监督的情况下进行操作的,即并不是训练它去再认一个相对于那个图形的预先决定视界的目标联结图形。它可以简单地获得对再认有用的图形表征,因而模型没有必要与目标对象的标准视界相互初始化。

联结主义认知心理学关于视觉信息加工的几种模型说明了人类知觉的一些最基本的问题,而且它们也可能会为我们提供大脑如何作为知觉机而进行操作的一些说明。仅就马尔的三水平解释理论而言,关于视觉加工的联结主义观点可能会成为硬件水平和表征与算法水平的中介和桥梁。联结主义认知心理学比较充分地说明了高水平现象如何从神经单元之间的相互作用中突现出来,所以我们有充分理由相信,它也能为我们提供恰当的计算观点。虽然我们比较了马尔和欣顿的观点,但显然这些都是不现实的。因为仅仅建构一种或几种联结主义认知心理学的模型根本不可能解决心理功能的深层次理论问题,况且这些模型在神经学方面也缺乏一定的合理性。视觉是人类最基本的心理现象,但这种最基本的心理现象也是通过大脑内部大量神经元的相互作用才形成的。通过联结主义认知心理学的模型研究来说明人类的视觉心理,必然会对模型中的硬件水平要求很高,即模型中必须包含大量的加工单元,这是联结主义认知心理学模型目前尚无法做到的,但这种研究策略却为我们从事视觉心理的研究开拓了一种新的视角。

二、学习和记忆

学习和记忆是人类智能的根本特征,是人和动物获得关于外界知识及储存和提取这些知识的神经过程。心理学一直把学习和记忆作为研究的主

① Poggio, T. & Edelman, S. "A network that learns to recognize 3-dimensional objects." *Nature*, 1990, 343. pp. 263～266.

② Edelman, S. & Weinshall, D. *A self-organizing multiple-view representation of 3D objects*. Cambridge, MA: MIT AI Laboratory and center for Biological Information Processing.

要内容。在心理学发展的过程中，曾出现过众多的学习和记忆理论。它们在探讨学习和记忆的本质、指导人类学习和记忆方面发挥过巨大作用。但究竟什么是学习和记忆？其本质到底是什么？心理学家却一直没有取得公认的结论。作为对生物脑更接近模拟的联结主义在学习和记忆方面又有什么看法？它们能否说明学习和记忆的本质？这是我们将要着重讨论的问题。

1. 学习

学习是人类智能行为和其他高级精神活动的基础，是人脑对先前经验的积累。心理学家对学习问题进行了大量研究，提出了众多的学习理论。这些理论或多或少地从某些方面揭示了学习的本质，但由于它们大多以动物作为被试，当将其运用到人类时，则暴露了其局限性，因此联结主义认知心理学对此又进行了进一步的研究。

联结主义网络模型的一个重要特征就是学习。联结主义是将具有神经元功能的大量单元组合成网络，考察其平行的动态特征。以此立场来看，所谓学习就是联结权重的变化，是原来的联结消失而产生一种新的联结关系。或者说，联结主义所谓的学习就是对联结权重的适应性变化，通过联结权重的改变以使实际输出与期望输出相符合。联结主义神经网络的功能特性是由其联结的拓扑结构和突触联结强度所决定的。联结主义网络的全部联结权重可以用一个权重矩阵来表示，其整体内容反映了网络对于所解决问题的知识储存。联结主义网络能够通过对样本的学习训练，不断改变网络的联结权重以及拓扑结构，以使网络的实际输出不断接近期望的输出，联结主义的学习过程就是不断调整网络的联结权重以获得期望输出的过程。因此，如何调整联结权重就成为联结主义有关学习研究的一个重要问题。

（1）联结主义认知心理学的学习规则。

联结主义认知心理学的学习规则就是其调节权重的方法。一般来说，有两类较为典型的权重调整方法，即相关学习和误差修正学习。

第一，“赫布学习规则”。相关学习的思想最早是由赫布提出的，现已得到神经细胞学说的广泛证明，人们一般将之称为“赫布学习规则”。

赫布是加拿大麦吉尔大学的心理学教授，曾在哈佛大学主持过心理学讲座。1949 年出版了《行为的组织》，在该书的序言中，他写道：“在这本书中我尝试着把几条不同的研究路线糅合在一个具有普遍意义的行为理论中。这一理论试图在神经生理学和心理学之间架起一座桥梁，这一桥梁同时也把实验室的心理学与临床的问题连接起来。”在该书的第四章中他提出了一个神经生理学的假说，认为重复持续的活动可导致神经细胞的长时程变化，并可以固定下来。在该书中赫布是如此描述这一假说的:"当神经细胞A的轴突足够接近细胞B并能使之兴奋时,如果A重复或持续地激发B,那么在这两个细胞或其中一个细胞上必然有某种生长过程或代谢过程的变化,这种变化使A激活B的效率有所增加。"[①]换句话说,赫布所提出的关于神经元学习的规则的基本思想是:如果一个单元接受来自另一单元的输出,那么如果两个单元都高度兴奋,则两个单元之间的联结权重就会得到加强,即两个单元之间的权重变化与其活性之积成正比。用公式表示即为:

$$\Delta W_{ij} = \varepsilon r_i r_j \qquad (4\text{-}1)$$

其中ΔW_{ij}是单元i和j之间的联结权重的变化量;

ε是学习率,它是一个常数。

r_i和r_j是一次尝试中单元i和j的状态,单元i和j用1表示ON,用0表示OFF。只有当两个单元在某次尝试中均处于ON状态时,联结权重才会发生改变,而联结权重的改变依赖于学习率ε,因此预设ε可以决定权重改变的速度。这种规则是一种无导师学习规则,因而它不能对网络的学习提供任何反馈,其权重的初始值一般为接近于0的随机值。虽然运用赫布规则曾成功地训练了很多联结主义网络,但在运用这一规则训练一个标准的三层前馈式神经网络时,却遇到了困难。主要是由于赫布学习规则只对同时激活的单元之间的相互关系敏感,而此不足以保证网络去学习整个激活模式之间的必要的联系。因为在很多情况下,成功学习要求更多的与成对单元之间的活性相称的权重改变。显然,赫布学习规则不能成功地训练三层前馈式神经网络。

第二,"Δ规则"。误差修正学习方法是联结主义的另一重要的学习方法,这种学习的方法就是人们通常所说的"Δ学习规则"。为了克服赫布学习规则的局限性,研究者意识到学习程序是由运用相应的输出模式和期望模式对之间的差异来调节权重而进行的,因此应把实际输出和目标输出之间差异的大小作为改变权重的指示器。正是基于这种认识,鲁梅尔哈特和麦克莱兰德在联结主义网络模型的训练中引进了"Δ规则"。这种规则是对于具有连续活性函数的神经元的一种有导师学习规则,也是一种梯度下降的学习规则。它主要是通过把完全的输出模式与完全的目标模式相比较而操作的。具体来说,这种学习方法包括以下几个步骤:首先,选择一组初始权重值;然后计算与某一输出模式对应的实际输出与期望输出的误差;然后

① Hebb, D. O. (1949). *the Organisation of Behavior: A Neuropsychological Approach*. New York: John Willy & Sons, p. 62.

再更新权重值；最后再计算与输入模式相对应的实际输出与期望输出的误差。如此循环往复地对网络进行训练，直到对所有的输入模式，网络均能给出满意的输出为止。

“Δ 规则”说明的是两个神经单元之间权重的改变依赖于与特定神经单元有关的误差程度和期望网络达到目标的速度。为了计算误差，期望输出必须是容易接近的，据此可以把“Δ 规则”看做是有导师学习的特例。当实际输出与期望输出相匹配时，没有误差，权重也不会发生改变，但这是一种理想状态，出现的可能性极小，因为如果出现这种情况，学习就会停止。事实上，“Δ 规则”就是最小均方(LMS)规则，其目标就是实现实际输出与期望输出之间的最小均方差。

1962 年，美国斯坦福大学教授维德洛(B. Widrow)提出了一种有导师学习规则。其目标是使神经元的活性与规定输出之间的均方误差最小，即“Widrow-Hoff 学习规则”，又称为“最小均方规则”。可以把这种规则看做是“Δ 规则”的特例或“Δ 规则”的概括化。

新近的研究表明，神经网络结构的拓扑变化在网络的学习中也起着重要的作用。这意味着，神经网络的学习不仅体现在权重的变化上，而且也体现在网络结构的变化上。实际上改变神经网络的拓扑结构与修正权重的方法并不矛盾，从一定意义上讲，二者具有补充作用。改变网络拓扑结构的学习方法已在反向传播学习中有所运用；而且已有报告指出这种方法相对于改变权重的方法在技术上有一定的优势。

可以说，联结主义网络的学习方式是决定网络信息加工性能的第三大要素，因此有关学习的研究在联结主义的研究中占有重要地位。

(2) 联结主义的学习分类。

尽管联结主义的学习算法很多，但根据其学习体系和类型，可以划分为以下几种类型。

第一，监督学习。监督学习也称为有导师学习，这种学习模式采用的是纠错规则。它是指由一位外部导师给网络提供更为复杂的反馈形式，即无论网络何时产生输出，导师均给其提供关于期望输出的详细说明。这样，就能使网络从导师所给予的反馈中了解到自己的输出与期望输出的差距，然后运用一定的算法来调整单元层的权重值，以使误差减少直至预先所确定的允许值，此时网络的学习就告一段落。这种学习方式非常类似于儿童在教师指导下的学习，因而被称为有导师学习。对于这种学习，网络在能执行工作前必须进行训练。当网络对于给定的输入能产生所需要的输出时，就认为网络的学习和训练已经完成。

第二，强化学习。强化学习是利用某一表示"奖惩"的全局信号，衡量和强化与输入相关的局部决策如何。此处的局部决策所指的是权重和神经元状态的变化。强化信号与复杂的教师信号有所不同，它比较单一，只表示输出结果的"好"与"坏"。强化学习需要的外部预知信息很少，当不知道对于给定的输入模式应有何种相应的输出时，强化学习能够根据一些"奖惩"规则得出有益的结果。由于无论如何这种学习也是网络在外界强化信号（导师/奖惩）对其每一输出提供是正确还是错误的信息的条件下所进行的学习。因此，从本质上说，强化学习也是一种监督学习。

在有监督的情况下，提供给网络学习的外部指导信息越多，网络学会并掌握的知识就越多，解决问题的能力就越强。但是，有时网络所解决的问题的先验信息很少，甚至没有，这种情况下无导师学习就显得更有实际意义。

第三，无监督学习。无监督学习又称为无导师学习，是指网络在缺乏外界所提供的任何形式的反馈条件下所进行的学习。就是说在这种学习模式中，网络的权重调节没有受到任何外来教师的影响。但在网络内部则对其性能进行监控，网络在输入信号中不断地寻找规律，并根据网络的功能进行自适应调节。尽管在这种学习中没有受到外来影响，但网络仍需要一些信息以进行自组织。无监督学习强调的是加工单元之间的协调。如果外界输入激活了加工单元群中的某一节点，则整个加工单元群的活性随之增加，相反就会引起整个加工单元群的抑制效应。无监督学习具有很诱人的性质，因为从某种意义上说，网络是在自己指导自己。

在无监督情况下，网络的学习存在一定的不足之处。因为要想改变权重，网络就必须首先知道输出单元的情况，否则网络就无法学习。虽然在无监督学习的情况下，网络不需要由外部导师提供期望输出模式，而是通过产生其自己的输出模式来进行学习，但这种学习是一种非常简单的网络学习。如果网络的复杂程度更高，学习任务更难，则网络就无法进行学习。

第三，死记式学习。这种学习是指网络事先设计成能记忆特定的例子，以后当给定有关该例子的输入信息时，例子便被回忆起来。死记式学习中网络的权重值一旦设计好就不能再变动，因此其学习是一次性的，而不是一个训练过程。

2. 记忆

记忆是与学习密切相关的人类智能的另一根本特征。如果说学习是人和动物获得外界知识的神经过程，那么记忆则是将获得的知识储存和读出的神经过程。

联结主义神经网络是借鉴生物神经网络而发展起来的新型智能系统。

由于它在结构上模拟了人脑的生物神经系统，因而在其功能上也表现出了某些智能特点。在记忆方面，可以说联结主义所表现出的最明显的特点就是它具有联想记忆的能力。

由于联结主义神经网络具有分布式储存信息和平行计算的能力，因此它具有对外界刺激信息和输入信息模式进行联想记忆的能力。这种能力是通过神经元之间的协同结构以及信息处理的集体行为而实现的。联结主义网络是通过其突触联结权重值和联结结构来表达对信息的记忆，这种分布式储存使网络能够储存较多的复杂模式和恢复所记忆的信息。网络通过预先储存的信息和学习机制进行自适应训练，可以从不完整的信息和噪音干扰中恢复原始的完整信息，这一能力使其在图像复原、模式识别等方面具有巨大的潜在应用价值。联想记忆有两种基本形式：自联想记忆和异联想记忆。前者是指网络中预先储存多种模式信息，当输入某个已存储模式的部分信息或带有噪音干扰的信息时，网络能通过动态联想过程回忆起该模式的全部信息；后者是指网络中预先储存了多个模式对，每一对模式均由两部分组成，当输入模式对的一部分时，即使输入信息是残缺的或叠加了噪音，网络也能回忆起与其对应的另一部分。

联结主义所关心的问题就是如何用权重的变化来解释记忆的变化。联结主义者认为，记忆的变化与联结权重的变化之间是等价的。对此问题，最好是考虑如何把权重变化分析为记忆变化，以及如何把一个网络说成是在其单元的联结之间储存信息。要解决这一问题，最简单的方式就是运用最简单的网络即模式联合者来说明。

模式联合者是由一个输入单元层、一个输出单元层、一个介于这两种单元之间的可调整联结层组成的。在模式联合者中不存在隐含层。模式联合者有可能是最简单的联想记忆，其目的在于训练网络，并使网络把每一输入模式与给定的输出模式相联系。从程序上说，这种训练包括两个阶段，即呈现阶段和训练阶段或验证阶段，并且这两个阶段之间存在着明显的界限。在训练期间，每一模式被依次呈现，而附加于可调整联结层上的权重也根据一定的学习规则而发生相应的变化。如果在验证阶段，模式联合者工作顺利，那么，当给其呈现一个给定的输入模式时，与其相应的输出模式在输出层上就得到了自然而然的增长。模式联合者中所允许的唯一变化就是权重的变化，而一旦权重发生变化，记忆也随之发生相应的变化，并且记忆的变化与权重的变化是相等的，即模式联合者之类网络中的学习和记忆是对联结权重的适应性变化。当把一个已知的输入模式呈现给网络而网络也试图重新产生一个正确的输出模式时，这一给定模式就得到了再认。如果在测验阶段，网络所产生的输出模式是正确的，我们即认为它可能存在于网络之中。然而，这与传统认知心理学对记忆的说明是不同的，因为在网络中并不存在输出模式的内在复制品。按照联结主义的观点，在网络中所储存的都是与权重相联系的权数。在这种意义上，联结主义系统中的信息储存类型与在主流认知心理学中所讨论的“局部”表征图式所设想的信息储存显然是不相同的。在联结主义网络中所储存的是数值(权重值)，当进入输入—输出函数的形式时，可以对其他单元状态进行恰当的说明。从本质上来说，联结主义所呈现的记忆类型是重构性的，通过变换网络联结权重的功能，即通过改变激活模式，就可以使记忆得到重构。因此，由联结主义模型所显示的记忆类型是重构型的，通过把激活模式转换为网络联结权重的函数而重构记忆。所有这些反过来启示了内容寻址记忆观念。

联结主义认知心理学家运用内容寻址记忆策略来说明模式联合者的记忆，这与传统的人工智能系统有着明显区别。对于模式联合者而言，当给一组输入单元附加一输入模式时，网络就能在输入单元和输出单元之间的联结中重新获得信息，构成输入单元组成部分的内容与联结权重之值相加，就可决定能回忆起何种信息。就此而言，输入的内容决定着回忆的内容。但必须注意的是，认为这种研究定向可以全面说明人类记忆的观点是值得商榷的。因为这种研究定向至少忽视了一个基本问题，即输入是如何与网络发生联系的，输入到网络的映射是通过什么来进行的。

联结主义认知心理学所研究的记忆包含两层含义，即信息的储存和回忆。通过学习，联结主义网络就将所获得的知识信息分布储存在联结权重的变化上，并具有相对的稳定性，可见，网络学习的过程也就是其储存记忆的过程。一般来说，储存记忆需要花费较长的时间，但一旦形成了某种记忆，它就具有相对稳定性，能够保持相当长的时间，即长时记忆；但是，在学习期间，网络计算给定输入模式的输出状态的速度很快，但记忆保持的时间却很短，这种在学习期间所发生的记忆被称为短时记忆。而且，在联结主义网络中，由于各单元的相互联结，一个单元的兴奋或抑制能够引起相邻或相关单元的兴奋或抑制，因而，联结主义网络的记忆也具有联想的特性，或者说，联想记忆是联结主义记忆的一个重要特征。

当把这种学习和记忆理论运用到诸如霍普费尔德网络和波茨曼机之类的联结主义网络模型之中时，这些模型都显示了较强的学习和记忆能力，说明联结主义网络模型确实具有一定的学习和记忆能力。由于联结主义网络模型是对生物大脑的最接近的模拟，因此，对网络模型学习和记忆能力的研究和揭示，可能最能反映真实大脑学习和记忆的实际情况，这种模拟研究对于我们了解和掌握人类大脑学习和记忆的本质不无助益。

3. **学习和记忆的模型操作**

(1) 霍普费尔德网络。

第一，霍普费尔德(J. J. Hopfield)网络的构成。1982年，霍普费尔德提出一种神经网络的数学模型，并研究了该网络的动力学性质。这种模型是建立在记忆状态可被分析为类似于动力物理学系统的固定状态的思想的基础之上，把理论分析与动力系统稳定性分析方法结合起来，从而为获得有关神经网络的联想记忆问题的可解模型提供了理论条件。

霍普费尔德所提出的神经网络模型有两个重要功能，即储存信息和提取信息。在典型的对称性霍普费尔德模型中，其系统的动力学趋于使能量函数达到最小值，生物学的噪音或神经元的背景活动可用温度表征，这就使神经网络具有统计力学或热力学的特性。霍普费尔德模型及其统计力学理论不仅增加了神经网络的理论概念，还发展了神经网络的计算方法，解决了网络中神经单元数与储存模式数量之间的关系，以及网络噪音与神经单元储存效率之间的关系。霍普费尔德的能量函数和网络自由能概念是其理论的基石。网络从高能状态到达最小能量函数状态，则得到收敛，给出稳定的解，完成网络功能，这是该理论的核心思想。这种理论实际上把脑看成是由大量结构简单、动作相同的单元所组成，与固体物理学的模型——自旋玻璃(spin glass)相似，每个单元的方向和位置是随机的，由这些单元在空间相互竞争所确定。对于整个网络来说，如果各神经元之间的联结强度是对称的，且其变化是非同步的，则网络不断变化，进行迭代直至收敛于某一点；如果网络中全部神经元的变化是同步的，则网络变化是周期性的；如果各神经元之间的联结是非对称性的，则网络可出现三种状态：定点收敛、周期性变化和混沌状态。

第二，对霍普费尔德网络的基本说明。霍普费尔德网络采用了"死记式"学习方式，其权重一经确定就不再改变，网络中各神经单元的状态在运行过程中不断更新，网络演变到稳定状态时各神经单元的状态就是问题的解。

霍普费尔德网络有离散型和连续型两种。离散型的霍普费尔德网络是一种单层全反馈网络，其特点是任一神经元的输出均通过联结权重反馈到所有神经元作为输入，其目的是为了让任一神经元的输出都能受所有神经元输出的控制，从而使各神经元的输出能够相互制约。在霍普费尔德网络中，神经元状态的调整次序可以按某种规定的次序进行，也可以随机选定。每次神经元在调整状态时，根据其当前净输入值的正负决定下一时刻的状态,因此其状态可能会发生变化,也可能保持原状。下次调整其他神经元状态时,本次的调整结果即在下一个神经元的净输入中发挥作用。霍普费尔德网络是一种能储存若干个预先设置的稳定状态的网络,在网络运行过程中,当向该网络施加一个起原始推动力的初始输入模式后,网络便将其输出反馈回来作为下次的输入。经过若干次循环之后,在网络结构满足一定条件的前提下,网络最终将会稳定在某一预先设定的稳定点。

网络所达到的稳定状态就是吸引子。网络的最终行为是由其吸引子决定的,吸引子的存在为信息的分布储存记忆和神经优化计算提供了基础。如果把吸引子看做问题的解,那么从初始状态朝吸引子演变的过程便是求解计算的过程。如果把需要记忆的样本储存于网络不同的吸引子,当输入含有部分记忆信息的样本时,网络的演变过程便是从部分信息寻找全部信息,即联想回忆的过程。

能使网络稳定在同一吸引子的所有初始状态的集合,就是该吸引子的吸引域。要想使反馈网络具有联想能力,每个吸引子都应该具有一定的吸引域。只有这样,对于带有一定噪音或缺损的初始样本,网络才能经过动态演变而稳定到某一吸引子状态,从而实现正确联想。反馈网络设计的目的就是要使网络能够落到期望的稳定状态上,并且还要具有尽可能大的吸引域,以增强网络的联想功能。稳定点越多,网络的联想和识别能力就越强。但是,稳定点数目的增加可能会引起吸引域的减小,从而使联想功能减弱。稳定点在空间分布越均匀,吸引域越大,那么网络的容错能力和自适应能力就越强。

吸引子的分布是由网络的联结权重所决定的,因此设计吸引子的核心就是如何设计一组合适的权重值。

第三,霍普费尔德网络的记忆功能。利用霍普费尔德网络的稳定状态可以实现联想记忆功能。霍普费尔德网络在拓扑结构及权重矩阵都一定的情况下,能存储若干个预先设置的稳定状态;而网络运行后达到哪个稳定状态将与其初始状态有关。因此,若用网络的稳定状态代表一种记忆模式,初始状态朝着稳定状态收敛的过程便是网络寻找记忆模式的过程。可把初始状态看做记忆模式的部分信息,网络演变的过程可视为从部分信息回忆起全部信息的过程,通过这种方式,网络就实现了联想记忆功能。

一般来说,人脑中对给出一种事物得出其对应事物的途径有两种形成方式:一种是按时间顺序对相关事情进行思考;另一种就是通过事物本质特征的对比来确认事物的属性,从提示信息或局部信息对事物进行回忆或确认。这两种基本方式用计算技术的术语来说,就是按地址寻址和按内容寻址两种探索方法。按内容寻址就是基于事物全部或者部分特征来找出目标事物。寻找过程就是对事物之间的特征进行对比，而不必知道这些事物的具体存储地址。从匹配过程看，这种方法不需要地址的管理与变换，这就有可能提高查寻速度；从观念上来看，这种方法接近人的思维方法，因为在人脑辨识决策过程中，绝大多数是基于事物之间的联系，也就是联想过程。但是，这种方法在传统计算机上用确定性算法难以实现，而在神经网络中却能提供一种较好的实现方案。

由于霍普费尔德网络模型具有记忆能力，因此艾里克三德(Aleksander)和莫顿(Morton)对霍普费尔德网络非常感兴趣。他们综合了霍普费尔德网络的观点，并对这种网络模型如何能储存几套模式表现出了极大的关切。可以把一个给定的模式定义为关于 0s 和 1s 的向量，向量中的每一元素对应于网络中的一个单元，而且元素的值标志着单元的状态。网络中储存了一套模式之后，当在验证阶段再次呈现一个模式时，记忆对应于先前进入网络的固定状态。这种模型的一个特征就是如果在验证阶段，给网络呈现一个与先前所学模式部分相像的模式，那么网络将进入对应于原初模式的吸引子；如果在验证阶段模式只能说明原初模式的一部分，那么系统也将进入恰当的吸引子。以这种方式，系统模拟(models)模式完成了回忆。这是操作内容寻址记忆的另一方法，即输入的内容决定回忆起什么。霍普费尔德网络由初始状态向稳定状态演化的过程就是寻找记忆的过程，即从一个不完整的模式向一个完整模式演化的过程。这种记忆方式被称为内容寻址记忆，它与实际神经系统的记忆方式十分类似。

实际上，神经网络的联想记忆只需存储输入—输出模式之间的转换机制，而不必像传统计算机那样存储各输入、输出模式本身。神经网络的权重矩阵就是把各种输入模式映射成相应输出模式的转换机制。这种映射是对模式的整体而言的，在组成输入—输出模式的各元素之间，并不存在一对一的映射关系。

传统数字计算机的地址寻址方式要求给出地址的全部信息。而对按内容寻址记忆方式工作的神经网络而言，只要给出输入模式的部分信息，网络便能正确地联想出完整的输出模式。这是因为在分布式储存方式中，不论是输入模式还是权重矩阵中，少量且分散的局部信息出错，对整个转换结果的全局而言是无关紧要的。神经网络的这种容错性使它具有辨别含噪音或残缺的模式的能力。

在对这些思想进行最初的神经网络模拟时，霍普费尔德运用了麦克洛奇和匹茨的具有不同时更新特点的兴奋/抑制神经元。在已知的网络内每一单元直接从环境和其他单元接受输入，但单元并不直接进行自反馈。如果假设单元之间的权重是对称的（如 $W_{ij}=W_{ij}$），那么就可以使网络收敛到某一稳定值。霍普费尔德提出了非同步更新的思想，认为已知单元在随机基础上对其输入进行质疑并决定其输入总和是否超过其阈限。如果满足这一条件，那么神经单元就将兴奋。事实上，非同步更新意味着一次只能加工一个单元。

霍普费尔德的主要成果之一是其随机非同步更新的特殊形式迫使网络以有限的几个步骤一直收敛到稳定状态的证明。证明的最初阶段是界定系统的总能量和刻画与前一能量情境（landscape）有关的行为。联想能量空间的维度性是由网络中的一些单元给出的。每一单元对系统的总能量都有一定的贡献。那么，系统的总能量究竟如何界定呢？霍普费尔德根据下列方程式定义了系统的总能量：

$$E=-\frac{1}{2}\sum_{i}\sum_{j\neq i} w_{ij}x_i x_j \qquad (4\text{-}2)$$

x_i 是第 i 个单元的状态；

x_j 是第 j 个单元的状态；

w_{ij} 是单元 i 和单元 j 之间的权重。

霍普费尔德认为，定义能量的目的是为了以类似的方式运用这种测量，所以首先是要寻找系统中每一单元的变化比率、能量的变化比率，以求出关于单元状态的能量微分：

$$\Delta E_i=-\Delta x_i\sum_{j\neq i}(w_{ij}x_j) \qquad (4\text{-}3)$$

ΔE_i 是与 Δx_i 有关的系统的能量变化，是第 i 个单元状态的变化；

$\sum_{j\neq i}(w_{ij}x_j)$是第 i 个单元的总输入。

方程式(4-3)可以使系统的能量降低或保持常性最小。如果单元 ON，那么单元的总输入一定是正的（状态变化＝＋1：单元从 0 到＋1 之间变化）。把这两个正数相乘（加），然后采用能量的总下降的否定结果。如果要改变这种单元的状态，就意味着单元的总输入必须是负的。由于单元的总输入是负的，因而单元中的变化也是负的。把这两个负数相乘就得到一个正数。但这种负值是方程式(4-3)所要求的。在此系统能量又一次下降了。如果单元不改变状态，那么系统的能量将保持常数。但这种方法的精致性是任何单元的状态改变都会导致系统能量的降低，直到达到能量的最小值，亦即单元状态的变换过程是一个能量的极小化过程。确实，一个与直觉相反的结果是，即使单个单元的状态变化了，系统的总能量也将保持常数。

在应用霍普费尔德网络的过程中，当把"要记住"(to-be-remembered)模式呈现给网络时，单元之间的权重被任意地分派并保持固定。霍普费尔德所讨论的这种方法可在方程式(4-4)中显示出来。

$$\delta w_{ij}=(2x_i-1)(2x_j-1) \tag{4-4}$$

δw_{ij} 是第 i 个单元和第 j 个单元之间的权重变化。

通过这种方法，处于不同状态的单元之间的相互联结的权重就减小了。

第四，相互约束满足。我们在此将考察由霍普费尔德网络所操纵的相互约束满足(mutual constraint satisfaction)。以只有两个相互联结的单元为例。单元的状态被看做是类似于基本命题的真或者假，此处 ON 标志真，OFF 标志假。反过来可把两个单元之间的联结权重看做是两个相应命题之间的逻辑关系。负权重标志着负关系，即两个命题不能同时为真。从操作上讲，两个单元之间的负权重意味着一个单元 ON，并阻止另一单元 ON。另一方面，正权重可以标志两个单元的联结。从操作上讲，一个单元 ON 将使另一单元也 ON。就这种方式而言，权重类似于约束，它们起着约束网络运算的作用。然而，在模拟心理过程时，这些约束被用来反映真实世界之间所存在的约束。当同时满足了所有可能的约束时，网络就处于稳定状态。

根据系统的能量，可进一步扩展这些思想观点。我们首先应该考虑的是能量空间的特征，因为它不同于权重空间。此处空间的维度性是由网络中的某些单元提供的，因为每一单元对整个系统的能量都有贡献。对方程式(4-2)的详细研究表明，系统的总能量是由相互激活的单元对之间的联结权重提供的。简单的模拟表明，激活单元是由为计算提供负值的正权重连接的；另一方面，激活单元是由为计算提供正值的负权重连接的，其目的是要减少系统的能量。这表明当负权重联结把很多共同激活的单元对联结起来时，系统的能量水平就增高了。当违背了局部约束的要求时，系统的能量就会降低。正如凯恩克(Kienker)、塞也诺斯基、欣顿和斯克昂克(Schumaccher)所说的那样："能量是关于网络如何满足所有约束的一种有用的测量。"①

第五，对霍普费尔德网络功能的修正。对霍普费尔德网络的最初说明涉及到模式完成和提示回忆，这就需要我们揭示在霍普费尔德网络中可储存多少模式。由于对于具有 N 个单元的网络，霍普费尔德网络仅能储存 0.15N 个无关模式，因此这是一个相对无效的储存装置。同时，当要求可靠

① Kienker, P. K., Sejnoski, T. J. G. E. & Schumacher, L, E. (1986). Separating figure from ground with a parallel network, *Perception*. 15, p. 204.

的模式时，其收敛速度很慢且可形成不合逻辑的证明。

霍普费尔德等人认为这种不合逻辑的记忆是不合理的，它只是一种"不符合逻辑的联想"。他们通过"消除性学习"(unlearninng)继续勾画一种修正这种不符合逻辑的记忆的方法。简言之，就是，让系统进入固定的状态，然后用其一定比例的固定状态值减少权重。这有助于减少与"真实"记忆相关的不符合逻辑记忆的特点。所有与此相关的问题是，虽然有很多"消除性学习"可以修正记忆系统，但却没有执行这种程序的原则性方法。

第六，霍普费尔德网络的功用及局限性。霍普费尔德网络不仅数学处理非常精致，而且网络提出两年后，霍普费尔德就设计出模拟该网络性质的电子线路，为模型的应用提供了成功的范例。最有名的就是运用霍普费尔德网络解决 NP 难解问题中的典型问题——旅行商问题。结果在很短的时间内，网络就提供了满意的答案。佩尔顿(Pelton)把这一问题看做是最优化问题。

霍普费尔德网络是具有一定规模和灵活联结关系的多层神经网络，在刻画网络的整体状态时，霍普费尔德指出网络状态的连续变化过程其实就是能量极小化的过程，当联结权重对称时系统就处于某种稳定状态，这就为网络动力学的稳定性提供了证据。由于他把稳定平衡点与正确的储存状态相对应，从而为联想储存提供了明确的物理解释；这种网络从系统功能角度出发，强调神经元的集体功能，初步显示了按内容寻址的联想记忆的性质。这一切均表明霍普费尔德网络对人脑的模拟研究更加接近真实生物脑的情况，但它与生物脑之间的差距仍然是当代科学所无法跨越的。因为，尽管人脑是由 10^{12} 个神经元所构成的，但单个神经元之间的关系却并非随机的，神经元的位置和作用，不仅由千万年进化的系统发生所决定，而且还由每个人出生后十多年的个体发育所决定。所以脑内神经元的相互关系并不像固体物理自旋玻璃那样，是吸引子随机相互作用的相空间。生物脑的能量变化并不像"淬火模型"那样达到能量最小的稳定状态而收敛；相反，脑的能量代谢是有源的，从较小能量平衡态到全系统高能不平衡态，或达到某一局部最高能态时，才得到解。

但是，在霍普费尔德网络中采用赫布学习规则可能会给网络带来虚假的稳定状态。随着网络的规模或者训练模式集合的增大，网络中虚假的稳定状态会较快增加。虚假稳定状态的存在会使样本稳定状态的吸引域变小，回忆时降低容错性。

霍普费尔德网络虽然能实现联想记忆功能，但由于其记忆内容不可改变，因而不具备学习能力。而且这种网络能够正确记忆和回顾的样本数是相当有限的。如果记忆的样本数太多，网络可能收敛于一个不同于所有记忆中样本的伪模式；如果记忆中的某一样本的某些分量与别的记忆样本的对应分量相同时，这个记忆样本可能是一个不稳定的平衡点。而且当网络规模一定时，所能记忆的模式非常有限。一般情况下，我们把网络所能储存的最大模式数称为网络容量，网络容量与网络的规模、算法以及记忆模式的向量分布都有关系。随着记忆模式数的增加，权值不断移动，各记忆模式相互交叉，当模式数超过网络容量时，网络不但逐渐遗忘以前记忆的模式，而且也无法记住新模式。这就说明，当网络规模一定时，要记忆的模式数越多，联想时出错的可能性越大；反之，要求的出错概率越低，网络的信息储存容量的上限就越小。

提高网络存储容量有两个基本途径：一是改进网络的拓扑结构；二是改进网络的权重设计方法，即改进网络的学习方法。我们可以通过不断地反复学习、纠错学习，采用一定的忘记规则等途径和方法在一定程度上改善网络的联想能力。

（2）波茨曼机。

1985 年，欣顿、塞也诺斯基（T. J. Sejnowski）和阿克里（D. H. Ackely）等学者借助统计物理学的概念和方法，提出了一个新的神经网络模型。由于这种模型的概率采用了统计物理学中的波茨曼（Boltzmann）分布，因此称为波茨曼机。波茨曼机是在霍普费尔德网络的基础上引入随机扰动机制而形成的，与霍普费尔德网络不同的是波茨曼机具有学习能力，也就是说其权重值是通过学习来调整的，而不是预先设置的。由于在此之前所考虑的学习程序基本上都是梯度下降的形式，都与坚持局部最小的问题发生冲突，因此仅仅通过“下山运动”（梯度下降）的方式，不足以保证网络找到最小或最满意的解决方案。但是如果允许网络采取上山的步骤，或许就能克服这种局限性。但问题的关键是要找到采取这种上山步骤的原则方法，否则，系统的行为将是不可控制和不可预测的。

克派雷克（Kirkparick）、格拉特（Gelatt）和维克赤（Vecchi）提出的模拟退火程序有助于解决这一问题。因此，在讨论波茨曼机的学习之前，我们将对模拟退火程序做一简单介绍。

第一，模拟退火算法。模拟退火算法最早是由麦特洛普里斯（Metropolis）于 1953 年提出的，当时是为了分析和模拟统计物理学中液体结晶问题时所提出的一种算法思想，并未用于优化问题。到了 20 世纪 80 年代，克派雷克、格拉特和维克赤等人将这一方法进一步加以发展，最先用于解决旅行商问题，并取得了满意的结果。由于它综合利用了爬山法等方法来解决优化问题,可以避免陷入局部最优,因此在解决组合优化问题时取得了令人满意的结果。后来又将这种随机搜索算法用于神经网络的计算法,从而引起了人们的重视。

该算法主要是通过观察热物理现象启发而来。根据统计热力学理论,原子在某一温度“T”时的状态满足波茨曼分布,特别是此时系统在某指定能量状态 r 的概率是 $e^{-E(r)/K_bT}$。此处 E(r)是状态 r 的能量,K_b 是波茨曼常数。由此可以看出,当温度 T 由大变小时,基态亦即能量最低态的出现概率越来越大。也就是说,我们可以通过某种降温过程使系统达到基态,由势力学知识可知,系统达到热平衡时,最可能处于的状态就是能量最低的状态。模拟退火是一种广义的迭代改善过程,其特点是通用性强和解的质量高,能克服传统爬山法的缺点,使算法在一定条件下收敛到全局最优,使问题得到全局的最优解。

第二,模拟退火算法在波茨曼机中的应用。在波茨曼机之类的联结主义模型中经常会用到模拟退火算法。在这些网络中,要对输入单元、隐含单元和输出单元作出区分。运用由霍普费尔德所提出的思想,有可能对这些网络的整体能量进行测量,假设高能量状态对应于一个给定的相互约束满足问题的不良解决方案,而低能量状态对应于一个良好的解决方案。其目的是为了获得一种缩小这种所谓的“整体能量”的原则性方法。正如欣顿等人所注意的那样,如果把正确的假设构筑入单元,就有可能做到这一点。一种假设是单元随机地 ON。换句话说,单元呈现一个输出值,它是由与其最终状态的单元的总输入相关的可能性函数决定的。单元 ON 的可能性是由下式给出的:

$$p_k = \frac{1}{1 + e^{-\Delta E_k / t}} \tag{4-5}$$

ΔE_k 是能量差(gap),它是对单元的活性距其阈限值有多远的测量。在霍普费尔德网络中,无论何时其能量差是正,单元就 ON;而对于在波茨曼机中的单元,则用能量差来决定单元 ON 的可能性,在此又提出了一个已知单元的能量差:

$$\Delta E_k = \sum_j s_j w_{jk} - \theta_k \tag{4-6}$$

s_j 是第 j 个单元的状态;

w_{jk} 是第 j 个单元和第 k 个单元之间的联结权重;

θ_k 是第 k 个单元的阈限。

方程式(4-5)中的 $e^{-\Delta E_k/t}$ 等同于波茨曼因素,表达式中的 T 指的是系统的温度。

克派雷克等人所支持的观点是在高温启动系统并且逐步降低温度，但为了保证成功，必须允许系统在每一温度达到热平衡。降低温度及允许系统停止的顺序被称为“模拟时刻表”。格曼（German）认为，这一过程是很难处理的。如果温度降低太快，且没有在每一阶段达到热平衡，尤其是在低温情况下，那么不能保证系统最终达到整体最小。在所有温度上，系统可以从低能量状态移向高能量状态：系统可以采取“上山步骤”，并因此避免局部最小问题。

第三，波茨曼机的学习。当环境信息或样本送入波茨曼机的可见神经元之后，波茨曼机就开始学习。可用波茨曼机中的隐含神经元来形成内部表达，以描述输入样本的规律。由于内部表达的构造过程是在没有任何附加信息的情况下完成的，因此这个学习程序也称为无监督学习。在学习之前，把权重的初始值假定为0，然后波茨曼机就开始学习。每一学习周期由两个阶段组成：第一个阶段为输入期，把学习样本呈现于波茨曼机的可见神经元，波茨曼机使用当前的权重建立系统的平衡状态；第二阶段为自由运行期，所有神经元都自由地调整其状态，达到一个新的平衡态。这个过程一直进行到权重值的平均改变量趋向于0时为止。学习过程结束后，波茨曼机就可以通过一定的程序来修补不完全样本，并获得一完整信息。

波茨曼机的学习算法是：首先将所有权重值设置为0，然后进行学习，在每一个学习周期内，输入期到自由运行期交替进行，并统计得出期望值。在两个学习周期之间，对权重进行调整，直到其改变量达到最小或某一常数。学习过程完成后，就可以进行各种操作，如联想或计算。

在学习过程中，可通过使用模拟退火算法来达到系统的平衡状态。为了尽快地进入平衡状态，可在温度趋向于0时，使状态变换的接受率小于某一固定值，这样收敛速度就比较快。但对温度进行调节时，不应使权重值太大。如果联结权重太大，在有限的状态变换内不可能使波茨曼机达到平衡状态，这样学习过程就很慢，甚至学习就根本无法进行下去。因此应使联结权重保持一个较小的值。根据已有的模拟研究结果，相对于反向传播算法，波茨曼机的收敛速度极慢，因此，如何加快波茨曼机的收敛速度就成了今后一段时间联结主义研究的一个重要问题。

三、语言

联结主义认知心理学对语言的研究可以分为三个层次，即语音再认、单词再认和句子加工。它与人类的经验心理学有很大关系，因此人类所使用的经验方法不可能不在联结主义认知心理学对语言的研究中得到体现。在此,我们仅以维伯尔(A. Waibel)的网络模型和麦克莱兰德(J. L. McClelland)以及鲁梅尔哈特(D. E. Rumelhart)所提出的IA模型为例来说明语音再认和单词再认。

1. **语音再认**

维伯尔及其同事建立了一个相当复杂的网络结构模型。这一网络包括一个输入层、两个隐含单元层和一个输出层,被称为时间延迟神经网络,主要用来描述声学事件之间的时间关系(temporal relationships)。

传统上,人们是运用语音光谱图来分析语音信号的本质。语音光谱图是一个二维的语言信号内容频率的图像表征。一般是通过坐标图来描述这一现象,在坐标图中,Y轴上的数值代表内容频率,X轴上的数值代表时间。在测量信号对时间的频率时,内容频率的振幅也通过图中被涂黑地方的程度而得到标明,而且光谱图也允许对内容频率及其振幅进行时间分析。光谱图上很黑的条块代表着能量突发的呈现,而能量突发依次代表着语音信号的共振峰。所有的元音说明至少有两种这样的黑色条块被称为共振峰。共振峰揭示了元音的性质。共振峰的移动被称为共振峰转移。共振峰转移在区分爆破辅音中是很重要的。

维伯尔运用语音光谱图的数字模拟作为其时间延迟神经网络(TDNN)的输入。这是一个16×15的加工单元输入行列(array)。行列中的列代表时间轨迹,行代表内容频率,每一单元代表给定时间点上的不同频率内容。单元状态在－1和＋1之间变化,这是超过10毫秒时间间隔的真实语言中的语音信号的平均值。单元的肯定状态用黑色表示,否定状态用灰色表示。即用颜色的深浅来表示单元的不同激活水平。总之,颜色的深浅代表着每一频率/时间点上的语音能量的大小。也允许出现负值,因为一些信号的预加工已被提前呈现给了网络。从15个图形(frame)中所计算的平均能量是从每一内容中抽取的,而且单元的0能量状态在现实中是对应于平均能量状态的。

隐含单元的第一层是由8×13的行列组成的,而且在输入单元和隐含单元之间还有特殊的联结。每一隐含单元要说明三个时间段上的16个频率内容的状态,如时间t(当时的时间)、时间t＋1和时间t＋2,这种通过延迟时间而限定联结的隐含单元被称为时间延迟单元。

第一隐含层的第一列的单元和输入层的1、2、3列相联结,第二列的单元则与输入层的2、3、4列相连接,以此类推。隐含单元的每一列都是第一列的复制以至于与输入层有着相同的联结。在这种意义上，网络模拟语言信号过滤器，一步一步(step by step)地运动。

第二隐含层由 3×9 的行列构成。相对于第一隐含层单元，第二隐含层单元经历着更长的时间，因为每一隐含层的第一个单元只加工三个时间段，而第二隐含层的每一个单元则要加工 7 个时间段。从这种意义上说，相对于第一隐含层单元，第二隐含层单元被组织起来对语言信号中的更多的整体模式作出反应。

另外，还有三个输出单元，每一个输出单元都从第二隐含层的九行不同的单元接受输入。第二隐含层不同行的单元被用于编码给定语音的分布表征。这种分布表征形成了从输入到局部输出的语音探测器。一般认为，无论相应的语音出现在输入层的什么地方，都让语音单元处于兴奋状态；不管语音呈现在语言流的什么地方，都用这些单元来表示。以这种方式，网络满足了研究的初始目标之一，即网络模式也应能独立地再认语音信号中的突出声学事件。确实，模式中既有分布表征，又有局部表征，这与听觉系统的神经物理学类似。因为在真实大脑中确实发现了既具有线性调节(lining adjustment)又具有广泛调节(widing adjustment)的细胞反应。

这种网络是运用反向传播技术的变式来进行训练的。尽管起初网络的概括能力很差，但当完整的训练完成后，网络的概括能力就得到提高。网络对语音信号敏感，给网络所呈现的语音信号对人类具有知觉的重要性。而且网络以随机权重而开始，然后获得对任务有用和具有心理学可信性的结构，这种说明完全模式再认模型的分类，给联结主义研究提供了关于作为知觉机的真实大脑是如何进行操作的新观点。这种研究涉及到网络的粗编码图式，当把语音信号移动大约 30 毫秒时，可促使网络对其进行正确地分类。我们可以将这种分类看做是网络能够检测重要的声学事件而不考虑其绝对时间位置的证明。

2. 单词再认

麦克莱兰德和鲁梅尔哈特 1981 年提出了视觉单词再认的相互作用的活性模型(IA 模型)。这个模型吸收了这样的观点：人类的语言操作是建立在加工单元之间的平行的相互约束满足的基础之上的，这些加工单元可以提供在不同水平的书写单词上进行编码的知识：它们的视觉特征、字母和整个单词的知识。麦克莱兰德和鲁梅尔哈特认为，视觉特征、字母和单词的表征是以层次性的方式被组织起来的，视觉特征单元馈进到字母单元，字母单元再馈进到单词单元。根据单元之间联结建立的方式而把加工约束引入模型之中。麦克莱兰德和鲁梅尔哈特不仅详细论述了这种模型的构成，而且还讨论了其操作。我们在此所论述的只是其中一部分。虽然麦克莱兰德和鲁梅尔哈特论述了这种模型如何说明字母知觉的，但却把这种模型看做是有关单词优先效应（WSE）的一种观点。由于 WSE 在 IA 模型的发展中是至关重要的，因此我们首先对 WSE 做一简单描述。

(1) 词优效应（WSE）。

WSE 最初是由瑞切尔（G. M. Reicher）和威勒（D. Wheeler）分别独立提出的。瑞切尔在实验中给被试呈现三种字母刺激：真词、不发音的非词和单个的字母。在一给定试验中，先给被试呈现目标字母串，然后再呈现一个模式网罩。随着模式网罩的呈现，出现了两个候选字母并且被试不得不决定在目标字母串中所呈现的是哪一个，这被称为选择性强迫程序。在说明报告的精确性对单词中的字母是最好的、对非词中的字母是次最好的、对单个的字母是最糟的方面，结果是一目了然的。麦克莱兰德和鲁梅尔哈特在研究 IA 模型时曾把这种模式看做是正字法合法字母串的知觉中自上而下效果的证据。IA 模型成功的一个标志可以由先前在 WSE 上所完成的相对较多的研究来测定。

我们可以根据以下方式在 IA 模型中模拟单词优先效应。对应于在单词中的字母所呈现的特征，给模型呈现一个向量。当把这种输入向量输入模型后，就激活了视觉特征表征，而此又依次激活了字母。由于任何特殊的视觉特征都是一些字母的组成部分，因此几个相互“竞争”的字母表征就同时活跃起来。当模型第二次重复运行时，根据单元当前的激活值和它们到其他单元之间的联结，所有的单元再次得到了更新。因此，活跃的字母单元将使单词兴奋起来，而单词又以自上而下的方式进一步激活它们所包含的字母。对于模型最初的重复运行，字母水平和单词水平之间的一些重要单元就被激活了。然而，随着模型的持续更新，获得最大支持的单元就开始抑制其竞争者，以便使模型收敛到一种解决方案上，理想地说，只有那些对应于刺激的特征、字母和单词单元保持激活，而其他单元将被抑制到静息水平上。单词出现的频率将影响其在单词单元中的阈限设置。

通过这种假设可以获得单词优先效应。当把一个模式罩呈现给模型时，在模式罩中呈现的特征激活了与其匹配的特征单元，它们又依次激活或抑制字母表征。被模式罩激活的特征充当与来自字母的特征进行竞争的角色，从而损坏了对字母的辨认。对于单个字母和非词中的字母来说，来自于模式罩的竞争效果是相当严峻的，因为这些项目很少能够获得来自于单词表征的自上而下的支持。另一方面，单词中的字母具有来自模式罩的特征—竞争所留下来的极为有害的效果，因为这种字母分享来自于单词表征的自上而下的支持。虽然在单词 work 最后位置上的 K 所呈现的特征不足以辨认这个字母，但是，由于来自于 work 表征的自上而下的反馈，所以字母 K 的表征仍然具有很强的激活性。

虽然这种模型在说明 WSE 方面给人留下了深刻的印象，但麦克莱兰德和鲁梅尔哈特的研究成果发表以后，对这一现象的研究兴趣迅速衰减。因为与其重复初始模拟的细节，不如采取一种不同的研究取向。我们在此所讨论的是模型的可证实的功能性特征。

(2)“日益丰富”效果和“帮群”效果。

虽然 IA 模型存在很多缺点，但它确实能够展示一定的复制行为的特征。有两种情况，分别是“日益丰富”(rich get richer)效果和“帮群”(gang)效果。两者都是经验主义的并且都与由给定字母串激活的单词集有关。这种单词集被看做是“目标串的正字法的邻居”。麦克莱兰德和鲁梅尔哈特认为，“日益丰富”效果和“帮群”效果均与独特的非词中的字母知觉有关。

首先，考虑“日益丰富”效果。当网络加工独特非词 MAVE 时，激活了一些不同的单词单元。很多相应的单词与 MAVE 共享三个字母(诸如 HAVE 和 GAVE)；其他相应单词共享两个字母(如 MORE 和 MANY)。共享三个字母的单词单元变得相对高度激活，因为自上而下加工支持被激活的字母单元。这些被高度激活的单词单元随后抑制其他较少被激活的单词单元，并且最终驱使它们返回到静息水平。在高度激活的单元内可以看到日益丰富效果。例如，由于 HAVE 单元具有最高的频率以及最高的活性静息水平，它很快就能增进有关竞争的邻近单元的最高活性。这是因为 HAVE 单元抑制竞争单元比竞争单元抑制 HAVE 单元要多。这就是日益丰富效果。

“帮群”效果的产生是由于在输入串的正字法邻里之间有一定的隔离。我们还以加工非词“MAVE”为例来进行说明。在正字法邻里中的一个显著的组群包括所有共享“M”、“A”和“E”的特殊—位置编码的单词，如 MAKE、MALE、MADE 等。正是这种单词集合构成了“MA_E”帮群。在一类似情况下，在 MAVE 的正字法邻里中有“_AVE”帮群，模型中的相互作用使得这种帮群中的成员相互支持。正字法的独特单词，如 MOVE 因此被帮群的整体活性所抑制。所以虽然由于 MALE 和 MOVE 单元在语言中具有同样的频率，它们以同等的活性静息水平开始，但由于其他单元的支持，MOVE 单元保持相对的静息。通过帮群产生了竞争抑制的相互作用。MALE 单元的高活性及相应的 MOVE 单元的低活性都是帮群效果的特征。

虽然模型模拟了单词优先效应以及帮群效应,但毫无疑问的是对这个模型的操作还有一些约束。对 IA 模型的一个主要约束涉及到其视觉特征与字母表征的本质。这个模型所运用的表征是局部的,每个单元代表着一个从心理学上进行辨认的对象(一个特征、字母、单词),并且每个单元都与视觉领域的刺激位置相连。之所以运用局部信息的局部编码,是由于以下原因:模型在字母和单词表征之内合并了很多抑制性联结,以便更好地保证在竞争中能有一个"胜者"出现,从而在每个水平上形成一个主要表征。然而,单词包含很多字母,而在模型中对单词进行辨认要依赖于来自所有字母的活性:一个单词内的字母不应该相互竞争。为了保证减少这种竞争,模型运用了位置—特殊字母表征,以便"层内"竞争只在每一位置—特殊字母表征的底部(pool)进行。来自每一字母位置的活性然后往前馈进以激活单词表征。位置—特殊字母表征又通过位置—特殊特征单元依次被激活。亚克布斯(R. A. Jacobs)和格林格(J. Grainger)在 1992 年对 IA 模型进行了扩展,扩展后的模型可以说明单词加工的大量现象,从对字母辨认的研究到对单词再认的研究,模型获得了与人类语言加工的很多方面一致的结果。但这种扩展并没有克服模型的基本局限性,如模型表征的本质问题。

由于这种模型也存在很多问题,因此自麦克莱兰德和鲁梅尔哈特的研究成果发表以后,对这一现象的研究兴趣迅速衰减。研究者普遍认为与其重复初始模拟的细节,不如采取一种不同的研究取向。就连麦克莱兰德自己后来也认为,在考虑人类视觉单词再认时,发展一次能够加工更多单词的观点是更合适的,他因此设计了一次能加工多个单词的网络模型 CID。而莫宰(M. C. Mozer)则认为字母迁移在本质上是知觉而不是后知觉机制的结果,建立在后知觉机制上的字母迁移的观点并不能预期单词的分离效果。因此他认为,可把字母迁移归因于被试错误知觉了构成的单词。为了模拟分离单词的空间平行加工,他又设计了一个被称为 BLIRNET 的联结主义网络。这两种网络模型在目前联结主义认知心理学的研究中均已付诸实施。特别是 BLIRNET 模型,由于它强调了联结主义认知心理学的几个重要问题,因而引起了人们的极大兴趣,并已被运用于视觉单词再认中模拟注意加工。

四、知识表征

知识大部分是以复杂方式建构的，概念、命题以及图式均是用以组织知识、创建相关知识的意义结构的常见的心智结构。联结主义认知心理学对知识结构也进行了模拟研究。

1. 联结主义对概念表征的模拟研究

概念是人类思考和行为的建筑基石之一，它就是一个观念，包括所有在特征上与之相关联的东西。也就是说，概念是对某种物体、事件或模式的心理表征，其中还储存了大量与这些物体、事件或模式相关的知识。概念能够帮助个体在已有的知识基础上建立等级，还能给予个体一个心理上的“容器”，把遇到的东西归类进去，从而可以进行有效的分类。概念是知识组织的一种重要形式，在日常生活中发挥着重要的作用。关于概念表征，联结主义认知心理学的网络模型以两种方式来进行：一种是激活模式表征概念，个体单元表征微观特征；另一种是激活模式表征概念，但个体单元语义值为零。个体单元表征低水平的特征和微观特征、不同单元的整体表征概念，即激活模式表征概念。在此，个体单元可能先于学习而具有内容，也可能其内容就是学习的结果。每个单元编码一个固定的原型特征或微观特征，单元间的联结被赋予兴奋值或抑制值。当激活某个体单元时，与其相邻的单元或表征相关微观特征的单元也被同时激活，从而形成一个激活模式，进而形成一个概念。当然，这一过程也可以将各种特征合并起来以产生新的概念。

通过对麦克莱兰德 1981 年开发的模型的分析，可以发现，联结主义认知心理学的网络模型之所以能够成功地模拟概念表征，就是基于不同的概念之间存在着共享属性，尤其是相同领域或范畴内的不同概念。由于个体单元表征概念的知觉属性或功能属性等微观特征，因而相似的概念会激活重叠的属性集，从而激活与之相关的属性单元的表征。这些单元之间相互支撑，共同形成一个激活模式，即一个概念的表征。联结主义认知心理学对概念表征的这种解释，可以看成是对以相似性为基础和以解释为基础的概念表征理论的整合，也可以看做是对概念结构理论的支持。

联结主义认知心理学的网络模型内部单元的激活模式表征概念，但是个体单元本身并不接受任何语义解释。正如麦克莱兰德、鲁梅尔哈特和欣顿所说：“内部表征是分布的，它是隐含单元上的激活模式，任何重要的特殊单元都是没有含义的……集合中的单元群……作为个体没有特殊的含义。”[①]艾曼(J. Elman)也指出:“在整个隐含单元上表述模式……观察单个单元的活动是无用的;它们甚至不对应于称之为微观特征的东西。”[②]

通过对戈曼(Gorman)和塞也诺斯基所开发的模型的分析,我们可以看出,这类模型是通过学习来开发其表征的。因为只有激活模式具有表征内容,所以当其处于睡眠状态时,不给它赋予任何语义值。通过向量分析来揭示概念表征,而向量分析则是通过映射网络内部单元的不同激活模式的相似性来实现的。由于激活模式在语义上是非结构化的,因而,从表征的结构方面来看,该模式更接近于先天论的思想观念。然而,它对先天论的支持并不明朗。因为采用这种表征类型的网络模型是通过学习策略来获取其内部表征的,而这样的策略赋予它们本身许多不同的解释,所以“触发”或“激活”潜在结构的先天论观点在此是不合适的。将这种加工看做是一种激活或引发模型的潜在状态,也是毫无意义的。总的来说,这样的网络似乎既不是经验主义的也不是先天论的。

2. 联结主义对命题表征的模拟研究

命题是指潜藏于概念的特殊关系之下的意义,是一种用来指代所有心理信息的基本语言或代码。命题表征是外显的、不连续的和抽象的,代表了心理的概念性内容。它们构成了一个普遍的、不具有感觉特异性的心理语言。

根据是否将概念看做是命题的组成部分,联结主义认知心理学的网络模型可以通过以下两种途径来实现对命题表征的模拟研究。

隐含单元的激活模式表征的不是概念而是成熟的命题,个体单元不需要任何语义解释。因此,命题表征不是由网络的内部语义结构提供的,而是完全由网络内隐含单元激活值的整体决定的。

由于网络所获得的信息最终存贮并分布于单元之间的联结权重上,相同的结构用来保存不同种类事物的信息。麦克莱兰德和鲁梅尔哈特指出:“不同精神状态的痕迹放置于相同的一组权值上。”[③]这就避免了系统内存贮的命题和特殊结构之间的任何一一映射。不过,当网络被看做是一个惰性系统时,最小的表征结构是整个网络,此时整体论的解释将被证实是正确的

---

① Rumelhart, D. & McClelland, J. (1986). *Parallel distributed processing: Explorations in the microstructure of cognition*. Cambridge. MA: MIT/Bradford Press. pp. 344～346.

② Elman, J. (1989). Structured representation and connectionist Network. *CRL Technical Report*, 8901, University of California, p. 18.

③ Ramsey, W. (1992). *Connectionism and the philosophy of mental representation*. Oxford University Press.

途径；而当网络具有活性时，特殊的命题能与系统内部单元的不同激活模式相一致，从这种意义上说，网络能接受命题表征的一元图式的哲学解释。因此，联结主义认知心理学对命题表征的模拟和解释与哲学上所说的命题表征并不一致。尽管这类网络的隐含单元的激活模式是结构上复杂的状态，但它并不具有结构上的语义学含义。从这个意义上说，联结主义认知心理学对命题表征的模拟研究将抛弃哲学中有关命题的心理表征的理论。

在罗姆西（W. Ramsey）、斯蒂奇（Stich）和加荣（Garon）所开发的网络模型中，尽管命题的语义元素被明确地编码在输入单元中，但它们却不能从系统的内部表征那里得到恢复。因为隐含单元上的激活模式的语义值的最小单位就是整个命题，因此这种网络无法定位储存在网络系统中的个体命题。

个体单元的激活模式可以精确地表征概念，并将概念看做是命题的组成部分。通过激活相同概念的不同表征来把握其结构关系，即网络内存贮的不是一个特殊概念的表征，而是有关该概念的不同表征，每个表征都伴随着一个给定的句法作用。这样，激活模式的轻微变化将形成不同的命题结构，从而形成了不同的命题表征。

以这类表征线索为依据，艾曼开发了一个网络模型。可以用该网络模型来填充不完整的句子。此模型是一个标准的三层网络，但它采用了一个附加的隐含单元之间的重复联结，该联结的效果相当于一种短时记忆。这样，呈现给隐含单元的不仅有来自于输入单元的激活，而且还有以前的激活模式。通过训练，隐含单元激活模式的类型开始与词汇款目相对应，表征对上下文关系非常敏感，并且随着句子中输入位置的变化而发生轻微改变。这些变化是通过检测状态空间内一条款目的隐含单元激活模式的位置而发现的。在艾曼看来，状态空间内每个单词的位置不仅编码单词的词汇同一性，而且编码其在句子中的位置。因此，可用这种激活模式来表征词汇概念，这些概念表征的形式是不同的，但却有助于把握它们在一个给定命题的表征中所起的句法作用，使得个体概念的表征在不同的情境中发生变化。利用概念表征的这种变化，联结主义认知心理学的网络模型能够提供命题表征的结构。

3. 联结主义对图式表征的模拟研究

图式是有关某一概念或刺激的一组有组织、有结构的认知，包括对某一概念或刺激的认知、相关的各种认知的关系及具体的例子，其内容可以是特定的人、社会角色、自我、对特定客体的态度、对群体的刻板印象或对共同事件的知觉。由于联结主义模式的亚符号特性，故而在联结主义模型中缺乏像图式这样的术语,不过可以用平行分布式语言来解释图式。

如何在联结主义框架内解释图式呢?如果将图式的概念映射到单元的概念上,就可以在单元水平及单元激活水平上描述图式,运用这种方法的确可以使我们把握图式的一些重要特征。尤其是,单元可以像图式一样,监测其输入以搜索合适的匹配并赋予一个值,使其代表输入与单元内部标准的适合程度。但这种方法也错失了图式作为一种强大概念工具所具有的许多方面。这是因为,如果将图式作为认知加工模型的基础,那么图式就必须是有弹性的,这就存在着两难境地:一方面,图式是心智的结构;另一方面,图式必须是可塑的,以适应周围环境的要求。也就是说,图式必须既是结构化的又是可塑性的。如何才能获得高度结构化的图式,使它既能充分把握情境的规则并支持各种推理,又能有效地适应新的情境及新的事件结构?在联结主义看来,这是很容易处理的。首先,应清醒地认识到,图式不是"东西",不存在表征对象(representional object)。其次,图式是从大量简单要素之间的相互作用中突现出来的。简言之,图式不是外在的实体,而是内隐于知识之中,图式是由其试图解释的环境所创造的。

这一思想在联结主义认知心理学的网络模型内是通过如下过程实施的:输入进入系统,激活一组单元。这些单元之间相互联结,从而形成一种约束满足网络,即每个单元表征某种假设,如某个语义特征或视觉特征等,每个联结表征假设之间的约束。如果约束弱,则权重弱。若约束强,则权重强。同样,网络的输入也被看做是一种约束,正输入表明存在着相关特征的外部证明,负输入则表明不存在相关特征的外部证明;利用放松程序对输入进行加工,使得网络最终在局部最优化的状态确定下来,也就是隐含在网络中的约束得到最大化满足的状态。这种状态本身是许多单元相互作用的产物,某一组单元群或单元群的子模式倾向于一致行动,它们趋于相互激活,当被激活时,趋向于抑制相同的单元群。这些相互紧密联结的单元的联合非常近似于图式。

这种约束满足最大化状态可以用吻合度景观(goodness-of-fit landscape)来表示,其中景观顶点的高度相当于网络约束的实际匹配程度,其围绕顶点的区域大小决定了找到顶点的可能性。通过爬山法对输入进行加工,系统可以发现吻合度空间内的最大值组,接着系统移向其中一个最大值,也就是移向其中一个相关的稳定状态。一旦系统达到这个状态时,就很少有移向其他状态的倾向性。图式是整个网络的特性,是一个稳定的整体模式,因此可以将它看做是许多有重叠的子模式的一个特殊的结构,这样的稳定模式是由这些子模式之间以及子模式与输入之间的动态平衡决定的。吻合度空间内的最大值相当于输入的解释，或者说，相当于例示图式的结构，结构依赖于单元联合之间的耦合的紧密性。简言之，它们就是这样的状态，此时此刻起作用的一组特殊约束的最大化满足。根据情境和输入，系统最初比较接近吻合度函数中的一个顶点，并最终找到最合适的一个顶点。因而，可以将平行分布语言看做是对图式和图式理论进行描述的一种近似。

五、认知失调

自20世纪50年代费斯汀格（L. Festinger）提出认知失调理论之后，研究者对其进行了大量修正。20世纪80年代以后，研究者又采用联结主义网络对认知失调进行了模拟研究。

1. 适应性前馈网络模型的结构

福瑞德曼（J. L. Freedman）曾以“禁止儿童在融洽的情境或惩罚性情境下玩玩具”[①]的实验为例来说明认知失调现象。实验结果表明，在融洽的情境下比在严厉威胁的情境下，在轻微惩罚的情景下比在严厉威胁的情境下，儿童更容易损毁被禁玩的玩具。显然，严厉威胁的情境比轻微威胁的情境为儿童提供了使其不玩玩具的更多判断依据。要说明福瑞德曼实验中的认知失调现象，就必须关注以下因果问题。首先，同一结果可能是由多种原因引起的，包括态度性对象（如玩具）以及实验者从外部强加的压力（如威胁）；其次，两种不同的结果需要同一种原因来解释，如儿童的行为以及他们同时出现的情绪。

为了对此进行模拟研究，研究者运用了适应性前馈网络模型。适应性前馈网络模型认为，认知之间的联结是借助于模型自身的适应而自动得到发展和调整的。[②] 其所要表达的是这种观点：心智是一种适应性学习机制，认知失调是人们寻求其思维、感觉和行为失调的缘由时的一种相对合理的过程，因此由一般认知过程所引发的认知失调都具有一定的适应性。虽然有很多适应性联结主义网络模型，但为了便于说明，我们仅以标准的前馈网络模型为例来进行分析。

① Freedman, J. L. (1965). Long-term behavioral effects of cognitive dissonance. *Journal of Experimental Social Psychology*. 1, pp. 145～155.

② Overwalle, V. F. & Jordens, K. (2002). An adaptive connectionist model of cognitive dissonance. *Personality and Social Psychology Review*. 3, pp. 204～231.

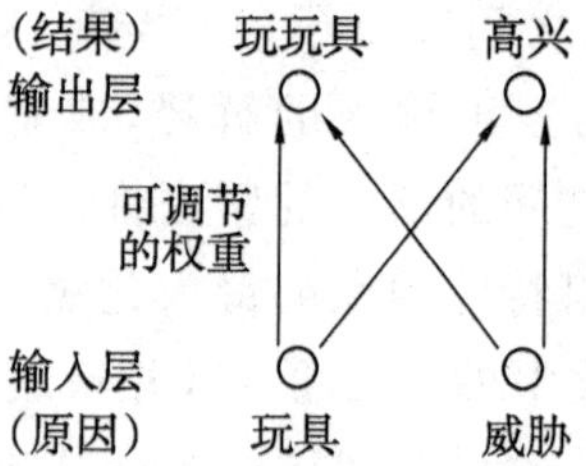

图 4-1 前馈网络模型的结构

如图 4-1 所示，在前馈网络模型中，表征原因和结果的结点位于两个不同的层次上，它们经由一种可调节的联结而被联结起来。第一层为输入层，它是由表征原因的结点组成的；第二层为输出层，它是由表征行为和网络所预期的情感反应的结点组成的。输入和输出之间的联结表征着因果解释，即输入是如何决定和影响输出的。联结权重反映了原因影响的强度和性质，对于态度性对象的结点而言，联结权重反映的则是态度的紧张性。通过这些联结，网络模型就可将活性由输入结点传播到输出结点。

网络模型所勾画的只是一种认知表征，所说明的只是引起认知失调的原因与结果之间的模型结构。为了运用这种模型说明认知失调减少的现象，就必须搞清楚网络模型的加工机制。

2. 网络模型的加工机制

前馈网络模型所运用的是"Δ 学习算法"。"Δ 学习算法"既可用于有关人类因果学习和分类的研究中，也可用于对社会认知的研究中。在前馈网络模型中，"Δ 学习算法"的作用在于改变联结权重。由于在这种模型中，联结是预测性和原因性的，因此"Δ 学习算法"反映了一个原因性的预期是如何解释一种结果的。适应性前馈模型的一个重要特征是联结权重随"Δ 学习算法"的作用而变化。最初，所有的联结权重都为 0，但随着不断学习，联结逐渐发展为兴奋、抑制或者既不兴奋也不抑制。"Δ 学习算法"预期，如果原因与结果更多地同时发生，其联结就越能有力得到发展，直到达到典型的 +1 和 −1 状态。

由于网络模型采用了适应性"Δ 学习算法"，因此可将联系原因与结果的联结进行调整，这样就可以使网络接受和处理在此联结上共同出现的新信息。虽然这种信息既可以建立在直接经验和观察上，也可以建立在间接经验或观察模型上，但间接信息的影响力相对会小一些。由于运用"Δ 学习算法"可以减少网络模型所预期的建立在先前信息和当前信息之间的误差，因此可以认为认知失调是“由期望与实际所得之间的误差所驱动的”①。我们可进一步借助福瑞德曼的实验来探讨网络模型的学习算法，因为“Δ学习算法”是一种减少认知失调的新观点，它可以使联结动力性地发展和调节，并导致态度的持续改变。

首先，当给网络呈现一种原因时，其对应的输入活性将导致＋1激活水平的缺乏，而其他处于0激活状态的未被呈现的原因则保持着活性。这种输入活性将自动扩散到与联结权重相当的输出结点上。由于联结仍然处于0状态，所以激活结点将导致输出结点的0激活。其次，将在输出结点上所接受的活性总和起来以决定其活性。可以把这种输出活性看做是表征着网络系统中输出结果的预期数量。由于所呈现的仅仅是刺激和零联结权重，因此两个输出结点也只能接收到总量为零的活性。第三，实际观察结果是由外部的教师信号来表征的，当结果呈现时，这种信号具有＋1的激活值；未呈现结果时，这种信号的激活值为0；当呈现相反的结果时，这种信号具有－1的激活值。因此，可用＋1表示玩玩具，用－1表示不玩玩具。同样，体验着快乐的情绪是由＋1的情感激活值来表征的，中等程度的情绪用0来表征，体验着不快乐的情绪则用－1的情感激活值来表征。这些外部激活可通过个人的思想和感受来进行推断，其效果与通过直接观察是一样的。第四，将预期结果与实际结果进行比较。当预期结果与实际结果之间存在着巨大的误差时，这种误差就会在每一输出结点上达到＋1的激活值，因此网络严重低估了行为与情感反馈的作用。最后，为了保持对真实情境的客观的心理复制，前馈网络模型将减少预期结果与实际结果之间的误差作为其目标，而要做到这一点，就必须对联结权重进行调整。当低估结果时，联结会往上调整；当高估结果时，联结会适当往下调整。

经过“Δ学习算法”的循环训练，预期结果与实际结果之间的误差不断缩小，联结权重的增幅也将逐渐减小。由于把威胁与玩具联结在一起会阻止孩子玩玩具，并使其不能体验到快乐，因此在这种情境下，将逐渐增加威胁的负权重而降低玩具的正权重。为了模拟中等程度的威胁，将威胁结点只激活到一半的水平。由于玩玩具与快乐、禁止玩玩具与不快乐总是同时发生的，因此行为与情绪结点的联结权重是一样的。

3. 减少认知失调的原则与方式

费斯汀格认为，认知失调是一个人的态度和行为等认知成分的相互矛

① Lord, C. G. (1992). Was cognitive dissonance theory a mistake? *Psychological Inquiry*, 3. pp. 339～341.

盾，从一个认知推断出另一个对立的认知时而产生的不舒适感、不愉快的情绪。因此，“一旦出现不协调，就会产生内心压力，就会产生减少或消除不协调的动机”，而“减少或消除不协调的过程就是形成与改变态度的过程”。① 前馈网络模型将期望结果与实际结果之间的误差看做是对认知失调的反映，将通过改变态度而导致的认知失调减少的现象看做是对联结权重的调整，这与费斯汀格的原初理论是一致的。

实际上，我们可将网络中的误差看做现实中的认知失调，因为它反映了一种与直觉相反的观点，这种观点是对认知结构或认知关系的平衡问题的说明。由于在网络模型中，态度没有得到相应调整，因此因果结点上的激活就会在输出时产生误差，这种误差是认知失调程度的标尺。通过改变权重以及减少误差，网络就可以有效减少认知失调并达到认知一致。这个模型详细说明了最初的认知失调系统是如何通过不断学习和调整而逐渐减少认知失调的。

在网络的每一学习阶段中，都在网络中结点的激活上编码所获得的暂时信息，在联结权重上编码长时知识，这种长时知识所反映的是趋向客体的态度。态度是在态度性客体和行为以及情感输出的长期联结中得到反映的，而联结权重的强弱所反映的则是态度的紧张性程度。要测量网络中的态度强度，就要激活态度性客体，这样，行为与情感结点的结果活性就可从＋1 到－1 这一激活区间的联结中获得。在模型中，来自态度性客体的联结权重和产生于这些联结权重的输出激活是相同的。对于给定的网络而言，其态度强度是由对玩具的行为和情绪之间的联结反映的，态度反映了与玩具相联系的积极体验和消极体验的积累。由于积极体验多于消极实验，因此最终的态度也是比较积极的。

虽然前馈网络能够模拟人的学习经历，以及由此所导致的联结权重的调整，但它是否能够解释在很多认知失调实验中所观察到的态度改变呢？例如，孩子在严厉威胁和中等威胁的情境下对待玩具的态度是不同的，在中等威胁的情境下，儿童对玩具的损毁最严重，那么如何用此模型解释这种现象呢？

要减少认知失调，就必然会涉及到调整联结权重的两种方式。第一种是补偿性调整。这种调整是在认知失调的归因过程中实施的。当参与者的行为和情感在实验中不能证实先前存在的信念和态度时，就会造成认知失调。如果低估了新结果，那么联结权重将增加以补偿差异，此过程类似于社

① 叶浩生主编：《西方心理学的历史与体系》，人民教育出版社 1998 年版，第 469 页。

会解释中的扩大型原则。[1] 例如，当没有足够的理由来说明任务很有吸引力时，参与者就增加他们对任务的喜爱程度。相反，如果高估了结果，联结权重就趋于降低，此过程相当于凯利（H. H. Kelley）所说的折扣原则。例如，当几乎没有什么威胁可以提供一个有效解释去说明孩子为什么不去玩他们想玩的玩具时，他们就倾向于损毁玩具。因此，这种补偿调整的责任在于说明失调减少的效果。第二种类型的调整是强化调整。当个人感受着由多重不愉快的情境约束所引起的强烈消极情绪时就驱动了强化调整，随后由不期望的行为所导致的认知失调就减少了。当人为了得到少量的金钱回报而被迫参与导致认知失调的行为时，心理上就会感到极不舒服，这种负面影响为其失调行为提供了理由。因为这种方式引发了对联结权重的轻微调整以及很少的态度改变。但是，任何奖励的增加都会产生积极影响，导致更多的态度改变。强化调整也产生了一些不利影响，当被迫参与一种与态度相反的行为时，参与者的失调表现比在金钱回报之下更多。我们设想，在强制条件下给一个小的奖励，导致了很少的态度改变。当有很高的奖励回报时，态度改变的幅度就比较大，这与典型的失调效果正好相反。实际上，消极情感并不是来自于态度性客体，而是来自于实验情境下的多重不愉快约束。

4. 模拟的过程与结果

模拟可分为两个阶段：前实验阶段和实验阶段。在前实验阶段，假设参与者在开始参与实验时已经具有特定的信仰和评估，因此可以通过调整联结权重来模拟这种假设。这是在直接经验或观察之前所要求的，或者是通过交流、沟通和观察他人的经验而间接获得的。在前实验阶段，态度性客体单独出现比态度性客体与一个或者两个外部因素联合出现时的频率高。实验阶段主要是严格地进行实验操作，在此阶段模拟实验的频率很低，其目的在于防止在前实验阶段所学习的联结权重不被完全摧毁，因为一种单一的失调经验不可能彻底扭转长时背景知识。在实验中，可以通过激活与较弱水平的外部约束相对应的输出结点来模拟这种外部约束。

前馈模型的中心假设是参与者为其失调行为和情感寻求一种解释。在实验阶段，对行为结果的编码是直接的。对于前实验阶段的结果存在着这样的假设，即人将对预先的态度行为进行干预，除非在实验中会面临同样的外部压力。在此情况下，人们就会参与与态度相反的行为。网络模型所运

---

[1] Overwalle, V. F. & Rooy, V. D. (2001). How one cause discounts or augments another: A connectionist account of causal competition. *Personality and Social Psychology Bulletion*, 27, pp. 1613～1626.

用的编码图式是每种认知都由一个单独的结点来表征，这意味着在实验前和实验中的认知假设是完全一样的。除了这种限制之外，对模拟增加更多的现实性，而不是用要么呈现要么不呈现的单一结点，那么每个概念都将由跨越整个结点的激活模式来表征，每个概念所表征的微观特征在不同程度上也会出现微小的差异。由于在前实验阶段的每次试验中都为每一结点的激活模式增加了噪音，因此，前实验阶段的因果关系与实验阶段的因果关系有所不同。这就可以使网络根据早先储存在记忆中的相似激活模式做出有关认知的推论，而并不改变模型中的任何东西。由于每种原因与结果的分布激活模式都是随机选择的，因此对每种认知的不同分布激活模式不断进行重复实验，就能保证并非特殊的激活模式才会产生这种结果。

在模拟中，玩具、威胁和监视这三个因素很重要。在前实验阶段，对儿童最理想、最常见的情境是玩玩具，这是一种愉快的体验。如果存在着监视，孩子同样会玩玩具但却很少感到愉快，这是因为一个陌生人在场会使孩子感到担心和不舒服。当单独呈现威胁或将威胁与监视一起呈现时，孩子是不会去玩被禁玩的玩具的。模拟结果表明，如果存在外部约束，孩子只会感到轻微的不愉快，但如果将威胁与监视结合起来，他们就会感到很不高兴。在前实验阶段，模型的运行最终以对玩玩具而产生的积极情感联结和对威胁而产生的消极情感联结的方式而终止。

在实验阶段，孩子对玩具的态度是由玩具与输出之间的联结来表征的。模拟结果表明，在没有威胁和监视的情况下，儿童对玩具喜爱的程度很高；但在监视和不同程度威胁的情境下，结果却并不是这样；在没有监视的情况下，给予轻度威胁时孩子会出现更多的破坏玩具的行为。这是因为在没有监视的情况下，轻度威胁的激活不足以使网络参与和判断是否应该玩禁止的玩具，因此，网络高估了玩玩具时快乐的可能性，导致了对联结调整的补偿性下降和对玩具的低吸引力。当威胁很微弱时，与没有监视的情况相比，将导致更多的破坏玩具的行为。当威胁很强烈时，会导致更少的破坏玩具的行为，这与归因理论的解释是一致的。这种理论认为，如果没有更好的理由去说明为什么不玩玩具，那么孩子就更不喜欢玩具。

认知失调的适应性学习理论认为，认知失调主要是由失调情境中的心理表征和情境的现实性之间的误差所引起的。为了使人的心理达到平衡状态，就必须减少这种失调。一种方式是通过调整人的行为而改变情境，另一种方式是调整人对情境的心理表征。改变人的心理表征意味着在对与态度性客体有关的行为和情绪的因果解释中发生了一种调整。这种学习观点表明，作为一种理性的适应性认知者，人们总是在寻找理由去解释其思想、情感和行为。

前馈模型是一种最为简单有力的模型，它运用误差改正的“Δ学习算法”模拟了这些思想，解释了很多认知失调现象。其主要成就在于模拟了实验之前参与者的信仰和态度，反映了长时程的联结是如何发生改变的。这种改变与说明持续经历失调之后的态度改变是一致的。这是适应性网络模型所具有的共同特点①。前馈模型认为，只有当失调被有关不愉快和不舒服的强烈消极情感反向制衡时，才能发现强化效果。最新的研究表明，情绪可以减轻和增加态度改变，甚至可以使强化效果发生改变。这与通过模型所进行的模拟研究所得结论是一致的。再者，运用适应性前馈网络模型既可以模拟情绪在个人所进行的社会判断中的作用，也可以模拟自我在认知失调中的作用。

但这种模拟研究本身也存在严重的局限性。也许模拟研究所依赖的假设和标准本身就是错误的。由于很多变量是未知的，在对模型进行说明的过程中，它们均是被任意选择出来的。对于网络的编码处理水平以及有关网络对情感的编码等问题，研究者均有质疑，认为网络的编码处理水平太低，不足以真正模拟认知失调现象；而有关情感编码的问题虽然是模拟研究中的一个新领域，但还有很多假设并未得到全面验证。再者，网络模型既不能解释由生理唤醒所引发的失调经验和不适，也不能解释由偏差行为所引起的情绪，这些都是以后的模拟研究所要解决的问题。

六、语言障碍

大脑受到损伤后，人就会出现一定的阅读障碍和语言障碍。联结主义认知心理学对此也进行了模拟研究。

1. 对失语症的模拟研究

马丁(Martin)及其同事通过对深度诵读困难症患者的研究发现，深度诵读困难症患者存在着很多问题。诸如：不能重复非词却能重复受到损坏的单词；单词重复中的错误涉及其他语音类似单词的产生以及语义相关单词的产生；即刻的动词记忆受到了影响；对象命名受到了干扰，等等。马丁和萨福兰(Saffran)认为，可以运用联结主义模型来理解这些问题。马丁等人在其模型中也模拟了这种现象。这个模型运用了一种相互激活的框架，

① Shultz, T. R. & Lepper, M. (1996,2). Cognitive dissonance as constraint satisfaction. *Psychological Review*. pp. 219～240.

在这种模型中激活从语义单元映射到词汇单元，又从词汇单元映射到语音单元，从而产生语言。在正常情况下，语音水平上的激活是由分别在语义水平和词汇水平上的目标概念和单词的连续激活所支持的，因此对输出而言，恰当的语音就得到了激活。但是，如果在损伤之后，则会出现一种不正常的激活衰退，此时目标单词和概念在其最初的激活之后就有可能会衰退，而被一个语义相关或语音相关的单词所代替。马丁等人通过对语音水平的最初激活并将这种激活反馈给词汇水平，来模拟患者的类似反应。同时，由于不正常的激活迅速衰退，从而导致了重复错误的发生，这些重复错误从本质上讲要么是语义的要么是正式意译的。马丁等人认为，激活的快速衰退将导致受损伤的动词记忆的扩展，尤其是不能对非词进行有效的重复，而这是不能由最初强烈的词汇激活或语义激活来支持的。

斯克沃茨(Schwartz)、萨福兰和代尔等认为如果模型层次之间的激活传播得很慢，就会导致失语症的出现。失语症与高比例的语言错误相联系，出现一种走向持续言语反应的趋向，并且当模型出现错误时产生的是单词而不是非词。当存在着一种传播很慢的激活时，就存在着一种重复先前反应的倾向，因为其活性不能超越随后而来的语言信号。同样，正常的偏向于词汇的错误也减少了，因为激活传播得很慢，就排除了自上而下的语音选择。这种模拟研究说明了几种不同的语言障碍特征是如何由单个模型中单元的不同损伤所导致的，但这并不意味着模型模拟了症状的所有方面。

哈里(Harley)也运用联结主义模型模拟了失语症的很多方面，其模型在词汇和语音水平上具有层间抑制性联结。在词汇水平上，这些联结起着相关单词之间"抑制"竞争的作用。损坏词汇抑制性联结的效果，就增加了词汇竞争和相联系的语音的激活，结果就会出现单词语音的错误，并在语言中产生所谓的"新语症"。目前，我们还很难判断是否应该将大脑损伤看做是影响激活的传播或者是影响层间抑制性联结的因素。

2. 对拼写障碍的模拟研究

布朗、豪顿(M. Houghton)和奥森(Olson)等人曾经讨论过三个有关拼写的联结主义模型。布朗等人的模型可以进行从语音到字形的映射，从而支持具有规则和不规则拼写—发音对应物的单词的产生。但当模型受到损坏之后，其对拼写的操作就衰退了，而对具有不规则的发音—拼写对应物的单词的操作的衰退比对具有规则发音—拼写对应物的单词操作的衰退更甚。奥森及卡洛梅匝(Caramazza)指出，当模型受到损坏时，它就有犯语音拼写错误的倾向。但是，模型也会犯一些其他错误，在这些错误中所产生的不正确字母不是错误发生情境中的语音。例如，将 khaki 误拼为 cacy、将 kite 误拼为 cit 等。这些从发音上说不可能的错误的出现，是因为模型对产生字母的字母情境不熟悉。

当表面拼写困难障碍患者误拼了单词时，他们倾向于产生语音错误，这与奥森及卡洛梅匝的模型模拟的结果一样。但与模型不同的是，一些表面拼写困难障碍患者很少出现这种违反字母产生的字母情境的情况。这可能是因为某些"字母清除"程序需要使模型在输出中对字母约束敏感的缘故。这样我们就可以运用欣顿等人的吸引子网络来模拟深度诵读困难，这是因为对字母约束敏感的患者可能具有完整的清除单元。

3. 对失认症的模拟研究

如果大脑的后半部分特别是从枕叶到颞叶的部位受到损伤，就会导致对以视觉方式呈现的对象的再认和命名的选择性问题。我们并不能简单地把对视觉对象的再认障碍或者失认症看做是患者丧失了感觉的表现。失认症患者可以表现出对模式和形状的正常再认，并且他们能够复制他们不能再认的对象。有些个案研究表明，由于真实对象和人工对象在知觉上很类似，因此患者能够区分真实对象的图像和人工对象的图像之间的差别，这种事实说明患者并不存在知觉障碍。但是，患者在判断是否应该一块运用对象时仍然感到困难，这就说明患者在获得关于对象功能的语义知识时遇到了困难。

汉福雷斯（G. W. Humphreys）和瑞道奇（Riddoch）曾对名为 HJA 的患者进行了研究。这个患者患有严重的失认症，不能通过视觉再认大多数普通的对象。但是，HJA 对他不能再认的对象却能产生精确的复制品，而且也能够从记忆中再生这些对象的图像。汉福雷斯和瑞道奇认为，HJA 的缺陷在于来自视觉的长时记忆的激活过程并以空间平行的方式反映了以群集形式出现的信息问题。由于他的视觉记忆本身是完整的，因此他可以从记忆中提取相应的信息。

在对群集假设进行验证的过程中，研究者要求 HJA 在与目标字母共享一些共同特征的类似背景刺激中搜寻目标字母 T 的逆转写法。这个目标字母是由水平线和垂直线等要素连接起来的。在背景刺激类似的情况下，正常被试可以进行有效的搜索，因为他们能够将这种相似的分心物联合在一起，并将目标字母从这些分心物中分离出来。但由于 HJA 受到了损伤，因此甚至在经过广泛的实践练习之后，他的反映时仍然很长，并且他在搜索目标字母的过程中，还会受到呈现给他的分心物的影响，从而导致他在搜索目标字母的过程中出现了很多错误。但是，在不需要群集的情况下，他的搜索并没有受到影响。当目标是由方向上的差异而不是由背景上的差异决定的时候，HJA 能够正常进行操作。在一个困难的视觉搜索任务中，HJA 也能够很正常地进行操作。当然，在这项任务中，目标字母是一种形式连接，而分心物则是一些异质项目。由于异质的分心物不能有效群集起来，因此对目标字母的检测和搜索可能会建立在独立的项目上，而不会受到损坏的群集的影响，这样 HJA 才有可能正确地完成视觉搜索任务。

汉福雷斯等人运用视觉搜索和注意的 SEER 模型模拟了 HJA 在视觉搜索任务上的操作。SEER 是一个具有层次结构的模型。在这个模型中，首先在特征图上编码线的方向，然后将它们连接起来，而这些被连接起来的线段通过竞争而组合在一起。这个模型运用了波茨曼机的激活函数，根据改变通过模型的单元的阈限的温度变量而将单元随机地置于兴奋状态或抑制状态。模型在模拟失认症患者的搜索时，改变了温度变量以便增加整个系统的噪音。这就是说，增加了一种甚至不需要强烈的支持性输入就可以使单元进入兴奋状态的机会。这意味着，增加了不正确的连接单元开始兴奋的可能性。当连接被编码时，类似连接之间的群集就被打断了。这就必然会导致当连接搜索处于相似的分心物中时，操作就被打断的结果，这与在失认症患者 HJA 中所发现的结果是一致的。对于异质分心物，由于它们可以正常地形成竞争的群集，因此不正确连接的编码几乎没有受到影响和冲击。有时，它还会通过干扰一个主要的群集而阻止操作，但有时它也可能通过正在形成的群集而加速操作。汉福雷斯等人也发现，温度的增加确实影响 SEER 模型中的特殊水平，这主要涉及到编码和群集形式的连接；特征编码阶段的改变并不会在搜索条件下产生不同的效果。这与 HJA 的情况是一致的，HJA 虽然具有良好的特征检测器，但却并不具有对形式连接进行平行编码的能力。

运用 SEER 模型模拟 HJA 的操作，不仅是因为它们在编码和收集形式信息时获得了选择性扰乱，也是因为在模型受到损坏之后，它就以一种反直觉的方式进行操作。用相似的分心物就可以非常有效地克服在搜索任务时所要忍受的极度困难；而用异质性分心物进行操作的更为复杂的任务则经受较少的困难，这与在人类被试中所发现的结果是相匹配的。

神经心理学的证据表明，两个任务中更简单的任务更容易受到影响。这说明我们不能简单地将操作的中断归因为任务太难。如果操作依赖于特定的资源水平，并且这种水平在大脑受到损伤后衰退了，那么我们就可以单独计算任务的难度。但是，两个任务中更简单的任务表明，必须将加工系统构筑进计算的特定组件之中，而对于更容易的任务的特定组件则要受到不同的影响。在很多模拟神经心理学障碍的例子中，这两种加工过程都是更困难的，特别是在模型受到损坏之后更容易受到影响。在 SEER 模型中，运用相似分心物进行搜索的任务是更容易受到影响的，这是因为在运用这些分心物进行搜索的过程中，有一个因素是重要的，这个因素就是分心物群集，这个群集被选择性地扰乱了。这表明，甚至是在高度相互作用的联结主义模型内，组件加工也有可能被功能性地孤立出来。

在运用 SEER 模型进行模拟的过程中，我们必须注意的是，虽然对模型的损坏影响了模型的编码，但是模型的局部编码能力却被保留了下来。因此，虽然受到损坏的模型不能很好地操作群集项目，但它却具有关于要素落入视觉领域的什么地方的信息，以及有多少要素将被呈现的信息。受到影响的模式再认和完整的局部判断的分离反映了在失认症患者中所发现的那些事实。

七、思维

在传统心理学中，由于受实验方法和技术的限制，对思维的研究所积累的资料相对比较少。自认知心理学诞生后，对思维这种高级心理过程的研究有了质的突破。联结主义认知心理学对思维也进行了初步的模拟研究。

侯耀克（K. J. Holyoak）和塔尕德（P. Thagard）曾经尝试着运用网络模型在联结主义框架内获得类似性推理过程。我们可以考虑一下传统的“放射线问题”，邓克尔（K. Duncker）最先将这个问题运用到人类问题解决的研究。设想你是一名医生，在你面前有一位病人，他的胃中长了一个恶性肿瘤。对这个病人进行手术是不可能的，但是必须将肿瘤摧毁，否则病人就会死。有一种强烈的射线足以摧毁肿瘤，但这种强度的射线在达到肿瘤的过程中也会摧毁那些健康的组织。如果降低射线的强度，虽然对健康组织没有损害，但同样对肿瘤也不会发生影响。怎样运用这种射线以使其摧毁肿瘤而又不影响健康的组织呢？

很多人觉得这个问题很难解决，认为只能通过非操作性的方式来解决。但是，如果看过这个故事，就可以运用类似性推理来解决肿瘤问题，并会很快得到一种实践性的解决方案。这个故事是这样的：

一位将军想征服一个国家中部的城堡，有很多条道路通向城堡，但是这些道路都被挖断了，以至于只有小部队才能安全通过。而将军则需要使他的部队全部到达城堡，他把大部队分成小队，在不同的路口特派一个头领，从而使所有小队同时在城堡周围聚合。

看了这个故事之后，吉克（Gick）和侯耀克认为人们可以对放射线问题进行这样的推理和解决，是否可以从很多不同的方向以较低强度的射线同时对肿瘤进行攻击。从心理学角度讲，当通过类似性推理来解决放射性问题时，人们的感觉似乎与解决代数问题不同，因为解决代数问题时所依据的是反思性推理。麦特卡福（Metcalfe）和卫比（Wiebe）发现，在解决代数问题时，人们这样说，当他们解决了问题时，他们变得很高兴。相反，当人们通过类似性来解决问题时，经常会再构其对问题的表征，他们也很少感到高兴，除非真正解决了问题。麦特卡福和卫比将后者描述为"经由洞察力"的问题解决。

侯耀克和塔尕德在1989年通过类似性推理，并运用平行约束满足网络模拟了解决这个问题的过程。网络中的单元代表着类似性推理中构成要素之间的"映射"关系。例如，对于放射线问题，网络中存在着一个将"城堡当做肿瘤"的单元，这是正确的映射，同样也存在着将"城堡当做放射线"的单元，这是错误的映射。能够获得一致性映射的单元（城堡对应于肿瘤；放射线对应于部队）是兴奋地联结在一起的，而表征着不一致映射的单元之间具有抑制性联结（城堡对应于肿瘤，但将城堡又对应于放射线）。侯耀克和塔尕德认为，这种联结模式在映射过程中获得了"结构性约束"。单元被激活，而活性则围绕着模型来传播。一致性映射相互支持并抑制不一致性映射。随着时间的推移，网络趋向于进入一种稳定状态。在这种稳定状态中，代表着一致性映射的单元就被激活了，而代表着不一致性映射的单元则被抑制起来。侯耀克和塔尕德认为，当人们发现这种映射的过程简单或困难时，这种取向有时也会表现出差别。

我们可以运用侯耀克和塔尕德模型来说明人们在解决不同的类似性问题时所用的时间，虽然关于映射单元是如何在第一位置被获得或设定的问题被省略了。在映射中结构约束有可能通过沙斯垂（L. Shastri）和阿加纳格德（V. Ajjanagade）所模拟的句法和语义表征而得到加强，因此只允许出现特定的映射，但这种步骤仍然需要进行。我们只注意到相互约束满足程序可以为人类的问题解决提供一种途径和方法，而且也许通过这种程序可以捕捉到在人的头脑中突然产生的洞察力。

第二节 联结主义认知心理学的成就与不足

目前在认知心理学领域，联结主义理论已成为一种研究的主流，为心理生活提供了很多科学的说明，已在众多心理学流派中找到了其自身的位置。很多研究者认为这一领域是富有成果的，但也有很多研究指出，这一领域的研究同样存在自身难以解决的困难。本节将对此做简单分析。

一、联结主义认知心理学的贡献

联结主义认知心理学是在神经生理学、心理学等学科的研究取得一定成果的基础上提出来的一种研究取向，被认为是对传统人工智能理论的严重挑战。由于它把"心理活动像大脑"作为其隐喻基础，因此它对大脑的模拟更接近真实脑的实际情况，对认知活动的解释更加具有说服力，被看做是"在认知解释方面的一场哥白尼式的革命"①、心理学研究中的重要范式转换。

符号加工论认知心理学在模拟明确的、简单的人工智能方面确实取得了显著的成就，但随问题复杂程度的提高，特别是对一些不确切、不完善问题的处理就显得束手无策了。而联结主义认知心理学的网络模型由于具备自学习、自组织、自适应以及容错性等特点，因而能更好地解决很多更加复杂的问题，它可以通过连续改变各单元之间的联结强度来实现记忆内容的模拟提取，并进行模拟推理，其自身的"自我完善性"决定了只要为其提供片段的、模糊的，甚至残缺的输入，它就可以完成推理任务，给出问题的解答。这是符号加工论认知心理学无法做到的。联结主义认知心理学网络模型的这一特性显然更加符合人脑解决问题的真实情况。

联结主义认知心理学在问句的解释和答案的提取过程中也具有重要意义。罗伯森(S. P. Roberson)的一项研究发现了话语和课文理解中的问题

① Clark, A. & Lutz, R. (Eds)(1992). *Connectionism in context*. Springer-Verlag, p. 9.

一位置效应[1]，即所提出的问题处于课文前部时，将疑问词放在句首，则被试阅读课文的时间较长，回答问题的速度比较快。他还讨论了两个平行加工模型理论，用以解释实验结果、预测析句模型和部分析句模型，都十分强调平行分布加工原理在问题解答与话语理解机制中的重要性。但析句模型又保留了串行加工的方式，它认为课文或句子的初始词对后面的句法分析发挥重要作用。可见，对话语和句子理解的研究出现了串行与平行相结合的发展趋势，这无疑对问题的理解和答案提取有重要意义，更符合人理解问题和提取答案的真实心理机制。

联结主义的亚符号推理理论可以对传统的符号系统理论进行补充和修正。联结主义以其平行分布式的连续亚符号推理过程作为本质特征，对自然智能和人工智能的研究产生了巨大冲击。在这种冲击的影响下，认知科学、心理学等许多研究领域都以联结主义理论修正、补充经典的符号加工理论。在思维领域研究中，出现了以联结主义模型修正或取代离散符号的产生或思维原型的理论发展趋势，如在保持符号系统理论的思维模型精髓的基础上增加联结主义亚符号理论的内容，即软约束的满足，另一方面则是完全建立联结主义思维模型，如沙斯垂和阿加纳格德的思维细节计算模型就是纯粹联结主义的。[2] 此外，金特奇(W. Kintsch)还提出了符号论和联结主义理论的折中模型用以进行课文理解。[3] 可见，联结主义认知心理学已打破了认知心理学中符号加工论认知心理学独领风骚的局面，并有与符号加工论认知心理学融合发展之趋势。这可能也是认知心理学发展的可行之路。

作为认知心理学的元理论基础，联结主义理论可以解释人脑与电脑之间的某些差异和相似性。正是由于吸收了联结主义认知心理学的理论观点，现代认知心理学才获得了新生，有了突破性进展。

二、联结主义认知心理学的局限性

对联结主义认知心理学的评价并不尽是誉美之辞，也有人从根本上否

---

① Roberson, S. P., Weber, K., Ullman, J. D. & Metha, A. (1993) Parallel question parsing and memory retrieval. *Journal of Memory and Language*, pp. 155～168.

② Shastri, L. & Ajjanagadde, V. (1993). "From simple association to systematic reasing: A Connectionist Representation of rules, variables and dynamic bindings." *Behavioral Brain Science*. pp. 148～184.

③ Kintsch, W. (1988). "The role of knowledge in discourse comprehension: A Construction Integration Model." *Psychological Review*. pp. 163～182.

认联结主义认知心理学是一种新发展，认为联结主义认知心理学只不过是“披着高科技外衣回到了联想主义”和“把皮亚杰所支持的嘈杂的观点翻新”[1]的心理学，或者仅是“披着计算机外衣的行为主义心理学”[2]。福多和皮利辛（Z. W. Pylyshyn）[3]1988 年也发表文章认为，联结主义认知心理学充其量只是 20 世纪 50 年代心理学领域中行为主义心理学的翻版，它非但不是心理学研究的发展，反而是一种历史的倒退。他们认为，20 世纪 50 年代以后兴起的符号加工论认知心理学击败了行为主义心理学，也完全有能力击败 20 世纪 80 年代兴起的联结主义认知心理学。而且，由于联结主义认知心理学的网络模型在复制人们非常熟悉的经验时相对失败，导致人们对联结主义认知心理学理论应用的质疑。[4] 斯摩伦斯基认为，联结主义认知心理学的网络模型只是经典符号加工论认知心理学的模型与生物脑之间的中间模型，它不可能真正实现生物脑的功能。

联结主义认知心理学以“心理活动像大脑”为隐喻基础，以对大脑的同构型或同态型模型为研究对象本身就具有一定的局限性。众所周知，人脑是生物亿万年进化的结果。在人脑进化发展的过程中，社会文化历史条件无时无刻不在其上烙上印迹，从而使人脑具有一定的社会文化属性。可以说，社会文化属性是人脑不同于任何其他动物脑的主要客观内容，文化表象是人脑优越于动物脑的主要思维形式。所以，我们不能仅从大脑内部来寻找意识的来源，意识现象绝不是大脑细胞单纯的生物生理生化活动的结果。而且人脑在进化发展的过程中借助于语言等独特的文化力量发展、丰富和完善了第二信号系统，从而使人在从事任何活动的过程中表现出一定的创造性。这是任何脑模拟研究都无法做到的，对大脑的模拟研究充其量只是对大脑生物结构的模拟，并在对大脑生物结构进行模拟研究的基础上推论其功能，但却根本无法模拟大脑本身所具有的这些带有社会文化历史色彩的属性。把心理活动看做大脑神经元整体活动的联结主义认知心理学以脑模拟研究为基础，虽然也在某些方面揭示了心理活动的本质，但那只是对心理活动本质的近似，而不是心理活动本质的真谛。由此看来，联结主义认知

---

① 转引自英 A·卡米洛夫-史密斯著，缪小春译：《超越模块性——认知科学的发展观》，华东师范大学出版社 2001 年版，第 161 页。

② Papert, S. (1988). One AI or many? *Daedalus*, March, p. 9.

③ Fodor, J. A. & Pylyshyn, Z. W. (1988). Connectionism and cognitive architecture: A critical analysis. In Pinker, S. & Mehler, J. (Eds) *Connectionism and symbols*. The MIT Press, Cambridge, 1988.

④ [美]John B. Best，黄希庭译：《认知心理学》，中国轻工业出版社 2000 年版，第 199 页。

心理学的相关理论和网络模型在揭示人的心理的本质方面也是具有一定局限性的。

诚如冯·诺依曼所言，人脑的语言不是单纯的数学语言，任何脑模拟研究都代替不了大脑的生命活动本质。因为人脑本身是一个系统化的多元结构的功能体系，它通过对各种神经元之间的信息整合方式，实现对外部世界和内部世界的客观认知和表达。联结主义认知心理学的理论和模型虽然提供了一种揭示智能和了解人脑工作的方式，所形成的研究思路和成果都有一定的合理性，但它毕竟是由人所提出的，在运行过程中没有自己的目的，无法从事真正的实践活动，更认识不到行动的意义和后果，因而无法真正揭示人的心理活动的本质。

第五章

真实生活情境中的心理:生态论认知心理学(上)

符号加工论认知心理学和联结主义认知心理学因专注于实验室的模拟研究,而脱离了现实生活的需要,引起人们的强烈不满,导致认知心理学的研究出现了危机。为走出危机,就需要从生态学的视角来进行认知研究,把认知与现实生活结合起来,这样就可避免认知研究中的非人性化现象,使认知研究更加符合人的真实认知过程。

第一节　生态论认知心理学产生的背景

生态论认知心理学的产生既有哲学背景,又有心理学背景和其他相关学科的背景。我们拟从以下几个方面阐述其思想渊源。

一、生态论认知心理学产生的哲学背景

1. 实用主义哲学的影响

生态心理学大约形成于20世纪40年代到60年代的美国。虽然当时占主导地位的哲学思想是实证主义,但作为美国本土哲学的实用主义却在美国社会生活的各个领域起着潜在的主导作用,美国学术界也被一种浓厚的实用主义氛围所笼罩。形成于这一时期的生态心理学以及稍后出现的生态

论认知心理学也受到了实用主义哲学的强烈影响。实用主义哲学强调现实生活以及哲学研究的外部价值，把人的行动、信念、价值当做哲学研究的中心，把获得效果当做最高的目的，特别重视行动、实践在哲学中的决定性意义，强调研究的现实性、外部价值即研究的功用性。这种强调研究的现实意义的精神反映在生态心理学研究的整个发展过程。可以说，生态论认知心理学的整个研究基调与实用主义的精神是完全吻合的，因为生态论认知心理学就是一种提倡认知研究必须立足于现实生活的研究取向。这种取向的认知研究注重心理对环境的适应机能，强调要在认知或行为发生的真实环境中研究它们，从而弥补了实验室研究忽视心理学实用价值的缺陷。

生态论认知心理学思想的最早倡导人之一布伦斯维克(E. Brunswik)是一位介于机能主义和生态心理学之间的心理学家，而机能主义心理学的奠基者则是实用主义心理学家詹姆斯，因此作为生态心理学家的布伦斯维克的思想观点必然深受实用主义精神的影响；生态论认知心理学思想的另一位奠基者吉布森(J. J. Gibson)也不可避免地由霍尔特(E. B. Holt)而受到詹姆斯实用主义的影响。实用主义对吉布森的影响之深，我们可以从以下这段话窥见一斑："在1930年，吉布森赞成行为主义的学习理论，他还认为不能将思维和其他心理过程看做是纯粹的行为，因为心理过程至少部分来源于经验。有意义的事情既是主观的又是客观的。人类行为被来源于个体外部的价值所激发，像食物与性一样基本，像自由一样抽象。在后来40年的研究中，吉布森都在分析外部价值的含义。在他后来的理论中有着重要作用的可获得性理论，与这种早期对引发人类行为的客观价值的理解有着渊源。"①

2. 生态哲学的影响

生态哲学是影响生态论认知心理学产生和发展的另一哲学背景。生态哲学既是一种关系实在论，又是一种过程实在论，同时还是一种整体论哲学。② 生态哲学强调世界万物不是孤立存在的，而是相互联系和相互作用的，认为世界是由人、社会和自然所组成的复合生态系统，地球就是一个复合生态系统。在这种系统中，人、社会和自然是动态的、不可分割的，人的认知就是人在这种复合的生态系统中产生的。

在生态系统内，生物与环境的关系是相互依赖的。"一切事物与一切事

① Reed, E. S. (1988). *James J. Gibson and the Psychology of Perception*. New Haven: Yale University Press, p. 46.

② 余谋昌:《生态哲学:可持续发展的哲学诠释》,《中国人口·资源与环境》,2001年第3期。

物有关”，尽管生态系统同世界上其他事物一样，也是有一定结构的，但生态过程比生态结构更重要。在整体与部分的关系问题上，生态哲学认为整体是首要的，部分是次要的。世界就是一种“人—社会—自然”的复合生态系统，是一个活的系统，有生命，有思维，有精神。地球作为活的系统，有一定的生态结构，可以分为自然存在、社会存在、精神存在，或者分为自然运动、社会活动、精神活动等。但是，它们都是复合生态系统过程的一种表现形式，是动态的和不可分割的；如果把这种结构分割开来，例如，任何生物同环境分割开来，或者把生物分割成各种器官，那便不再是生物。同样把自然存在、社会存在和精神存在完全分割开来，孤立起来，那也是不可理解的。它们是相互联系、相互作用、不可分割的整体。显然，这种整体的、综合的、层次的和系统的生态哲学原则，已经成为生态论认知心理学研究的指导原则。同时，生态哲学还强调要采用野外观测方法和现场研究方法研究发生在现实生活情境中的心理现象。巴克(R. G. Barker)的中西部现场研究站就是典型的采用野外观测方法来描述发生在现实生活情境中的心理现象的典范。布朗芬布伦纳(U. Bronfenbrenner)的多元系统论就是生态哲学思想的最好体现。布朗芬布伦纳认为，能动的、正在成长的人与其所生活的环境之间进行着渐进的相互的适应过程。在此过程中，人受到各种情境关系以及情境所处的更大环境的影响，而人类发展生态学就是要对这一过程进行科学研究，这就体现了生态哲学的过程实在论思想。他认为，环境既包括情境内部的各种影响，也包括情境外部更广阔的环境的影响，因此必须把人的发展放在一个宏观的、多层次的生态系统中加以考察。这又体现了生态哲学的整体实在论思想。可以说，生态哲学的思想观点既是生态论认知心理学的思想渊源，又是影响着生态论认知心理学进一步发展的因素。

3. 现象学与存在主义

现象学和存在主义对生态论认知心理学的影响不是直接的，而是间接的。现象学对格式塔心理学产生过深远的影响，生态论认知心理学又从格式塔心理学中吸收了充足的营养，因而也间接地受到了现象学的影响。现象学强调研究事物的整体性，反对对事物进行分解式的研究，这种整体观直接影响了格式塔心理学的知觉研究，并由此而启发了生态论认知心理学家，使其从中接受和吸收了整体性研究的原则。如巴克在研究时就将人与环境不可分的整体性原则作为其基本假设；吉布森则认为，对信息的直接提取是有机体与环境共同进化的结果。从方法上讲，现象学提出现象学还原的方法，强调对象在意识经验中对人呈现的直接意义，反对人为地分解意识经验，生态论认知心理学就反对在实验室中对人的认知等心理问题进行限制性的研究，而主张具有生态效度的实验和直接观察，这不能不说是现象学对生态论认知心理学的影响。现象学的创始人胡塞尔在晚年提出了“生活世界”概念，他认为人们生活于其中的世界是一个被人改造了的世界，是一个人化了的世界，因为这个世界是先验意识“构造”的，是由人赋予意义和价值的。他把意识的意向性活动范围及其所造成的周围环境区域、关系称为“水平域”或“边缘域”，而生活世界就是这个与人联系在一起的具有意义的“水平域”。这一概念对生态论认知心理学有重要意义。生态论认知心理学把人的心理和行为的研究还原到人所处的现实生活中，并将心理的研究对象定位于人与其环境的交互作用中，从而实现了心理学研究向人的现实生活研究的转向，体现了对人的生存的关注。生态论认知心理学强调要在真实生活环境中研究人的认知等心理现象，这在深层意蕴上与现象学所关注的问题是一致的，因此对生态论认知心理学的研究也很有启发意义。

存在主义对生态论认知心理学的影响也是间接的。存在主义对人本主义心理学产生了重要影响。人本主义心理学家认为，人生的目的就是成为真正的自我，个人最合乎人性的价值选择乃是充分自由地成长和实现内在的潜能。人的存在或是一种直接的、相互性的两个个人的现在关系，或是一种间接的、非相互性的本质上已经观念化的关系，并且人总是在关系中实现自己的价值和达到人生的超越。对人的真实存在的意义的发掘正体现了存在主义对心理学的影响，因为这是对真确现实的反映，而此也正体现了生态心理学的思想，由此也可以看出存在主义对生态论认知心理学的启示。海德格尔等存在主义者对“此在”、“烦心”的分析与吉布森对“可获得性”的分析也是类似的。生态论认知心理学强调对真实生活世界的探索也与存在主义相一致，因为存在主义对“此在”的探索也是在与“此在”构成统一整体的过程中进行的。

4. 对二元论的批驳

二元论在整个西方哲学思想史中具有深厚的传统，柏拉图是二元论思想的最早提出者，他把世界分为可感世界和理念世界，将本质与现象为一体的世界分割为二元，把认识上的两个层次外化为两个世界，这就是最早的二元论。从柏拉图时代开始，就出现了亚里士多德对柏拉图二元论的反对。亚里士多德在逻辑上区分了认知的心灵(或“主体”)与被认知的“客体”，但是认为在现实中这两者是不可分离的。现代二元论思想肇始于笛卡儿。笛卡儿认为，所谓实体就是不依赖于任何别的事物而存在的一种事物，心理和物质的关系是独立存在且彼此互不依赖的。他倡导一种心理与身体－大脑的二元论，其心理－身体的二元论是其心物二元本体论的必然结果。他认为，世界的结构如一台机器，动物和人也是一台机器，它们由可以分割开来的部件组成，也可以还原为最基本的部件。由此可以看出笛卡儿二元论最主要的三大特征：机械论、元素论和还原论。这种二元论的后面是一种主客二分的对象性的思维方式。正是这种主客二分的思维方式导致了人与自然、技术理性与人文精神、价值与事实的分离和对立。

笛卡儿的二元论思想在牛顿物理学中得到了充分发展。牛顿把物质、时空、运动都视为绝对的、机械的。但这种观念遭到了很多学者的批判。莱布尼茨、康德、黑格尔都认为心理是一种活动，而不是一种被分离的物体，他们均以不同的方式强调了关系的重要性。莱布尼茨用单子论来说明无限宇宙及其种种事物的相互联系和普遍和谐的问题，他反对因果链模式，将它替换成事件固有的关联性观念。康德将心理描绘为一种能力的组织，个体经验只有在整个心理网络的背景中才有意义。黑格尔企图将自然的和人类的历史转入相互依存的过程中，其中任何事情在本质上都不是静止的和固有的。他认为实体的本性在本质上来源于它与整个自然的关系。达尔文的生命进化观挑战了心理和物质的绝对分离的观念。他认为心理是一种内在于自然的发展能力，而不是外在于自然的一种固定形式，从而瓦解了心物二元论。

虽然实证主义极力回避在本体论上关于二元论和反二元论之间的争论，但在认识论中却继承了二元论的思维传统，其客观主义原则就是最佳反映。这一原则所反映的仍然是主客二元对立的思想。二元论借助于实证主义而登上了历史的制高点，这种实证主义的二元论也成为反二元论思潮批判的中心靶子。实用主义把实证主义所排除的个体价值和态度放在了研究的中心。在实用主义那里，行动的性质以及它与思维和认知的关系成为关注的主要问题，自然科学和人文价值的关系更多地受到重视。詹姆斯、杜威、奎因（W. V. O. Quine）、普特南（H. Putuam）和罗蒂（R. Rorty）都为反二元论作出了贡献。

哲学上的反二元论思想由心理学中的机能主义心理学和格式塔心理学影响到生态心理学家，从而使生态心理学具有了强烈的反二元论的意味。在生态心理学家中，从哲学层面上最明确反对二元论的是吉布森，而在研究观念和模式中透出反二元论精神的是巴克等人。吉布森关于直接知觉是有机体在和环境的交互过程中实现的理论，对建立在感觉主义之上的间接知觉论的反对，就是他反二元论的最好证明。巴克的反二元论思想体现在他的具体研究中，他倡导一种从交互关系的角度对环境和行为进行定义的做法，他自己创造出"行为—背景同型体"这一概念来形容二者的交互关系，就是他反二元论的例证。布朗芬布伦纳的多元系统理论，一方面是运用生态心理学的基本原则——交互作用原则的最好体现，另一方面也间接地反映出他企图克服二元对立分析的做法，试图在一种多元系统的体系中来分析环境和其成员之间的复杂关系。奈瑟在研究中不再过于关注有机体的内部过程，以及不再过分重视知觉者而忽视环境的丰富内容的做法，都体现了他在具体实践着反二元论的精神，即不再将研究对象二元地分离开来。

5. 后现代主义的影响

后现代主义是20世纪中期在西方国家所兴起的一种哲学思潮，同时也是一种新的方法论、世界观和人生观。后现代主义主张“多元化”和“去中心化”，它所强调的文化的平行性为本土心理学的存在与发展提供了理论基础。本土心理学重视对本土的心理生活进行探索，注重用现象学的方法去考察生活世界，更多地关注日常生活中常人所拥有的常识心理学，这都体现了后现代主义的精神，也与生态论认知心理学的主旨相一致。受后现代主义思想的影响，生态论认知心理学也强调方法的多元化，反对简单化、抽象化的实验室研究。生态论认知心理学家认为，当没有一种单一方法和单一研究能够完成所有的要求时，在不同的研究中，不同方法的组合有助于接近研究的目标。多元主义不仅指多元方法，还指多元研究设计、多元取样、多元分析、多元变量和多元数据分析方法。例如，同样一种研究可以采用多种研究设计：跨区域设计、纵向设计以及准实验设计等。在数据收集上也有很多方法，如行为样本记录法、经验取样方法、自拍法等；在考察人类的自然观等影响到生态的基本心理动因时，生态心理学不可避免地要对现代主义的自然观进行批判而接受了后现代主义的自然观，这也为在日常生活情境中研究人的心理奠定了基础。此外，中国传统哲学中“人与自然关系和谐一体”的思想、“整体性”和“对立互补”的思维方式对生态论认知心理学的进一步发展有着重要的借鉴意义。

二、进化论思想的影响

19世纪下半叶，科学形态的生物进化论和作为一门独立科学的心理学相继诞生。科学形态的生物进化论一经创立，不仅改变了对人类起源的研究，而且对人心理的研究也产生了显著影响。达尔文(C. R. Darwin)曾说，他看到了将来更为重要的、广阔的研究领域，这就是：心理学将稳固地建立在斯宾塞先生已充分奠定的基础上，即每一智力和智能必由进化的阶梯途径获得。

进化论为我们带来的思想革命是空前的，它所引发的智力革命转变了生命科学对自然世界的看法。生命科学原有的看法是将自然描述为由一系列的物质实体组成的静态链条，最高点是精神实体，而人类这种精神和物质的混合物处于链条的中间位置。进化论带来的观点是：自然世界是自然实体在相互依存的网络中共同进化的动态领域；自然实体的结构和功能特征以及共享的相互依存性，反映了它们正在进行的相互影响的历史。这种观点包含着一种生态学取向，成为现代生命科学的中心。从进化论的观点看，我们的自然、人类、社会、知识等方方面面均处于进化之中，因而它不可避免地会影响到心理学研究。进化论对心理学的影响最早是由斯宾塞实现的。在达尔文之前，斯宾塞就将进化思想引入心理学研究，并致力于探讨有机体的心理对环境适应的问题，他"用生物进化的观点解释心理现象的本质，将研究重心从机器构造的有机体转移到有机体同环境适应的关系"，并且认为心理学的研究对象"既不是内部现象间的相互关系，也不是外部现象间的相互关系，而是这两种相互关系间的相互关系"。① 而生态心理学把心理学的研究对象也是定位于斯宾塞所说的最后一种相互关系上。进化论的基本假设有两条：有机体是在进化过程中由于自然选择的作用而历史地形成的；而历史地形成的有机体的一切方面，都对维持有机体的存在具有积极的意义。这两条假设逻辑密不可分，二者的统一构成了对有机体的各个方面及其与有机体、环境之间在进化过程中所形成的历史同一性的说明。进化论的本质特征在于把有机体视为环境的一个因素，并在有机体和环境的双向动态关系中把握有机体：有机体实在的一切事实都应该在这种动态关系中被理解。进化论对生态心理学的影响主要是由两种途径实现的：一种是由机能主义心理学影响生态心理学家的；另一种是由生态学影响着生态心理学家。诚如黎黑所说："任何一种进化理论都提出了两个有助于开展心理学研究的问题。第一个问题可以称作'物种问题'，如果躯体和大脑是机体进化的产物，那么我们便要问这种遗传以何种方式塑造了有机体的思想和行为；第二个问题称作'个体问题'，个体的生长过程可以被看做是以类似于机体进化的方式在心理上对行为的适应。"从这里，我们可以看出生态心理学与进化论思想的渊源关系。

进化论的思想使得倡导生态学取向的心理学家重新定义了环境、动物以及环境和动物的关系，并且把心理学的研究对象转向这两者的交互关系上。巴克的行为背景理论就是关于环境和有机体行为之间关系的学说。吉

① 转引自车文博：《西方心理学史》，浙江教育出版社 1998 年版，第 305 页。

布森认为动物是一个处于世界中的存在，而环境是动物的世界。克罗恩(A. C. Clune)在整合巴克和吉布森的理论时指出："吉布森的见解是，进化是理解行为结构的恰当框架；而巴克的洞见则是，行为总是嵌套在限制行为的复杂的环境背景当中。"克罗恩认为，在进化过程中存在着可与环境相匹配的基本的行为能力和利用进化论指导下的生态学方法，这些基本的行为能力能够用与其匹配的"环境背景"的术语来理解。温特(D. D. Winter)和霍华德(G. S. Howard)均从进化论的角度探讨了环境危机问题，并将人看做是自然的一部分。在生态论认知心理学家看来，人与环境的关系远比传统心理学想象的复杂，因为人与环境是统一的整体，动物和环境在功能上和在结构上都相互联系着。动物和环境都是有组织的整体，并且都由许多类型的变化或过程赋予其特征。由于进化的适应功能，一种动物的结构和能力与环境的结构和能力组成"一个不可分的对子"，两者相互包含着。围绕着和包含着动物的是物体、表面和中介的环境；并且动物由一个中介越过和超越表面，经由使用物体而使其存在永存。吉布森的"可获得性"概念就体现了有机体与其环境的共同进化。

三、人类学思想的影响

人类学研究也为生态论认知心理学的产生提供了重要的素材。人类学家通过现场的跨文化研究所提供的非实验情境下的素材，使心理学家意识到，对于认知等心理现象的研究必须在一定的文化背景和具体环境中来进行，这是因为认知等基本的心理过程深刻地反映着文化对环境的适应。这样就使心理学研究不得不面对认知等心理现象的现实性问题，从而也启示了心理学家从生态学的角度来研究认知等心理现象。

四、心理学思想的影响

生态论认知心理学最重要的思想渊源还是在心理学内部。生态论认知心理学从其他取向的心理学理论中吸收了丰富的营养，因此可以说，正是心理学自身的不断发展孕育了生态论认知心理学。

1. 冯特民族心理学的影响

科学心理学的创始人冯特在创建心理学学科时，曾开创了两条研究路线，一条是沿循自然科学传统的科学主义心理学路线，另一条是沿循人文科学传统的人文主义心理学路线。正是这后一种研究路线影响了生态论认知心理学的产生。冯特认为，对于学习、记忆和思维等高级心理过程是不能采用实验的方法进行研究的，而只能采用民族心理学的方法。冯特认为，实验室研究必然要限制在基本心理过程的直接意识经验这个范围之内，因此实验的心理学并不能成为一门完整的心理学，心理学应该有一个更宽泛的研究目标。冯特希望研究更高级的心理过程，比如学习、思维、语言以及文化等，但他认为这些过程和人的个人生活史、文化史以及社会环境密切相关，对它们不能在实验室里进行控制研究，而只能通过观察、跨文化的比较、历史分析以及案例研究来达到这个目标，所以需要民族心理学。民族心理学的方法是一种对心理或精神的产品及其发展进行因果分析的方法。冯特所指的心理或精神的产品是人类的语言、风俗、神话和宗教艺术等，对这些文化产品的分析可以揭露人类思维和想象的发展轨迹，发现人类思维想象的发展模式，而且研究社会文化历史产物也是对人类心理达到直觉理解的一种方法。由此，我们可以看出文化在心理学研究中的重要作用。受此启发，生态论认知心理学也将文化纳入研究的视野之中，并根据人类现有档案文献来研究人类行为的发展与变化。

2. 机能主义心理学的影响

受进化论思想的影响，机能主义心理学强调心理对环境的适应功能，认为心理活动适应世界的目的是保持有机体的生活，心理活动与其认知对象密不可分地关联着。詹姆斯在《心理学原理》中明确反对笛卡儿将环境与有机体以及身体与心灵二分的二元论思想，将生命(包括心理)作为一种适应环境的过程，将心理功能与其环境联系起来。在机能主义看来，认知的对象是自然的，本质上是一种亚里士多德心理学的现代重述。总的来说，机能主义对生态论认知心理学的影响，一方面是它对环境研究的重视，另一方面是强调心理对环境的适应机能的研究，这就为生态论认知心理学的研究提供了一个平台。由此也可以看出，在机能主义心理学的影响下，生态论认知心理学走向了心理和环境动态联系的研究道路上。机能主义心理学在心理学研究课题上的开放态度，对心理生活的目的论性质的肯定，对心理生活的整体性质的强调，以及对个别差异与个体独特性的重视等观点，均与生态论认知心理学方法论一致而备受生态论认知心理学家的重视。

3. 詹姆斯激进经验主义的影响

詹姆斯认为纯粹经验是直接观察到的，是经验中的最基本的组成成分。它不仅包括感官所接受的感觉，还包括其他一切心理活动，甚至包括潜意识和下意识的心理本能活动。纯粹经验难以理解，因为认知过程是一个选择机能，而纯粹经验为这一选择提供了材料。这种纯粹经验处于人和环境的关系之中，它是动态变异的准备阶段。在他看来，经验世界并非由物质和心灵两部分组成，经验世界具有多样性。詹姆斯认为，如果对纯粹经验中的潜在结构的多样性和认识的选择机能进行分析，那么这些潜在结构中的一些结构就可以在这一分析过程中被认识。经验中的结构选择引发了经验中的一系列关系，只有在经验的各种关系中经验才能被经验到。经验中的各种关系是外在物质世界提供的但被主体转换了的经验。詹姆斯的激进经验主义试图从自然主义的观点出发，通过对日常生活中的心理经验的分析，最终达到对心理现象的描述和说明。詹姆斯的这一思想为生态论认知心理学提供了基本的概念成分。事实上，吉布森的生态方法的概念基础结构可追溯到詹姆斯后期的哲学立场。

4. 格式塔心理学的影响

格式塔心理学的哲学基础是现象学。现象学的始祖胡塞尔将世界分为现象世界和现实世界。格式塔心理学家考夫卡（K. Kaffka）的两个环境说就是建立在这种分离之上。考夫卡把环境分为地理环境和行为环境，前者是外界的现实环境，而后者是人们心中意识到的环境，它才是影响行为的直接因素，格式塔心理学所研究的就是行为环境，地理环境对于格式塔心理学来说如同虚设，不过是为了应付解释逻辑的需要而已，在真正的研究和解释过程中，它并不起到什么作用。生态论认知心理学家认为，心理学家应该研究真实的心理和真实的环境，而且两者的存在是以相互依存为前提的。巴克认为："如果我们希望理解更加直接的……行为，生态环境的知识是基本的发展，不是一个暂时的现象，而且生活空间的过程只能在包含它的生态环境中被认识。"①从心理学对环境的关注点来说，格式塔心理学把真实环境之前的心理环境看成是决定行为的主要因素；而生态论认知心理学家却认为只有与人交互作用的真实环境才是研究对象中的一个组成部分，生态论认知心理学所研究的就是环境和心理的交互作用。格式塔心理学强调现象直观的作用，生态论认知心理学同样强调现场研究，并关注现实生活世界，将心理看做是人与环境相互作用的结果。格式塔心理学是整体主义心理学的代表，生态论认知心理学则在扬弃格式塔心理学只注重知觉研究的倾向的基础上对整体主义心理学进行了新发展。受格式塔心理学的影响，生态论认知心理学反对以实验操作证实或证伪已形成的理论假设，主张在没有预

① Barker, R. G. (1968). *Ecological psychology: Concepts and methods for studying the environment of human behavior*. Stanford, CA: Standford University Press, p. 9.

设理论假设的条件下，以现象直观的方式对现象加以描述，进而发现意义结构；反对通过实验将现象简约为具体的刺激变量，从而再发现变量之间的因果关系的还原方法，主张通过现象场（即格式塔情境）的创设，来发现现象场的意义结构，从而达到实验的目的。最后，反对脱离现象场的实验，主张把人置于所处的现象场中进行研究。

5. **行为主义心理学的影响**

行为主义心理学对生态论认知心理学也产生了重要影响。早期行为主义者霍尔特(E. B. Holt)认为，行为之中包含着意识，行为就是认识，它是一种有目的的整体性动作。这与生态论认知心理学是一致的。因为生态论认知心理学也强调行为的整体性和目的性。在对行为的关注程度上，生态论认知心理学与行为主义也存在着一致性。巴克的中西心理学场站研究就是现场观察和描述儿童的行为，而不揭示其内在的心理活动。行为主义非常重视人与环境关系中环境的作用，受此启发，生态论认知心理学也重视环境的作用，但却纠正了行为主义的环境决定论倾向，因为在生态论认知心理学看来，没有什么有趣的心理现象是由环境因素决定的。生态论认知心理学既吸收了行为主义中有利于其发展的思想，又反对行为主义过分强调实验室研究、过分强调对实验对象进行抽象并把动物作为主要研究对象的做法，而是将研究对象设定为生活在现实生活中的人。可以说，生态论认知心理学正是在吸收行为主义的合理因素并批判其谬误的基础上发展起来的。

第二节 生态论认知心理学的发展线索

生态论认知心理学的思想渊源可以追溯到20世纪初期。20世纪初期，帕森斯(F. Parsons)在其心理咨询的实践中提出，通过个体与环境的交互作用而获得的知识可为心理咨询提供满意的解释。这种观点可被看做是具有生态学意味的心理学研究的最早来源。坎特(J. R. Kantor)继承了这一思想并提出了个体与环境的交互作用所产生的行为是心理学研究对象的观点。20世纪30年代，考夫卡进一步深化了这种观点，提出行为环境是地理环境与个体交互作用的结果。尽管这些观点都没有使用生态心理学这一术语，但却隐含着这样的思想。在心理学中最早使用生态学这一概念的是勒温(K. Lewin)。勒温在对美国人的饮食习惯难以改变的原因进行研究的基础上，发表了《心理生态学》一文，认为在考察个体和群体行为的时候，必须首先考察环境为这种行为的发生所提供的机遇和条件，以及这种行为与环境之间的各种关系。勒温认为，环境对人的行为只有间接的影响，这是因为环境首先影响人的知觉，然后通过知觉而影响其行为。① 这表明心理学家开始将目光转向心理学研究对象的背景，并且认为研究对象和背景之间有着某种关联。这种观点虽然与生态认知论的观点存在差异，但却隐含着一定的生态认知论思想。虽然勒温的思想与生态心理学对行为和环境的直接关系的看法有很大的差异，但他对环境研究的重视，特别是对人类活动的社会环境和人的动机因素的重视，又是生态心理学发展道路上迈出的第一步。

勒温对生态论认知心理学的影响，主要表现在他对场论这种整体而动态工具的运用与对环境研究和实际问题研究的倡导。他的后继者则沿着他所开创的生态论认知心理学的道路继续走了下去。

20 世纪 40 年代，布伦斯维克在对心理学的发展进行了总体分析之后指出，心理学研究必须关注有机体在日常环境中达成重要目标的能力，并提出了生态心理学的两个基本原则：其一，为了提供有机体取得成就的基本数据，必须在环境背景中研究有机体的心理过程；其二，在心理学研究中，必须同等重视环境和心理过程。这就为以后的生态论认知心理学提供了一种研究思路，即研究者应当重视自然或真实条件下的认知等心理问题，并且在研究中应将认知等心理问题与环境摆在同等重要的地位上。此外，他还首次提出了“生态效度”这一概念，明确倡导对刺激环境进行详尽的生态学分析的知觉理论。② 布伦斯维克关于生态效度的思想是在他的机能主义视知觉研究中形成的。他将“生态效度”定义为“个体的自然或习惯居住地的刺激变量的发生及其特性”③；随后，他又两次修改了这一概念，使其越来越接近现代意义上的“生态效度”概念。由于生态效度正好弥补了实验室研究的不足，减少了人们对实验室研究的批评，因此被人们看做是实证研究必须遵守的外部效度。吉布森在对知觉进行生态学取向的研究时就曾使用了这个概

① Wicker, A. W. (1979). *An introduction to ecological psychology*. Cambridge University Press. p. 3.

② Heft, H. (2001). *Ecological psychology in context: James Gibson, Roger Barker, and the Legacy of William James's radical empiricism*. Mahwah NJ: Lawrence Erlbaum Assicates, Inc., p. 228.

③ Brunswik, E. (1949). *Systematical and reprentative of psychological experiment*. Berkeley and Los angeles, Cambridge University Press.

念，奈瑟则进一步使这一概念生态化。在奈瑟看来，"生态效度"就是一个理论或实验结果能够说明或预测人们在真实的、各种不同背景中的行为的程度。海门(G. W. Heimen)指出，效度指针主要有四种，即外部效度、内部效度、结构效度和内容效度，其中外部效度由生态效度和时间效度组成，他把生态效度界定为：研究结果推广到一般行为与自然背景的程度。[①]

巴克则将勒温的研究兴趣与布伦斯维克的研究方法结合起来，摒弃了勒温将人从其自然环境中抽离出来的做法和布伦斯维克过分强调环境的无序性的特征，开创了在自然现场中收集环境和行为关系的研究资料的新模式，并于1947年和其同事赖特(Wright)在美国小镇建立了中西部现场研究站，为在原处研究人类的心理和环境之间的关系提供方便。1949年，他们共同发表了《心理生态学和心理社会发展问题》一文，这既是他们正式进入生态心理学研究领域的宣言，也是他们向生态心理学完全转向的标志。自此，他们进行了大量的生态心理学研究。特别值得提及的是巴克提出的"行为背景理论"和"人员配备理论"，这些理论都被看做是生态心理学和生态行为学研究的支柱性理论。巴克对生态心理学所做出的贡献主要表现在两个方面：开创了行为和环境交互关系的现场研究，并重新定义了作为行为的真实背景的环境，把它定义为"行为背景"，其价值在于提供了一种能够在其原有水平上对人类环境进行描述的单位。显然，巴克对环境和行为的交互研究，包含着一种从交互关系的角度对环境进行定义和研究的做法；重新解释了一些传统的概念，这为生态论认知心理学建构自己的理论体系提供了有效的工具。

与巴克同时代的吉布森在"二战"期间负责为美国空军重新设计机舱内的仪表盘和机场跑道信号。在实验中，他发现在紧急起飞和着陆时，飞行员是在"直接发现"信号而不是在知觉中"构造"信号的心理表征。[②] 由此，吉布森发现了实验室中的认知研究的弊端，并开始了知觉的生态学研究。吉布森认为，认知心理学家不能也不应该像生理学家那样给被试施加刺激，因为一个有理解力的主体是主动的、有目的的观察者，他是有目的地搜寻信息而不是被动地接受刺激。而搜索什么样的信息则取决于他的期望和环境究竟能够提供什么样的信息。在搜索信息的过程中，个体也在与环境不断地发

① 陈利君、谭千保：《论心理学研究的生态效度》，《湘潭师范学院学报》（自然科学版），2002年第2期，第101～104页。

② Reed, E. (1997). The cognitive revolution from an ecological point of view. In: D. M. Johnson & C. Emeling (Eds.). *The future of the cognitive revolution*. Oxford University press, Inc. pp. 261～273.

生相互作用，并且利用从环境中所搜索到的信息来调节自己的活动以及自己与环境的关系。在此过程中，个体必须与环境保持接触，而要做到这一点，就必须依靠最基本的认知过程——觉察。[①] 吉布森看到了实验室知觉研究的人为性，开始相信任何人都不可能真正看到像一个事物的照片那样的平面形式，因为人所看到的是视图不断变化的连续体和无限形式，这在某种程度上说明了物体的固体形状。基于这种认识，吉布森认为，实验室的知觉研究对于理解现实生活中的知觉价值很小。[②] 因此，他呼吁心理学家走出实验室，在现实的社会生活中研究人的认知等心理现象，并且他非常重视从个体与环境的交互作用中解释心理过程，并把个体看做是能主动探索环境的、与环境发生交互作用的生态个体。

受吉布森生态学观点的影响，奈瑟对其理论进行了修正，他认为信息不应内在于有机体，而应外在于有机体。在1976年出版的《认知与现实》一书中，他明确倡导生态心理学的认知研究，强调外在于实验室的世界，认为知觉像进化一样，包含着对环境的适应，并建议“用生态心理学取代信息加工心理学”[③]。由于奈瑟在现代认知心理学中具有权威地位，因此在他的推动下，吉布森的生态论认知心理学得到了人们的普遍认同。1985年，在《走向一种生态学取向的认知科学》一文中，奈瑟对吉布森的生态论认知心理学思想进行了新的阐释，认为“生态心理学是一种认真对待环境的理论，它关注日常情境中的认知”。1997年，在《认知科学的未来：一种生态学的分析》一文中，他又进一步解释道：“我是在非常宽泛的意义上使用‘生态学’这一术语的，以便包含知觉、记忆、语言和思维等研究的许多不同的功能性取向。……我们都想知道人类在与其环境进行正常交往时实际上在做什么。”[④]显然，奈瑟扩大了吉布森生态心理学的含义，使其在实际运用中具有更大的适用性。当然，在接受了生态心理学的有关思想和方法之后，奈瑟对传统认知研究的弊端进行了反思。他认为，传统的认知研究是为了方便而在实验室中进行的，这种研究结果并不是在“真实的”环境中发生的，因此以这种方式所进行的认知研究是不能令人满意的。他因此倡导一种生态的认知研究，

---

① Galotti，K. M.（1994）. *Cognitive psychology in and out of the laboratory*. Washington，D. C：Cple Publishing Company. p. 27.

② 秦晓利等：《生态心理学的元理论解析》，《长春工业大学学报》(社会科学版)，2004年第1期。

③ Hergenhahn，B. R.（2001）. *An introduction to the history of psychology*. U. S. Thomson learning，p. 547.

④ Neisser，U.（1997）. The future of cognitive science：An ecological analysiss. In：D. M. Johnson & C. Emeling(Eds.). *The future of the cognitive revolution*. Oxford University Press，Inc，pp. 245～260.

这种认知研究所研究的是认知和行为发生的背景以及与此背景相联系的行为和过程。奈瑟在各种认知领域带头并组织其他人用吉布森开创的生态心理学思想来研究认知问题。他在研究中不断总结和发展生态心理学在认知心理学中的运用，使得生态心理学在认知心理学领域从内涵和外延都得到不同程度的发展。他将生态心理学用于记忆、概念分类和概念发展、自我认知与智力等多种认知主题的研究上，使得生态心理学的研究范围得到了拓展，为生态心理学在具体研究中积累了丰富的素材。他在认知科学和其他相关领域积极推广生态心理学。1983 年，在他的号召下，成立了“伊莫瑞认知课程计划”。在这一计划的赞助下，主持召开一系列认知心理学的不同主题的研讨会，涉及记忆及其发展、概念分类及其发展、语言发展和自我等认知的不同方面。

显然，真正意义上的生态论认知心理学是由吉布森发起，经由奈瑟推广，而于 20 世纪 80 年代以后引起人们广泛关注的一种有关认知的研究取向。当代认知心理学有四个新趋势，分别是：认知科学家更多地关注在真实生活情境或事件中的认知行为；关注有机体对日常认知行为的影响；推出了许多日常认知研究的新方法；提出了很多关于认知过程的新观点。[①] 这四种新趋势目前均已成为生态论认知心理学研究的主题。

① Shlechter, T. M. & Toglia, M. P. (1985) *New directions in cognitive science*, Norwood, Ablex Publishing Corporation, p. 2.

第六章

真实生活情境中的心理:生态论认知心理学(下)

在对生态论认知心理学产生的思想渊源以及生态论认知心理学的发展线索进行探讨、分析和梳理的基础上,本章将主要探讨生态论认知心理学的基本主张和具体研究,最后则对生态论认知心理学进行相应的评价。

第一节　生态论认知心理学的基本主张与研究方法

生态论认知心理学反对传统心理学把实验法作为唯一的科学方法,认为生态效度对以实验室为基础的心理学研究和以外部观察为基础的研究同样具有重大意义。为此,生态论认知心理学提出了一套有别于传统心理学的基本主张和研究方法。

一、生态论认知心理学的基本主张

虽然作为一门学科,生态论认知心理学还没有统一,但却在以下几个方面达成了较一致的共识,形成了比较统一的生态论认知心理学的基本主张。

1. 心理学的研究对象

传统心理学的各个流派对心理学对象的界定都是从人自身的角度出发,基本上脱离真实的环境来定义心理学的研究对象。与以往心理学流派不同，生态论认知心理学是在对动物和环境的重新界定的基础之上来界定其研究对象的，把心理学的研究对象定位在人或有机体与环境的交互关系上。

2. 对动物的重新界定

生态论认知心理学认为，动物是在与其环境的交互作用的进化过程中存在的实体，即动物不能脱离它们的环境而存在。这种对动物的界定包含着几层关系：动物的存在是与环境联系在一起的；动物是能知觉和行动的；动物的知觉和行动也是与环境联系在一起的；这种环境不能等同于全部的物理世界，它是与动物生存相适宜的物理世界，也就是能被动物感知到的物理世界。总之，动物的存在是在动物与其环境交互作用的过程中体现的，而这种交互作用体现在它与环境的功能联系上。

生态论认知心理学并未抹杀动物的物种差异性，生态论认知心理学所说的动物都是有其物种特异性的。生态论认知心理学主要根据动物的生活方式来对其进行分类，而这种生活方式也是与作为起居地的环境紧密联系在一起的。动物的生活方式就是在适合它的环境中形成的，并且在与这种环境的交互作用的过程中不断进化的。

3. 对环境的重新界定

在动物和环境的交互关系中常常被心理学忽视的是环境。传统心理学中即使涉及到环境或与环境相关的概念，其含义也与生态论认知心理学的不同。生态论认知心理学对环境进行了大量的论述，所形成的生态认知理论大都是在对环境进行系统研究的基础上形成的。

（1）环境是与动物以及动物的行为联系在一起的。

环境与动物的联系既体现在存在上的相互依存性，又体现在功能上的相互作用。环境是包含着动物的世界，是动物在其中生活的真实环境。在本体论上，不能离开与动物的关系而独立存在，不能将它理解为一个空的环境，也不能将其还原为动物—神经的物理变量，而是一个有差别的、允许动物生活的环境。环境和动物的相互联系还表现在他们之间功能上的交互作用。吉布森运用“可获得性”一词来描述环境和动物之间的这种功能联系。可获得性是相对于动物的生活方式来定义的，它是环境的相关特性，是环境提供给动物可以利用的某种特性，如椅子提供“可坐的”特性，苹果提供“可吃的”特性等。它通过向动物提供功能来体现其价值。因为环境的可获得性概念，使得环境不再仅仅是传统二元论意义上的物理环境，它对动物—知觉者是有功能意义的。在巴克的行为背景中，环境和动物之间的功能交互作用是:行为背景制约着成员的行为,而成员通过调整自己的行为来适应某一种行为背景。

(2) 环境是有结构的和有秩序的动态平衡的生态系统。

生态论认知心理学认为,环境是有结构的和有秩序的动态平衡的生态系统,动物本身作为环境的成员或单位被嵌入这种系统中,并遵守着这种秩序。这种结构化和秩序化的思想为生态论认知心理学系统考察动物和环境的关系提供了一种理论支持。环境是持久和变化的混合物,环境中的持久和变化都不是绝对的,变化和稳定在环境中是交互性的。

(3) 环境是在与动物和行为的交互作用中进化的。

环境是进化的生态系统。生态论认知心理学家认为,环境与动物的生活方式有关。动物在其生活中,不断地与其环境进行物质、能量和信息的交换,通过这种交换的过程,动物和环境得以不断进化。与此相关的,生态论认知心理学家把动物的心理也描述为适应环境生活的功能体现。动物和环境之间的交互性试图从底部挖除二元论和还原论,环境的"物质"和身体的"心理"在本体论上和认识论上通过生态系统的信息单位和功能联系在一起,动物和环境不再被看成是脱节的实体。并且,通过对环境进行适当的分析而在功能上将"物理"环境与动物生命连在一起,从而避免了传统的还原性质的环境主义和物理主义。

二、生态论认知心理学的研究方法

1. 具有生态效度的研究设计

生态效度的研究设计要求每一个环节尽可能围绕着生态效度来安排,但是一种心理学的实验设计是否具有生态效度,从某种意义上说,主要取决于被研究的对象和实验情境的取样的性质。在被试取样上,生态论认知心理学认为在任何复杂的自然背景中发生的心理过程比在实验室的抽象背景中发生的心理过程都更加具有背景特异性或典型性,因此它要求将"广泛取样"作为一条主要的取样原则,但这条原则不是同等地适合每一个研究。除了取样上的一些改变,生态论认知心理学的研究者还在整体上改造了实验设计,创立了准实验设计和现场实验设计。准实验设计的方法和现场实验设计都是实验设计和生态效度结合的产物,即都是具有生态效度的实验设计。这些技术使得在真实的环境中实施观察和实验并做出有效解释成为可能。

生态论认知心理学重视实验研究，但其实验与传统心理学的实验法有所不同。生态论认知心理学特别重视实验研究的生态效度，也即注重研究结果的实际应用价值，因此，无论是在实验的取样、设计，还是在实验材料的选取、实验过程的实施与实验场景的选择等方面，都力求接近现实生活，以尽量揭示现实生活中人的心理和行为标准。生态效度是在对主流心理学实验室研究进行批判和反思的过程中提出的。这一概念最初是由布伦斯维克杜撰的一个术语，指远距离与近距离刺激的协变程度。布伦斯维克对生态效度的倡导是他自己实现其机能主义总原则的另一个体现。他的机能主义主张是对只研究有机体的传统心理学的反对，他认为应该用在环境背景中的研究代替实验室研究。生态效度就是针对实验室研究的弱点而提出的。1949 年，他第一次使用“生态效度”术语，并将其定义为“个体的自然或习惯居住地的刺激变量的发生及其特性”。[①] 1955 年，他又将生态效度界定为：提示线索能协助有机体完成一次与环境交互作用的协变程度。1956 年，在《感知觉与典型心理实验设计》中，他再次使用了“生态效度”的概念，并将其界定为预测某一刺激或提示线索是否可靠的指标。他认为，知觉的近线索，即在感受器表面的刺激和它们远的来源即环境之间有着一种概然的关系。也即，近的线索是远的条件不完全的预测者，两者之间的联系程度是个体在环境中借由经验习得的。之后，生态效度的研究日益受到心理学界的重视，对其概念的界定也因人而异。一些心理学家认为，生态效度就是指心理实验中的外部效度，在这个意义上，生态效度就是指实验结果能应用于不同人群、任务或刺激的程度。而奈瑟则把生态效度界定为一个理论或一个实验结果能够说明或预测人们在真实情境中的行为的程度。吉布森在其知觉理论中指出，生态效度是指实验室研究结果对现实生活事件的可预测性。他认为实验室实验中平面的简单世界研究没有多大价值，因此，他督促心理学家走出实验室，发展他所称的生态心理学，这是一种研究连续变化的客体的复杂嵌套关系的心理学。

生态效度对整个心理学界的影响是巨大的，由于它正好弥补了实验室研究方法的不足，可以减少人们对实验室研究的批评，它在被充实和扩大的过程中被现代心理学家所普遍认同。

① Brunswik, E. (1949). *Systematic and reprentative design of psychological experiments*. Berkeley and Los Angeles: University of California Press.

2. **多元交互解释原则**

生态论认知心理学家把人与环境的动力交互作用作为首要原则，因而在对心理和行为的解释上提倡多元交互解释原则。心理和行为的发展不能用简单的线性解释原则来解释，因为心理和行为容易受到机体与其环境关系的影响，这种关系作为一种复杂的动力系统，其内在的任一组成部分的变化发展都要依赖于系统中其他组成部分的状态。多元交互作用所关注的是心理过程中各系统之间的交互作用，这是因为行为是多维度交互作用过程的机能或个体所遭遇的环境之间的反馈信息，个体在这个交互作用过程中是具有目的的活动者，在这种交互作用过程中，认知和动机因素是行为的基本决定成分，而环境则对人的心理意义具有重要的决定作用。由于人和环境的关系总是变动不居的，因此人在改变环境的时候，也在回应着环境，而环境在为人提供资源时，也在制约着人的行为。生态论认知心理学必须重视人与环境的交互作用过程中的不确定成分的影响，因为交互作用的假设之一就是不存在所谓的有机体和环境的前预想的知识。

3. **开放式的研究方法和思路**

生态论认知心理学反对主流心理学以实证方法为中心的封闭式研究方法，提倡开放式的研究方法，在心理学研究方法的选择和运用上，提出了一些新的思路和原则，向人们展现了其方法开放式的整体思路。

(1) 方法多元组合。

生态心理学由于其研究对象的复杂性和广泛性，因此，在具体的研究方法选择上，提倡以研究对象和目的来选择不同的方法，以达到研究结果的生态学效度。他们认为当一种方法无法解释和评估心理现象或行为时，多种方法的联合运用更能提高研究的生态效度。生态心理学的方法是无限开放的，既可采用观察的方法，也可采用描述的方法，还可以将观察与描述结合起来，这对于我们理解动物在给定的情景中利用何种可供性方面具有不可估量的作用。

(2) 定性研究和定量研究的有机结合。

生态论认知心理学批判实验室非人化的研究，但并不反对实验法，认为应将实验法和自然主义的经验法相结合，定量研究和定性研究相结合。科学主义心理学过分依赖定量分析，体现在它对人的心理生活的复杂性、多样性、社会性等进行片面的理解和简单化的处理；只注意到了人的心理与行为的客观性、自然性的一面，而忽视了其主观性和社会性的一面。生态论认知心理学试图采用自然主义的描述法来弥补主流心理学在此方面的不足，在具体方法中采用具有生态效度的实验设计来对人的日常生活进行研究。

4. **自然观察法**

由于生态心理学认为动物和环境是交互作用的，所以脱离动物的生活环境来研究动物和动物的行为是不现实的。传统心理学为了使自己与位于自然科学之列的物理学等学科保持一致，从它们那里挪用了严格的实验方法，而不管这种方法是否完全适用于心理学的研究对象。虽然实验方法为心理学积累了大量的科学知识，使得心理学在自然科学界受到了瞩目，但是也有很多心理学家对此提出了质疑，因为实验心理学不能解释什么是本质的人，而且它所呈现的进展越大，事实上它就越远离心理学所应该具有的目标。现代心理学所采用的严格的实验室设计和程序的确肢解了人的生活环境中的鲜活性和真实性，使得这种研究远离了心理学应面向现实生活的研究目标。奈瑟认为传统的符号加工论认知心理学完全忽视了认知发生的"真实的环境"，因而，他呼吁一种生态学取向的认知科学，研究认知行为发生的背景，以及与这个背景联系的行为和过程。① 这种认知研究主张采用自然观察的方法在实际生活背景中研究心理和行为，如人的说话和交流行为、早期生活经验的记忆行为、日常计划和社会行为、日常阅读行为等。自然观察法是指在自然情境中对人或动物的行为直接观察、记录，而后分析解释，从而获得行为变化的原则。它也是传统心理学研究的方法之一。生态论认知心理学家巴克等人在中西研究场站所采用的行为样本记录法，就是完全的自然观察法。采用自然观察法进行研究，可以使研究者获得没有被实验室里所发生的选择和准备所篡改的科学现象。生态论认知心理学非常重视自然观察的方法。巴克等人于20世纪60年代初首先应用了行为样本记录法，通过样本的每日记录来确定样本，样本每日记录中对儿童的选择包括正常儿童、缺陷儿童以及处于不同环境中的同一儿童。然后通过样本行为背景的记录来选择不同的行为单元、社会接触单元、环境压力单元以及社会活动等。生态论认知心理学在用纸笔记录儿童的行为样本时，还运用了手掌型摄像机和录音机等工具。

① Shlechter, T. M. & Toglia, M. P. (1985). *New directions in cognitive science*. Norwood: Ablex Publishing Corporation, pp. 3～4.

第二节 生态论认知心理学的理论隐喻及其具体研究

与符号加工论认知心理学和联结主义认知心理学一样，生态论认知心理学也有其自身的理论隐喻，其隐喻既不是立足于模拟研究，也不是立足于具体的实验室，而是立足于现实的生活环境。

一、生态论认知心理学的理论隐喻

生态论认知心理学的研究目的在于使认知的研究走出实验室，回归到人的生活情境中，因此生态论认知心理学以“人的生活经验和生活历史”作为隐喻基础，主张在现实环境中研究人的心理和行为，即要研究人的现实行为和自然发生的心理过程。认为认知不会发生在文化背景之外①，而是在人所从事的各种活动的基础上，心灵和世界的共同生成。由此看来，生态论认知心理学所强调的是人与环境的动态交互过程，尤其重视研究生态环境中具有功能意义的认知现象。

二、生态论认知心理学的具体研究

认知心理学中的生态学运动是由吉布森发起，经奈瑟推广，并于 80 年代以后成为引人注目的一种运动或趋势。

1. 知觉的生态学研究

在知觉领域中，最有代表性的生态知觉研究是吉布森的直接知觉理论。他的直接知觉理论为我们思考人类如何知觉这个真实世界提供了一种新视角，因此被看做知觉研究领域的一种新典范。

与直接知觉理论相对应的是传统知觉理论。在传统知觉理论看来，我

---

① Galotti, K. M. (1994). *Cognitive psychology in and out of the laboratory*. Cple Publishing Company. p. 27.

们对世界的意识是间接的，知觉是建立在感觉基础之上的心理建构物，这是一种间接知觉理论。吉布森通过研究证明间接知觉的实验推论是错误的，并推翻了间接知觉论。在参加“二战”期间选拔飞行员的测试时，吉布森由对飞行情境中的知觉研究发现，飞行员的知觉是直接利用了来自地面和天空的信息。换句话说，知觉可以直接获取外部世界的信息。经过多年在真实生活条件下对知觉的研究，吉布森得出了这样的结论：知觉是知觉者直接在与环境的交互过程中获得的。这就是吉布森著名的直接知觉理论，也称生态知觉理论。吉布森认为，自然界的刺激是完整的，可以提供非常丰富的信息，人完全可以利用这些信息，直接产生与作用于感官的刺激相对应的知觉经验，根本不需要在过去经验基础上形成假设并进行考验。例如，按照吉布森的看法，距离就是我们直接知觉到的。这是由于距离并不是抽象的空间，而是有一定的物理光线分布。自然环境中不同大小和位置的物体受到来自各种方向的光线照射，同时这些物体又不同地反射出光线，因此人在任何一个位置上观察周围空间时，都有其特定的光线分布，在周围空间的每一个点上的光线分布都含有一定的差别。当人站在一条砖路上向远方眺望时，近处的砖显得大而清晰，远处的砖显得小而模糊。这种近处稀疏、远处稠密的光线结构显示出表面质地的密度级差，而且随着视线引向远方，砖的视网膜像就变小了，视网膜的单位面积所包含的砖的数目却在增加，也显示出同样的密度变化。换句话说，光线分布的结构或表面质地的密度与物体的视网膜像都是按照视角规律而变化的，因此人可以直接知觉距离。如在两维平面上，画出这种表面结构的密度级差，如果使上端的结构单元较小而密度较大，下端的结构单元较大而密度较小，则可将画面知觉为向远方延伸，有明显的距离感或深度感。但是，如果画面没有这种结构密度级差，那么看起来仍然是垂直于视线的平面图形。这就是著名的吉布森结构密度级差实验。吉布森本人的实验以及其他人的实验都支持上述看法。在吉布森看来，感觉刺激所具有的丰富信息在实验条件下被排除了很多，例如用速示器来迅速呈现刺激就是这样。但人在日常生活中，通常是有足够时间去进行观察的，而且人可以走动，因而可以改变观察的角度。随着观察点的改变，光流的一些特征发生变化，另一些特征则保持不变。像前面指出的那样，在空间的任一点上，都有其特定的光线分布，观察点的改变必然导致光线分布的变化，但光线分布总是含有一定结构的。吉布森认为知觉系统从流动的系列中抽取不变性。他的知觉理论也被称为知觉的生态学理论，并形成了一个具有相当大影响的学派。

继吉布森之后，特别是 80 年代以后，一批拥护其生态知觉理论的研究者继续从事直接知觉的研究。里德(E. S. Reed)和卡茨(S. Katz)分别在直接知觉的哲学依据——实在论问题上深入讨论下去。① 里德详细分析了间接知觉的历史根源，以及这种历史根源是如何深入心理学的主流思想之中的。卡茨则考察了吉布森对实在论的解释，并认为吉布森实际上是一位相对主义者而不是一位朴素的实在论者。奈瑟受到吉布森的影响之后，在理论解释上进一步完善了直接知觉理论。奈瑟认为知觉是"选择的"而不是"建构的"，承认知觉是建立在对客观存在信息的直接获取的基础之上。除了理论上的后继发展，还有一批具体研究进一步验证和发展了吉布森的直接知觉理论。在知觉发展心理学领域中，吉布森的妻子埃莉诺·吉布森从发展的观点来考察吉布森的可获得性概念是如何被幼儿习得的。她在研究物体的"可抓握性"时发现，3 个月的婴儿能够对物体的可抓握性和不可抓握性进行区别性的反应，这种区别性反应表现在婴儿是用手还是用手臂趋向物体。

吉布森的理论给认为知觉只具有间接性质的观点以新的活力，成为在当前知觉理论研究中的一种新典范。知觉依赖外部刺激的直接作用，这是没有争论的。没有相应的现实刺激，只能产生幻觉。但现实刺激信息是否需要在过去经验的基础上进行组织才能产生知觉，研究者的看法并不统一。吉布森的距离知觉研究似乎提示，某些知觉或知觉的某些方面是受神经系统的构造所决定的，不需要过去经验的参与，格式塔心理学确定的知觉组织的各种现象也可归于此类。但是，从整体上说，心理学有理由认为，知觉是依赖于过去的知识和经验，知觉信息是现实刺激的信息和记忆信息相互作用的结果。从目前的研究状况来看，以过去的知识经验的作用为焦点的知觉实质问题的争论还将继续下去。

2. **记忆的生态学研究**

记忆的生态学研究是由奈瑟倡导的。生态论认知心理学非常关注日常生活中的实际记忆问题。奈瑟认为，对真实世界事件的记忆研究可以和实验室研究一样严格。自 1978 年开始，奈瑟就倡导在自然背景中研究自然发生的记忆。1982 年，他将其在自然背景中的记忆研究成果汇集在《观察的记忆：在自然背景中的记忆》中出版，并将在自然背景中所进行的记忆研究称为"记忆研究的低速公路"，以区别于标准实验室研究中的"记忆研究的高速

① Gordon, L. E. (1989). *Theories of visional perception*. John Wiley & Sons Ltd, p. 181.

公路”。奈瑟认为，虽然相对于标准实验室中的记忆研究而言，在自然背景中进行记忆研究可能获得的研究成果更少、速度更慢，但这毕竟为研究者提供了一种新的记忆研究视角。在奈瑟的带领下，出现了一股令人吃惊的生态记忆论的研究热潮，涉及自传式记忆研究、学校学习记忆研究、期待记忆研究、法律证词记忆研究等，这些研究都是来自于现实生活的记忆研究。他将这方面的研究成果汇集成册，并以《记忆的再思考：记忆研究的生态学取向和传统取向》为题出版。后来，奈瑟又将生态记忆研究与传统记忆研究进行了比较。他认为，生态记忆研究与传统记忆研究之间的关系可能是互补的而不是对立的，这是因为“新的记忆心理学同时具有实验范式和自然主义现象，并在理论上对它们进行一致性的解释”①。另有一批生态论认知心理学家对婴儿期的记忆进行了研究，如菲沃施（R. Fivush）等人发现，尽管两岁儿童从不记得以前的事情，但是当提供正确线索时，他们会令人吃惊地回忆起过去的事件。梅尔特夫（A. N. Meltaoff）1988 年也发现，甚至更小的儿童也会模仿他们在一个星期之前注意到的行为。罗夫等人（Rovee-Collier）的研究表明，婴儿如果学会了产生一种有趣的视觉效果，他会将那种知识保持许多天或几个星期。因此，记忆不是在“儿童失忆症”开始的第三年突然出现的，而是从一开始就有一个发展的连续过程。奈瑟的合作者威诺格拉德（E. F. R. Winograd）比较了生态记忆研究与传统记忆研究，结果发现，运用生态记忆研究的经验取样方法进行研究所得到的记录和传统记忆研究所使用的词语表或故事的功能是一样的，但是两者的重要区别是，前者更具有生态学的意味，即其记忆素材是日常生活事件和思想的丰富的生态记录。生态论认知心理学家还对遗忘功能进行了研究，布鲁尔（W. F. Brewer）就研究出了五种类型的遗忘曲线，奈瑟则试图消除关于记忆的正确性和记忆的建构性之间的争论。他指出，某些社会情境导致一字不差的回忆，而另一些条件则导致建构性记忆。记忆的传统实验室研究和生态学取向的研究之间的这些联系表明，生态记忆研究并非一定要推倒传统记忆研究而另起炉灶，传统实验室取向的记忆研究和生态学取向的记忆研究在方法和理论上可以相互借鉴。

在生态记忆研究领域，奈瑟等人取得了丰硕的研究成果，他们关于生态记忆研究与传统记忆研究之间的关联性对比研究，为人们整合当今各种取向的记忆研究提供了一个很好的典范。

---

① Neisser, U. (1988). *Remembering reconsidered: Ecological and traditional approaches to the study of memory*. New York: the Press Syndicate of the University of Cambridge. p. 3.

3. **思维的生态学研究**

生态思维研究主要集中在概念及其分类以及智力等方面。奈瑟认为对概念分类的生态学研究可分为两个步骤。首先，是考察和描述在日常生活中所使用的概念，为此奈瑟提出概念分类的生态学研究可以分两步走，第一步基本上是生态学的，即要考察和描述在日常经验中使用的概念。研究表明日常概念有两种不同的结构：第一种结构是在某种概念内部存在逐级结构。在某个日常概念中，一些成员被看成是好的或典型的例子，最好的例子被视为“原型”。这种“逐级结构”会出现在每一种日常概念中。第二种结构是在概念之间存在一种包含几种水准的等级结构。这种等级结构大多包含一种“基本水准”，人们可以在“基本水准”上按照知觉的和功能的标准对概念进行分类。基本水准上的分类有简单的名称，在儿童早期就已经学会，很容易被想象，并且有特定的原型。人们首先学会的是基本水准的概念，然后才掌握人类特定文化中的上一级概念。在每一个概念内，人们学会原型之后很久才能正确区分边缘类型。这样，有效概念使用即概念形成部分是由生态学分类所推动的。其次，是对概念分类进行生态学的理论研究。奈瑟就曾运用吉布森的生态知觉理论来研究概念的分类，他认为虽然知觉和概念分类存在着明显的区别，但它们却是紧密联系在一起的。对一个物体进行分类就是断言它具有一套特定的观念和一种特殊的关系，因此对概念和概念的全面理解不可能发生在对世界本身的全面理解之前。拉克夫(G. Lakoff)也非常重视理论在概念分类研究中的重要性，并将理论称为“理想化的认知模型”。在概念发展的研究上，生态认知研究者对儿童的日常意识概念的发展进行了研究。

在智力方面，奈瑟总结了智力的生态学研究成果，认为对智力进行生态学的研究时，必须对智力概念的文化情境性有所解释，注重智力概念的文化和种族差异，并揭示了智力的社会历史制约性，强调智力是一种主体对生存环境的适应、选择和改造的行为。在对智商分数进行解释时，必须考虑到文化的变迁，因为复杂的环境也许更有利于产生复杂的心理。在对传统智力测验预测功能的解释方面，研究者发现，毅力、学习兴趣和学习的意愿以及来自同伴、家庭和教师的鼓励等都可能影响到传统智力测验的预测功能。在智力发展的研究中，切奇(S. J. Ceci)等人以布朗芬布伦纳的多元系统理论为基础，于 1997 年提出了智力的生物－生态理论模型①，论述了基因由潜性转变为显性的过程，以及遗传中负荷的环境性质和环境负荷的遗传性质，其目的是为了理解和预测智力的发展。智力的生物－生态模型包含四个主要观点，这些观点解释了支撑传统模型的基础性资料以及它是如何在预测性和解释性上超越传统模型的。切奇认为，智力的生物－生态模型主要有以下几个特点：第一，智力是多元认知能力而不是一种一般因素；第二，认知过程的功效依赖于背景，它是认知功效不能分解的有机部分；第三，一些遗传的非认知能力在智力发展中具有重要作用，如气质类型、生理特征和"激励特征"等都会影响后来的学习和发展；第四，遗传性反映了已经实现的基因潜能的比例，最近过程在遗传性的实现和实现的比例上扮演了很重要的作用。

4. **语言的生态学研究**

相对于生态论认知心理学的其他研究领域，生态语言研究较为薄弱。我们仅从以下三个方面阐述生态语言论的有关研究。

在对语言中的"音素"进行研究的过程中，研究者发现成人在区分他们不熟悉的语言音素时会遇到较大的困难，而同样的问题在六个月以下的婴儿身上却并不存在。但婴儿所具有的这种区分不熟悉语言中的音素的能力却并不持久，一岁末时这种能力就消失了。至于为什么这种能力会在一岁末消失，还是一个需要进一步研究的问题。布鲁纳的研究表明，语言的获得既依赖于社会知觉，又依赖于生态知觉，说明对某些语言的理解要依赖人所处的现实的生活环境。克利马等人对耳聋者的信号语言的研究表明，耳聋者的手语像任何口头语言一样，也具有微妙而丰富的结构，如果把声音组织为语言的一种自然信号，那么即使是耳聋者也能够通过这种信号语言来清楚地表达某种深层次的观念。

从以上的具体研究成果中，我们可以看出吉布森和奈瑟等生态论认知心理学家对认知的诸多领域进行了研究，他们的研究引领并将继续引领生态论认知心理学领域的其他研究。目前，一批研究者正在从事日常生活中的认知研究，寻找适合这种研究的方法，并在研究中探索与传统取向的认知研究的关联和整合问题。

① Ceci, S. J. (1997). A bio-ecological model of intellectual development: moving beyond. In: R. J. Sternberg & E. Grigorenko, (eds.). *Intelligence, heredity, and environment*. Cambridge university press, pp. 303～322.

第三节　生态论认知心理学的贡献与局限

生态论认知心理学是认知心理学的一种新的研究取向，与其他取向的认知心理学研究的最大区别就是立足现实生活来研究人的认知，因此无论是从研究取材、研究对象，还是从研究策略和方法上来看，它都离不开现实生活这个中心。它既有一套不同于其他取向的认知心理学的哲学基础和理论假设，又有一套在自己的研究实践中发明和改进的技术和方法，为认知心理学研究提供了一种新的思路和模式。但是，生态论认知心理学也有其自身的缺陷和不足，本节拟就其贡献和局限展开评述。

一、生态论认知心理学的贡献

生态论认知心理学既崇尚科学主义心理学的科学精神，在研究中广泛运用了实证方法和因果分析，又重视人文主义心理学的人文精神，注重心理学研究的整体性和历史性。在崇尚科学主义心理学的科学精神的同时，生态论认知心理学也对原有实证方法进行了一些改造，企图克服原有方法的"人为性"缺陷，将实验室研究固有的严格性移植到自然真实的环境中去，其因果分析也由原来的线性分析向多元分析转变，但其主旨还是想揭示变量之间、现象之间的因果关系，寻找心理和行为发生的原因。生态论认知心理学既强调研究的真实性，又重视研究的严密性。因此，它就既具有科学主义心理学的特征，又兼具人文主义心理学的属性。生态论认知心理学主张在日常生活的实际状态中研究人的认知，要将认知与人生存的整个环境联系起来进行考察。它既包含着一种整体观，又强调人和环境的差异性或地域性，认为不同的环境对人的影响是不同的。由于生态论认知心理学兼具科学主义和人文主义两种属性，因而有助于消除"两种文化"的对立所造成的心理学分裂的恶果，使得科学技术在运用的时候更加人性化，更加具有现实性。生态论认知心理学从生态哲学背景和生态人性观的角度出发进行研究，避免了科学技术在心理学研究中运用的非人性化。生态论认知心理学既重视整体性和同一性，又强调差异性和多样性，这既符合心理学研究对象的复杂性特征，避免将心理学的整合弄成简单的划一，又为实现心理学的整合和统一提供了可能性。而且，它主张心理学理论与现实生活结合，这就为在现实生活中研究心理学的现实问题提供了可能性。

符号加工论认知心理学和联结主义认知心理学的人性假设均存在着机械化和还原论的色彩，因而均不能真正揭示认知的真谛，使得认知心理学的研究陷入了困境。生态论认知心理学认为，人性在本质上是一种生态性的存在，人性中包含有一个个有机的因子，它们只有在一定的人性生态中才具有现实性和合理性。这种新的人性观为解决认知心理学的基本问题提供了更加宽阔的思路。生态论认知心理学对传统认知心理学进行了改造，既未将实证研究作为唯一的方法，也不追求研究的绝对客观性，而主张研究应立足于现实生活，以对真实性的追求代替对绝对客观性的追求，并以此为基础发展了一系列具有生态学意味的研究方法，如准实验设计、现场观察和多元方法组合等。因此，相对于符号加工论认知心理学和联结主义认知心理学，生态论认知心理学更具有自己独特的适合心理学发展的空间。

生态论认知心理学将研究的对象定位在动物（人）与环境的交互作用上，而不是定位于单纯的人身上，使得认知心理学可以在更加真实的背景中研究知觉、记忆和思维等传统的心理学研究主题，对这些主题的认识也更加符合其真实状态，从而在一定程度上改变了心理学过去与现实脱节的状况。同时，生态论认知心理学使心理学的研究内容从对内部机制的研究转向了对人与环境交互性的研究，这样，心理学的研究就不仅要考虑个人内部的因素，还要考虑个人与环境的关系。认知心理学研究的这种转向为人们理解和研究心理学的对象提供了新的视角，在心理学中具有很大的影响。

受机能主义和格式塔心理学的影响，生态论认知心理学否定在人为环境中研究认知现象的价值，否定实验室研究和计算机模拟的可靠性，淡化理论假设、实验设计和认知机制的还原分析，而强调在现场中探索认知过程的影响因素和特点，重视对生活情境中认知现象的直觉、描述和解释，这都在一定程度上克服了符号加工论认知心理学和联结主义认知心理学的明显缺点，预示着认知研究的现象学回归，从而使对认知的研究走向更为广阔的空间。因此，生态论认知心理学的研究在未来必然会得到加强；在当代认知心理学的研究中，生态论认知心理学已经成为一种取向，这一取向直接导致认知研究开始重新关注更具现实性的认知现象，使研究尽可能贴近人们的实际生活，减少了研究情境的人为性；生态论认知心理学主张在日常生活的实际状态中研究认知，要求将认知与整个环境联系起来进行考察，避免了传统认知心理学研究中的机械的非人性化现象;而且,由于生态论认知心理学主张把认知与现实生活结合起来进行研究,因此,在技术层面上也为在现实生活中研究认知提供了可能性,为解决认知理论的重大问提供了一种新思路。

二、生态论认知心理学的不足

由于发现传统心理学对环境研究的忽视所带来的种种缺陷,生态论认知心理学因而非常重视有机体和环境这对关系中的环境,而忽视了对有机体本身的研究,这可以说是生态论认知心理学最大的缺陷。由于忽视对有机体本身的研究,因而生态论认知心理学也较为忽视个体差异和主观行为的研究。生态论认知心理学只注重研究认知的背景,关注背景对个体认知的影响和调控,这虽然有其合理的一面,但其缺陷也是显而易见的。认知虽然受情境的影响,但如果撇开认知的主体,那么任何认知都是不可能产生的。

任何行为包括群体行为和个体行为都离不开它发生的背景,都会在不同程度上受到背景的影响。背景有两种:一种是通向独立于一个人的心理系统的环境,这种环境影响着心理系统并进而影响着行为,这种背景即为"生态环境";另一种是通向作为一个人的心理系统的一部分的周围环境,它直接影响行为,这种背景即为"心理环境"。由于生态论认知心理学研究对有机体本身的忽视,而较重视环境因素对有机体的心理和行为的影响,因此在心理和行为的内成一外成向度的解释上,倾向于外成论。吉布森的直接知觉理论,也因注意了人的能动性却忽视了个体差异性而遭到研究者的质疑。

生态论认知心理学的具体理论也遭到研究者的批评。如巴克的行为背景理论因忽视了主观因素而遭到了菲雷尔(U. Fuhrer)的批评,因为巴克的行为背景理论忽视了物体的物理特性的主观性这一端。再者,巴克也并未将生态论认知心理学的交互性原则进行到底,而且行为背景理论倾向于考察群体行为,对个体行为的研究较为忽视,这也是其遭到批评的原因之一。此外,由于吉布森的直接知觉理论没有对生态解释水准和生理解释水准之间的关系给予足够的关注而遭到研究者的批评。[①]

虽然生态论认知心理学为在实验室之外研究认知等心理现象提供了理

① Bruce, V. (1985). *Visional perception: Psysiology, psychology and ecology*. London: Erlbaum, pp. 255～265.

论依据，但要想有效地开展生态论认知心理学的研究，就必须充分利用现代科技成果和研究方法，否则，如果只是进行纯粹的现场观察，就会导致研究的低效，这与当前学科的快速发展及社会需要是不相适应的。由于生态论认知心理学过分重视和强调人与环境交互作用中环境的作用，因而忽视了人在认知过程中的主观能动性，忽视了对个体差异和主观行为的研究，而且这种研究本身也存在着一些理论上的弊端，因而遭到了人们的批评和质疑。福多就认为，生态论认知心理学的研究是不可行的，因为实际上不可能有一个合适的自然主义的心理学。

第七章

三种形态的认知心理学的比较

认知心理学是20世纪50年代中期在西方兴起的一种心理学思潮，并于20世纪70年代成为西方心理学的一个主要研究方向。在认知心理学中存在着不同的观点、不同的研究途径和研究取向。20世纪70年代占主导性地位的是符号加工论认知心理学；20世纪80年代以后，联结主义认知心理学开始在心理学中占据上风；生态论认知心理学实际上产生于50年代，形成于60年代，但直到90年代，当符号加工论认知心理学和联结主义认知心理学遭遇到难以克服的困难时，它才开始受到研究者的重视。可以说，迄今符号加工、联结主义和生态认知是认知心理学领域的三大研究态势或取向，它们在各自的领域中均为揭示认知的本质作出了贡献。本章拟对这三种形态的认知心理学进行详细的比较。

第一节　符号加工和联结主义认知心理学的比较

符号加工和联结主义是伴随着认知心理学的诞生而出现的研究形态。符号加工论认知心理学把认知过程类比为计算机的运算过程，把人脑看成是类似于计算机的信息加工系统，把人的认知过程看成是系列的物理符号的运算过程，其隐喻基础是“心理活动像计算机”。联结主义认知心理学则以“心理活动像大脑”作为隐喻基础，把认知过程类比为神经网络的整体活动，认为信息分布在各个神经元及神经元的联结中，信息的加工是平行的。

最初，两种形态的认知心理学共同活跃于认知心理学领域且并肩发展，各有千秋。但是，随着1969年美国著名人工智能学者明斯基和佩帕特《感知机》一书的出版，联结主义认知心理学的研究进入了萧条期。而此时，符号加工论认知心理学则跃居主导和支配地位，成为认知心理学的理论基础和核心，一度曾代表着整个认知心理学。一直到20世纪80年代早期，联结主义认知心理学才得以复兴并得到了长足发展。这两种形态的认知心理学都各有自己的研究内容和方法论，既取得了不同的成就，也存在着不同的问题，并在一系列问题上产生了争论。本节将首先比较这两种形态的认知心理学，然后再就两种形态的认知心理学争论的问题展开论述。

一、符号加工和联结主义认知心理学的比较

1. 两种形态的认知心理学的特点比较

(1) 符号加工论认知心理学的特点。

受功能主义的影响，符号加工论认知心理学采用计算机类比和计算机模拟的方法来研究人的认知，认为计算机和人脑一样具有目的通用性，能进行序列重组并发出新指令，能把任何特殊变量符号化，具有储存和处理程序的递归能力，因而可以在功能上把人脑类比为计算机。基于这种考虑，符号加工论认知心理学主张以计算机为实验工具，采用计算机模拟的方法，把关于人的认知过程的一些设想在计算机上进行实验验证。如果计算机的输出状态同人类被试的输出反应一致，那么就说明用以描述人的心理过程的这种计算机程序在机能上与认知的内部过程有相似之处。如果不符，则说明计算机程序的输出与人的不一样，那么找出差别也就找到了改正理论的依据，经过改进后再进行上述检验直至相符。而且，计算机模拟还可以预测复杂的行为。虽然我们理解一些概念，并能把它们按步骤变成程序，但是当步骤的系列很长、很复杂，需要大量联系时，我们往往不能预测其结果。在这种情况下，计算机模拟有时可得出惊人的结果。这种方法的应用给思维、认知过程的研究提供了一种客观、实验性的方法，提高了心理学研究成果的信度和效度。而且，计算机模拟还可以提供从输入到输出所经历的每一步的情况，使研究者能了解认知过程的每一个步骤，而不是一个笼统的整体。

符号加工论认知心理学把符号模型建立在逻辑和规则的基础上。在这种模型中，一个命题是由一个谓语和具有线性序列的中项所分离地表达出来的，这是一种以逻辑为基础的符号加工系统，它可通过逻辑推理得出某种结论。另一种是以规则为基础的符号加工系统，即产生式系统，它是通过重

复地选择一条规则，首先满足其条件，然后执行这种活动，来解释这些规则。符号加工论认知心理学一般是以语义网络来说明表征，而表征是在不同层次上互相渗透和来回运动变化的，因此人类不能随意操作，必须通过相应的计算机程序来计算出这些内部表征之间的关系。实际上，这种计算就是符号的操作，有了计算的概念，就能进行智能模拟。

（2）联结主义认知心理学的特点。

在联结主义认知心理学的网络模型中，信息是分布地存贮在各个神经元之间的联结权重中，而不是存贮在某些神经元或某些联结权重中；各神经元之间的联结不是串行的，而是平行的网状结构，该系统采用平行分布的信息加工模式，无论是单个的神经元还是整个网络，都同时具有信息储存和信息处理的双重功能。虽然单个神经元的信息加工速度很慢，但是当大量的神经元同时平行地对信息进行处理时，它的反应速度就相当快了；而且在联结主义认知心理学的网络模型中，各神经元之间的联结强度在学习过程中是不断调整和变化的。正是由于这种可塑性，使得联结主义认知心理学的网络模型具有很强的自学习功能，并且和人脑一样具有自组织和自适应的特点。即使网络的输出发生错误，其自身也可以通过采取一定的训练策略来调整神经单元之间的权重，直到输出与期望相符。联结主义模型像人脑一样，其活动具有非线性的特点，因此能够很好地处理自然界的各种非线性现象。由于信息是分散地储存在整个网络中，而且模型在运行中是由大量神经元集体工作的，因此当少数神经元受到损伤或正常死亡时，整个系统的功能将继续有效。而且，即使是对于残缺的、甚至是错误的信息，系统仍然能够得到完整的、正确的结论。联结主义模型是一种具有多个稳定状态的模型，它反映了各个人脑之间的差异性。

2. 两种形态认知心理学具体细节的比较

从历史根源来看，符号加工论认知心理学和信息论、计算机科学的发展有很大的关系，认为人的信息加工过程类似于计算机对信息的处理方式；联结主义认知心理学的产生虽然和计算机也有关系，但它和神经计算的关系更加密切，认为人的认知更加类似于人脑对计算的处理方式。

从加工方式来看，符号加工论认知心理学认为信息的加工尤其是高层次的认知活动如思维和推理必须是以串行加工为基础的。在符号加工论认知心理学看来，计算机进行认知操作时所需要的数据必须是离散的、明晰的和确定的，否则这些数据就不会成为可赋予计算机并用规则进行加工的信息。相对于符号加工论认知心理学，联结主义认知心理学所建构的网络模型具有平行结构和平行处理机制，能够同时平行处理所有的运算，操作所有的加工单元，这样就可以使模型以极快的速度感知一个事物并迅速对其做出判断。联结主义认知心理学认为，网络的信息加工主要是平行分布加工，因为如果我们过分强调在大脑中进行的记忆、思维、注意等过程都是串行加工，那就很难解释人们为什么能在模糊、充满噪音的环境中准确地识别事物和从大量的记忆信息中迅速地找到所需要的信息。当然，联结主义认知心理学也不完全否认串行加工，而是把串行加工看做是一种整体的、宏观的描述，把平行分布加工看做是对加工单元的内在结构所做的微观描述，因而更加深入到认知活动的内部结构中去了。联结主义认知心理学的网络模型具有连续性和亚符号性的特点，这也与符号加工论认知心理学是不同的，符号加工论认知心理学是以离散的物理符号来表征较高级的概念，处理的是知识的结晶；而联结主义认知心理学的网络模型则强调模拟运算的连续性和亚符号性的特征，它所表征和处理的是直觉经验以及尚未结晶或升华为用语言表达出来的概念，即“亚概念”。

从认知加工的结构来看，符号加工论认知心理学认为整个系统是由若干个模块组成的，各模块之间有一定的层次结构，信息是在一个类似于计算机中的中央控制器的子系统的控制下，在各模块之间流动，并被系列加工；而联结主义认知心理学则认为，人的认知系统并不能分成各个模块，而是一个具有网状结构的整体，在所有的神经元中，没有哪一个是可以指挥其他神经元的“老板神经元”。

从知识的提取、表征和推理来看，首先，关于知识的提取，符号加工论认知心理学的传统专家系统的核心往往是一组产生式系统，这是专家解决问题时所采用的规则，为了建立一个有效的专家系统，就必须要求专家把这些解决问题的规则报告出来，并用计算机的程序语言来进行描述。但是，专家的有些知识往往“只能意会，不可言传”，很难用明确的语言表达出来，有时即使是表达出来，也还是很难写成相应的计算机程序。但联结主义认知心理学的神经网络专家系统就不存在这些问题，它不需要事先把专家的知识提取出来和写成某种规则形式，而是只要搜集一定数量的专家解决问题的案例，神经网络就能够自行学习，从中提取出专家解决问题的规则，即专家的知识，并将它储存在联结权重中。

其次，关于知识的表征，符号加工论认知心理学对知识的表征是显性的，即采用一条条规则来表征知识，这就需要一个知识库，并涉及到知识库的组织和管理，特别是在规则数量很多的情况下，知识库的管理就非常困难。联结主义认知心理学对知识的表征是隐性的，知识是以交互激活的模式扩散于整个网络中，即它是将有关问题的知识隐含在联结权重中，这样对大量的知识的储存就不会出现"组合爆炸"的问题。同时，联结主义认知心理学不赞成把符号加工看做是表征的适当载体。符号加工论认知心理学仅仅着眼于符号的物理形式，并且是局部性的；而联结主义认知心理学强调的是认知系统的整体活动，是平行分布式加工，是整体特征的突现。

因此，与符号加工论认知心理学的模型相比，联结主义认知心理学的神经网络模型有它独特的优势，表现为：第一，联结主义认知心理的网络模型以神经科学为基础对人的神经系统进行模拟，比符号加工论认知心理学的"箭框模型"更具有神经学意义上的合理性。第二，满足了"软约束"的要求。在联结主义认知心理学的网络模型中，两个单元之间的联结构成了对网络加工的约束。符号加工论认知心理学中的规则也起到约束作用，有了前提，根据规则就可以约束结论的产生。联结和规则有着重要的差别，规则具有确定性，一旦规则启动，活动就必定发生。但在联结主义认知心理学的网络模型中，一个单元是从其他许多单元接受输入，因此是寻求对多重约束的最佳总体解决，这被称之为"软约束"。与"硬约束"相比，"软约束"有许多优越性。第三，是恰如其分的衰退。人脑的一个重要特征是其绝对的可靠性，人的大脑神经系统本身就具有很强的容错性，大脑细胞的自动死亡并不影响人的认知能力，甚至大脑的局部损伤也不影响其整体功能，联结主义认知心理学的网络模型也具有这样的特点。在联结主义认知心理学的网络模型中，某个神经单元的缺失或损伤并不影响整个网络的输出模式，对作业成绩也无实质性的影响。但与人的生物大脑一样，如果网络模型中的神经单元损失太多也会导致网络的输出发生偏差。但在符号加工论认知心理学中，任何部分的损坏都会导致灾难性的崩溃。第四，是其学习的能力，联结主义认知心理学的神经网络可以自动在样例训练中生成新样例，从样例中再形成原型。而符号加工论认知心理学系统中的任何改变都需要程序员改写程序。第五，在"常识知识问题"的解决上，联结主义认知心理学展示了富有希望的可能性。所谓常识知识，是指技能、背景知识、直觉知识等处理日常生活事件的知识和能力。在联结主义看来，常识知识不是由"命题"组成，它是个体通过在文化中的成长所知道的东西，有许多不是"事实"，所以不能在计算机中表征它。此外，如果它是由命题组成，就会有提取的问题。因此，就算符号加工论认知心理学的模型能用符号表征许多事物，但仍然不能表征常识知识。尽管至今为止，还没有人设计出成功处理常识知识问题的程序，但联结主义认知心理学的神经网络模型则展示了富有希望的可能性，网络模型可通过其较强的学习能力来解决这些常识知识问题。

由此可以看出，符号加工论认知心理学和联结主义认知心理学均试图建立智能模型,但符号加工论认知心理学所隐含的思想是“心理活动像计算机”,更偏重于人工智能;而联结主义认知心理学所隐含的思想是“心理活动像大脑”,更偏向于自然智能,它试图构建一个更接近于神经活动的认知模型。

二、符号加工论认知心理学和联结主义认知心理学的争论

1. 在一般认知问题上的争论

(1) 在语义理解问题上的争论。

符号加工论认知心理学和联结主义认知心理学在一般认知问题上的争论最明显地表现在语义理解问题上。符号加工论认知心理学和联结主义认知心理学均有语义理解的能力,不过符号加工论认知心理学把语义内容分派给符号表达;而联结主义认知心理学则把语义内容分派到单元或单元的集合或单元的激活向量上。更确切地说,符号加工论认知心理学是用具有因果关系和句法特征的可语义理解的对象进行加工的;而联结主义认知心理学则是以具有因果特征的对象(单元)以及具有句法和语义特征的对象(向量)进行加工的。符号加工论认知心理学假设了一种“思维语言”,从而使心理表征具有联合的句法和联合的语义,并认为构成句法和语义的原子表征和分子表征之间是有区别的,分子表征具有句法构成物,这些句法构成物或者是分子或者是原子,而且分子表征的语义内容是其句法部分及其内容结构的语义功能。在符号加工论认知心理学中,意识规则理解和直觉都是在概念水平上描述的,也就是说,可以在概念水平上分别描述意识和无意识规则;但在联结主义认知心理学中,意识规则运用可以在概念水平上形成,但无意识(直觉)规则必须在亚概念水平上形成。

(2) 在心理表征问题上的争论。

在心理表征问题上,符号加工论认知心理学和联结主义认知心理学都属于表征主义派别。根据表征主义的观点,在认知过程中存在着一定的心理状态,它们起着编码外界状态的作用,并且表征状态对于认知理论的建构是重要的。在此问题上,联结主义认知心理学明显站在表征主义一边,鲁梅尔哈特和麦克莱兰德曾说,联结主义明显地与内在表征问题有关,网络状态所代表的就是联结主义模型所必需的。而在符号加工论认知心理学中,转换心理状态所依赖的原则或输入选择相应输出的原则是在心理表征的结构特征之上界定的,由于在符号加工论认知心理学中心理表征具有联合结构,因而有可能使心理操作通过对其形式的推理而得以运用,因此一个心理操

作将满足给定结构描述的任何心理表征，并将其转化为满足另一结构描述的心理表征；而联结主义认知心理学却并不具有这样的特点。福多和皮利辛就表征问题对联结主义认知心理学进行了批评，认为虽然认知系统的内在状态是表征的，但只有符号加工论认知心理学的表征系统是合适的表征系统，可用来为认知过程建立模型，因为符号表征具有语言的特征，具有联合的句法和语义，而联结主义认知心理学的表征系统却并不具备这些特征，联结主义认知心理学的表征系统只能说明符号加工表征系统的实现基础。

(3) 在具体认知问题上的争论。

在一系列具体的认知问题上双方也存在着严重的分歧。符号加工论认知心理学是建立在传统的计算机观念的基础上的，它只能说明规则行为的产生机制，而对于说明歧异行为的产生机制则显得无能为力；它可以以"语言形式"解释很多比较明确的问题，但却不能说明内隐知识的形成；而且符号加工论认知心理学的"箭框模型"对损坏和噪音具有极端的敏感性，模型或程序中稍有一点缺损就会导致输出偏差；同时，符号加工论认知心理学也没有提供其所假定的各种认知过程如何可由大脑来实现的任何启示，高水平系统和大脑结构之间的巨大差异说明符号加工论认知心理学的模型可能运行在错误的轨道上。而联结主义认知心理学的网络模型则不仅可以说明符合规则的行为，对于一些不符合规则的歧异行为也能作出力所能及的解释；同时，联结主义也是内隐知识形成的内在机制；当模型遭到损坏或有噪音干扰时，网络的行为并未受到实质性的影响；而且它以大脑的神经活动来类比心理活动，因此所建立的各种模型更接近于真实的神经网络，对认知过程的模拟也更符合真实的认知过程。正因为如此，麦克莱兰德等人认为，联结主义认知心理学的网络模型正在导致关于心理学问题的再概念化，诸如知识表征的本质问题……对于这种问题，符号加工论认知心理学将其看做是由加工过程中加工机制所考虑的规则体；在联结主义认知心理学的网络模型中，这种知识是以广泛分布的形式被表征的，是存在于加工单元的联结之中。

2. 在方法论和研究策略上的争论

(1) 功能模拟对结构与功能模拟。

符号加工论认知心理学把"心理活动像计算机"作为隐喻基础，主要模拟人脑的工作机理，认为虽然计算机与人脑的结构是完全不同的，但其工作机理却是一致的，即它们都是从环境中吸收信息，都在内部加工和操作这些信息，并通过一定的外部装置输出信息。正因为如此符号加工论认知心理学才把计算机作为其重要的研究工具，采用计算机模拟的方法来研究人的认知过程,它不仅撇开了组成系统的元素的不同本质,而且还撇开了这些元素彼此用于相互联结的具体方式,只把视野集中于信息在控制和自组织系统中所发挥的功能这一点上。可以说,这种模拟方法主要是功能的模拟,它模拟的主要是行为特征。而联结主义认知心理学则把“心理活动像大脑”作为其隐喻基础,认为人的认知活动主要是大脑神经元的整体活动。它所模拟的不仅是大脑神经元的功能,而且更为重要的是对大脑结构的模拟。联结主义认知心理学的每一模型实际上都是由对大脑神经元结构进行模拟的人工神经元相互联系而组成的简单或复杂的人工神经网络。

(2) 黑箱方法对灰箱方法。

符号加工论认知心理学深受西方理性主义传统和怀特海观点的影响,以物理符号假设为理论基础,把计算机看做信息加工认知心理学研究的主要工具,认为虽然计算机和人脑的结构不同,但它们都是一种符号系统,符号加工论认知心理学对信息的加工和操作实际上就是对符号的加工和操作。因此可以用作为一种形式语言的计算机程序来表示输入的心理过程,而用作为一种模拟装置的计算机来检验心理学理论关于行为的一些预测。但输入和输出之间究竟发生了什么却不得而知,即输入和输出之间似乎是一只黑箱。正因为符号加工论认知心理学不能解释输入大脑的信息在大脑内部究竟是如何编码和加工的,因此,在具体的研究中只能从功能模拟的角度出发对这种“黑箱”问题进行研究。

但是,随着知识工程的发展,研究者发现输入和输出之间并非像符号加工论认知心理学研究者所认为的不存在任何环节,而是存在着一些复杂变换的中间环节。由于认知活动复杂性的不同,中间环节的多少也不相同,但不论环节多少,这种环节总存在着一定的逻辑阈限,在一定的条件下它们就会连通起来,从而提高信息处理的能力和速度,塞也诺斯基把这类中间环节称为隐含层。在输入、输出和隐含层之间总是按平行分布的原则实现着不同的联系,这就是联结主义的基本思想内涵。联结主义认知心理学的复兴使人们开始了对认知微观结构的探索,忽视内部过程和大脑内部结构探索的“黑箱”方法论亦得到了自身的否定。由于科学技术的不断进步,现代化的研究手段不断运用于脑模拟研究,加之生物学家和神经科学家的不懈努力,大脑的结构和功能也逐渐被人们所认识,大脑已不像过去那样是一个纯粹的黑箱,如果继续运用黑箱方法来进行研究既是不适当的也是不客观的。

从认识论上讲,黑箱理论和方法是以我们对所研究的对象一无所知为出发点的,但人类的认识史表明,人的认识实际上是一个不断深化、逐步积累的过程。任何人都是在直接接受前人经验和知识的前提下研究新的课题和新的对象的。也就是说，人们所研究的已不是一个纯粹的黑箱，而是对其有了部分了解的“黑箱系统”。有研究者把这种系统称为“部分可察黑箱”，后来又改称为“灰箱”。要研究这种部分知、部分不知的灰箱系统，就应运用相应的灰箱方法，即充分利用已有的知识，因为已有的知识可以帮助我们更好地研究系统的内部状态，并辅之以通过运用其他方法而得到的一些知识来掌握系统的内部状态。

基于这一认识，我们认为大脑应为一个灰箱系统。把人的心理活动看做大脑整体活动的联结主义认知心理学既然以建立脑模型为基础来研究人的心理活动，它就应该采用灰箱的方法论。因为人们对大脑的研究已取得了突破性的进展，正是依据对大脑结构和功能的已有研究成果，联结主义认知心理学才得以建立各种各样的大脑整体或大脑不同部位的同构型或同态型模型，并以对这些同构型或同态型模型的分析为基础而推论大脑整体的结构和功能。由于联结主义认知心理学的形成是众多学科相互作用的产物，因而相关学科的分析和研究也为联结主义认知心理学推导神经元的整体活动奠定了基础。联结主义认知心理学灰箱方法论的运用否定了符号加工论认知心理学的“黑箱”心理学，为认知过程与脑功能变化规律的同时研究提供了前提，这必将为逐渐打开脑功能的秘密奠定基础。

符号加工论认知心理学和联结主义认知心理学所采用的方法论反映了人们对大脑结构和功能的认识的不断深化，符合认识论的一般规律。而且，随着科学技术的进一步发展、研究手段的进一步更新以及研究者认识水平的进一步提高，大脑的结构和功能必将为人们认识和掌握，那时大脑就将从纯粹的黑箱而变为“全知的黑箱”即“白箱”，此时人们就可以根据通过黑箱方法和灰箱方法对大脑内部结构和功能的了解而把这种结构关系按一定的关系式表达出来，从而使大脑真正成为一个已知结构而推导其功能的“白箱”。只有如此，以揭示认知的微观结构为己任的联结主义认知心理学才能真正发现大脑的功能，探寻心理活动的规律，但这个过程只能是一个渐进的过程，而不可能是一个完全等同的过程，这也是事物发展的必然规律。

(3) 还原论对整体主义。

受哲学和心理学中还原论思想的影响，符号加工论认知心理学和联结主义认知心理学均采用了还原论的研究策略，只不过联结主义认知心理学更加强调还原论与整体主义的融合。符号加工论认知心理学把人的心理活动还原为计算机对符号的逻辑操作，把人类的思维策略还原为计算机程序，把人的初级信息加工还原为计算机语言，而把人的生理过程包括中枢神经系统、神经元和脑的活动等还原为计算机硬件，这种机械还原论的研究策略已得到人们的普遍认同；如果说符号加工论认知心理学还具有较强的逻辑原子主义的还原倾向，那么联结主义认知心理学则更强调整体主义的某些观念与还原论融合，这种立场一方面强调物理作用可以解释人类认知和智能活动，另一方面又强调认知和智能活动是复杂的生命系统的子系统，需要强调其整体性、动态性观念，甚至需要强调突现的观念。这种整体的还原主义假设使认知心理学家不仅把问题求解看做认知和智能的基本形式，而且还把学习和与环境的相互作用作为认知和智能的基本形式，既强调使用经典的和非经典的逻辑，又强调要借助统计学、生物学和复杂性科学等的探讨来理解人类认知和智能的本质。联结主义认知心理学家认为，联结主义模型的"主要特征并不是还原主义的而是相互作用的。认知的本质从根本上说是从网络的相互作用中突现的属性。他们认为突现属性是非线性相互作用的结果，而不是部分属性的总和"。[①] 这种整体主义的相互作用或突现属性显然是指生理学层次上神经网络中各单元之间的相互作用。从其整体的研究思路而言，联结主义认知心理学首先是把人的心理活动还原为大脑中神经元的活动，把人的心理活动看做是以序列和并列以及相互作用的方式所进行的大脑神经元的活动，然后在此基础上强调大脑神经元的整体活动，这无疑体现了整体主义与还原主义融合的立场。

3. **两种研究范式争论的本质**

符号加工论认知心理学和联结主义认知心理学争论的本质在于究竟哪种认知心理学理论更加符合认知过程的本质。在符号加工论认知心理学中，有一些恰当描述的符号的本质属性，它们指向其他事物并参与由句法规则控制的操作，行为的特殊类型是通过参考对符号结构操作的特殊类型而得到解释的。而联结主义认知心理学则寻求那些相同的被很好描述的行为，在这些行为中本质属性不是由它们自己指谓的而是符号的构成物即亚符号，它们参与大量的而不是一般的句法操作。符号是由亚符号构成的观点认为，应把联结主义看做是执行符号的认知系统。福多和皮利辛[②]却不同意这种观点。他们认为不能把联结主义理论看做是认知理论，因为联结主义没有提供说明认知基本方面所需要的那种表征即思维和语言的系统性。按照福多和皮利辛的观点，由于符号加工理论可以提供语言运用和思维的心理学，且模型中具有形式主义所需要的精确表征，而运用这些表征的加工

① 章士嵘：《认知科学导论》，人民出版社 1992 年版。

② Fodor, J. A. & Pylyshyn, Z. W. (1988). Connectionism and cognitive architecture: A critical analysis. *Cognition*. 28, p. 3.

对其结构又很敏感，因此心理表征的构成结构和对运用表征的过程结构的敏感性就提供了心理系统性的基础。由于联结主义表征不具有构成结构，因而心智就不能是一种联结主义网络，既然如此，联结主义在认知过程的解释中就没有任何作用。这样，对认知的解释就必须运用符号加工论认知心理学的语言。

克拉克(Clark)提出了大脑的计算结构并非均匀的主张。这种观点可以支持各种各样的虚机器假设，包括符号加工论认知心理学的、联结主义认知心理学的等。克拉克认为，对于一些进化的行为如逻辑推理和算法，心智模拟的是传统的冯·诺依曼结构，但对于一些其他形式的心理现象，心智模拟的则是联结主义结构。据此他认为心智并非统一的，而是混合的。斯摩伦斯基也持同样的观点，他认为不同类型的心理过程或行为之间是有区别的，直觉处理器处理的是不需要有意地运用规则的行为，如知觉、技巧性运动和单词理解，这些行为是典型的快速行为，一旦启动就很难停止并较少受到其他任务的影响，对这类行为的解释就必须运用联结主义理论；但是，对于那些包括意识规则运用的行为，如推理和高水平语言操作，则必须运用传统的符号加工理论来解释。

从上面的争论中能得到什么启示呢？这些不同的观点从坚持只有符号加工论认知心理学的模型能够说明认知过程的统一理论，经由求助于联结主义和符号加工论认知心理学两者来说明认知的不同方面，到寻求纯粹的说明认知的基本方面的联结主义认知心理学的统一理论。这些不同的理论观点究竟哪一种是更加真实的呢？

显然，运用统一的符号加工论认知心理学的理论来解释所有的认知现象是不可能的，因为在学习、知觉和语言运用的很多方面，联结主义认知心理学理论已显示出了相当大的功效和威力，现在要想对这些行为中的一些进行说明而不涉及联结主义认知心理学理论是很困难的。但在讨论行为中的序列秩序和高水平语言操作的问题时，联结主义认知心理学的网络模型却碰到了困难。对这些问题的解决必然在一定程度上导致联结主义和符号加工论认知心理学的混合模型。福多和皮利辛认为，联结主义是对高水平符号加工模型的执行，但情况真是如此吗？

马尔引进了信息加工系统的三水平解释理论。他认为在最高、最抽象的水平上，计算理论描述了系统正在解决的基本问题；中间的算法水平描述了对那一问题的解决方案；最低水平的描述则涉及到算法的物理执行。一些研究者据此认为联结主义的恰当位置应在执行水平上，但这种执行究竟指的是什么？布鲁德本特曾陈述了两种类型的“执行”观点，他反对在网络和作为关于解释水平的混乱状态的符号观点之间进行比较。他说："一个单个的符号是对一个模式而不是对其他模式反应的系统：说有两种符号就是说有两种模式，其中每一模式都是要辨别的原型。没有什么辨别机制的启示是物理的、特殊的，也没有什么替代的东西分布于普通的多重代码上。这种陈述属于不同的理论领域。"①

实际上，在布鲁德本特的这段话中包含了两种观点：一种观点即网络是符号系统的物理执行；另一种观点即网络是运用分布表征的功能实现，在这种心理学理论中具有局部表征。布鲁德本特认为，联结主义理论和符号加工理论是"理论的不同领域"，联结主义认知心理学的网络模型主要关心认知的"微观结构"，而符号加工论认知心理学的理论模型则主要涉及认知的"宏观结构"。因此在认知领域中，联结主义认知心理学和符号加工论认知心理学是互补的，而不是竞争的。

的确，如果进一步思考和进行推理就会发现，在理论发展的过程中，符号加工论认知心理学和联结主义认知心理学的理论观点确实是互补的。虽然符号加工论认知心理学的宏观结构理论对于提供行为的广泛描述是有用的，但是，当以"探索认知微观结构"为己任的联结主义认知心理学理论变得更详细、更精确时，它将起着驱动心理学预言的作用，并将作为认知的心理学模型而逐渐取代符号加工论认知心理学的宏观结构观点。

符号加工论认知心理学认为，只要能对日常生活的非形式知识提供形式化的理论，就能通过恰当的编程来获取、表达和处理知识。但是，把人类的认知和智能活动转换成抽象符号的一个主要障碍是，任何实际问题都涉及大量的背景知识，背景知识本身是一个不确定集合，而且这些知识大部分不能基于符号逻辑推理获得，即使局限于解决小范围问题的专家系统，也不能克服符号逻辑功能的固有界限。显然，符号加工论认知心理学距揭示人的认知本质的认知心理学的目标还相差太远；联结主义认知心理学虽然在更底层上模拟了人的认知，但由于大脑结构是经历了长期的生命进化与环境的交互作用而形成的，社会文化历史的因素不可能不在大脑的形成和演化过程中打下烙印，因此试图通过机器程序建立一个与大脑功能类似的联结主义模型太难了；而且，虽然联结主义认知心理学家已经提出了几十种模型，也广泛地运用于模式识别与图像处理等领域，但其自身仍然难以摆脱认知科学中最棘手的常识知识问题，对于符号加工论认知心理学所遇到的很

① Broadbent, D. E. (1985). A question of levels: Comment on McClelland and Rumelhart. *Journal of Experimental Psychology: General*.

多困难仍然束手无策。显然,联结主义认知心理学研究距模拟人类高级智能的目标亦相差甚远。

既然符号加工论认知心理学和联结主义认知心理学都因过分重视实验室的严格实验模拟研究而不能从根本上解决认知的本质问题,研究者就不得不另辟蹊径,寄希望于从人与真实环境的互动中来研究人的认知现象,生态论认知心理学也因此而受到重视。

第二节　生态论认知心理学对符号加工论认知心理学和联结主义认知心理学的超越

符号加工论认知心理学和联结主义认知心理学以其丰富的实验成果迅速改变着心理学的面貌,但与此同时它们也遭到诸多批判。在此情况下,生态论认知心理学批判并超越了它们,为认知心理学的研究提供了新的生机和活力。

一、对符号加工论认知心理学和联结主义认知心理学的批判

在现代认知心理学的发展过程中,符号加工论认知心理学和联结主义认知心理学的竞争,其根本目的就是希望获得对人类认知的根本把握。但遗憾的是,由于时代的局限,人们在过去很长时间内并没有对人类生存的基本状态有一个正确认识,以至于现代认知心理学研究在机械论世界观的指导下长期忽视人类认知的复杂性,试图在抽取出环境影响因素和大脑制约因素的情况下实现对人类认知的把握。事实证明,这种努力并没有获得人们预期的结果,反而把现代认知心理学的研究带向了一种危险的境地。对符号加工论认知心理学和联结主义认知心理学的批判和质疑主要表现在以下几个方面。

1. 理论基础本身的局限性

符号加工论认知心理学和联结主义认知心理学的理论基础是心理表征

和计算理论。表征理论把认知看做是心理表征，认为认知再现着对象世界，它包含的内容涉及对象世界的意义。计算理论把认知看做是按照一定的逻辑规则所进行的加工操作，在无限多样的认知活动中，可以抽取出一个有限的形式系统和一组有限的算法规则，心理过程就是对信息的计算或对符号的操作的过程。因此，无论符号加工论认知心理学还是联结主义认知心理学，揭示的都是计算的心灵。符号加工论认知心理学和联结主义认知心理学都不谈思维对存在的关系问题，或者把思维对存在的关系看成是人的主观经验不同部分之间的关系，忽视了人的客观现实生活条件和人的实践活动在认知中的意义。

2. 过分强调实验室的严格实验模拟

无论是"人机类比"的符号加工论认知心理学还是"心脑类比"的联结主义认知心理学，其共同特点就是过分强调在实验室中所进行的严格的实验模拟研究。虽然将心理现象进行量化研究和模拟研究的结果较为具体精确，但事实表明，实验室研究在许多方面没有恰当地表现日常生活的真实情况：(1) 它所研究的内容可能与正常人的认知活动关系不大。例如，奈瑟就对在实验心理学中动物学习能力的研究结果的解释性和普适性问题进行质疑，认为它不能为理解一般人的学习能力提供满意的基础。(2) 实验室研究忽视了日常生活中人的认知的重要特征。例如，在实验室中所进行的记忆研究都有实验者的明确提示，而在日常生活中，人们常常只能自己提示自己某一特定时间去做某事。纽厄尔曾考察了 59 种实验现象，结果表明，只有两项与日常生活直接有关。哈瑞(R. Harre)认为这些实验只是对古怪做法的描绘，根本就没有价值，因为它们并没有研究完整的人，而是研究特殊的和严格控制的人。实验室研究的结果并不能轻易地在较为自然的条件下重复出现，这是因为心理实验不同于物理实验：物理实验室是一个主体所支配的物质环境，心理实验室则是一个主试与受试交互影响的社会情境。在实验中，被试的反应并不一定是由刺激直接引起的，在大多数情况下都是被试以刺激为线索针对主试所做的主观反应。当被试意识到他们行为的某些方面正在被人观察、测量或评判时，他们可能试图以更让人欣赏的姿态来呈现自己。这就说明，在实验情境中所进行的心理学研究与在"真实"世界中所发生的心理现象之间是有区别的。实验室研究的人为性必然导致所谓的"分离问题"，即研究者若想探索认知的某个方面，那么他总是试图从认知系统中把此方面分离出来，力图最大限度地缩小动机和情绪因素对此项认知活动的影响。但即使真能将这项认知活动隔离开进行研究，它也是在与其他功能系统相互作用中表现出来的。因此，在研究某种认知活动时我们分离得越成功，那么所得资料对于说明人们日常生活中的认知活动情况的有效性就越少。这是因为，在内部认知活动中，动机和情绪的变化可能产生质的影响。如果想通过在实验室中限制动机和情绪状态的作用的研究方式去探索日常生活中了解到的很不相同的状态的话，其结果是得不到推广的。随着研究日趋深入，人们发现实验法运用的范围非常有限。由于实验法难以控制众多变量，因而对很多研究课题都显得无能为力。因此实验室的认知研究并没有致力于探索超脱实验室限制的关于人的认知本质的任何方面，而在实验室之内，它的基本假设也没有超出它赖以存在的计算机模型和神经网络模型。

人类的心理毕竟不同于计算机和人工神经网络。人的认知无疑受到人的情绪、动机和个性特点的影响。采用计算机模拟的方法虽然能够模拟研究不受情绪、动机和个性影响的"硬性"认知活动，但却无法模拟受情绪、动机和兴趣影响的认知活动，更不要说去模拟研究那些模糊的认知现象；同时，人类的心理活动也不同于生理活动，心理活动是高于生理活动的一种活动。虽然二者都是大脑的活动和属性，但其本质却不同，因此以人工神经网络来模拟真实的大脑神经系统的脑模拟研究也不能真正揭示认知活动的本质。这是因为，人脑不同于任何其他动物脑的主要特点是其具有文化属性，文化表象是人脑优越于动物脑的主要思维形式。所以，我们不能仅从大脑内部来寻找意识的来源，意识现象绝不是大脑细胞单纯的生物生理生化活动的结果。而且人脑在进化发展的过程中借助于语言等独特的文化力量发展、丰富和完善了第二信号系统，从而使人在从事任何活动的过程中表现出一定的创造性，这是任何脑模拟研究都无法做到的。由于复杂性社会动物并没有从遗传中获得父辈的学习经验，当遇到生存问题时其所具有的生物性准备就发展得很快，这就使得大脑功能及其认知结构的发展取决于环境的影响。因此，奈瑟认为，如果认知心理学的研究只局限于严格控制条件下的实验室，从事与日常生活无关的研究，那么它的发展将难免重蹈行为主义的覆辙；如果不能显示文化差异，甚至丧失了发生在日常生活中的知觉和记忆的某些主要特征，那么这种心理学必将成为一个狭隘的、没有趣味的特殊化领域。

3．具体理论和概念方面存在一些缺陷

研究者一再质疑的是信息加工论认知心理学究竟是否能够代表一种新的范式。符号加工论认知心理学是在反对行为主义心理学的基础上，对早期实验心理学研究传统的回归。在此过程中，很多研究者采用了库恩式的科学分析，认为符号加工论认知心理学是一种新的范式。但在具体研究中，

只注重了学科母体,却忽视了共同范式,这样就不能使认知心理学朝着共同的目标进行更多的研究。符号加工论认知心理学之所以忽视共同范式,是因为符号加工论认知心理学根本就未提供或形成共同的范式。这就使其所从事的都是具体而微的特定现象的研究,而不可能从这些现象中整理出共同范式来。由于没有共同的范式,符号加工论认知心理学的理论建设就会受到影响。因为每一个心理学家都只关心他自己的现象,只对具体问题进行小规模的研究,而忽视了建立普遍性的认知理论的研究。另一个阻碍认知心理学理论化的因素是其学科母体过于模糊和不确定。认知心理学虽然具有学科母体,但这种学科母体依据的是计算机隐喻和神经网络隐喻,由于这种隐喻的方法比较模糊,因此认知心理学家很可能只是对任务进行分析和推断,而不是对人类的心理活动进行分析和推断。结果,就使得认知心理学这门学科缺乏其应有的共识。

符号加工论认知心理学问世时,一些心理学家认为计算机可以编制程序来完成人能做的任何事情或人们一心想做的任何事情。在这一主张的背后,是一种关于形式主义的假设。心理学中的形式主义代表了世界景象机械化的最后发展阶段。正如自然科学通过把自然分析为机器来获得成功一样,符号加工论认知心理学也希望通过把人分析为机器来获得成功。但瑟尔却向机械论的形式主义提出了质疑,其中最大的质疑是“框架问题”,因为他质疑的不仅仅是计算机模拟人类智力的能力问题,而且还是计算机能否实现机器智能的可能性问题,即人类的知识和解题技能能否形式化为一组计算机规则。从某种意义上说,人类在解决问题时并不完全带有意识思维,因此,与其说人类像计算机那样运作,还不如说人类的行为是直觉的:我们没加思考就得出了解决问题的方法;适应行为可以在不加思维的情况下发生。经验证据也表明,人的行为是不能完全形式化的。对人类概念的研究表明,概念不是基于一系列有条理的、计算机似的界定特性,而是集中于周边模糊不清的已成陈规的原型。

传统的计算机模拟理论是一种象征性操作理论,象征操作的计算机结构是以每次完成一次计算的单个加工单位为基础的。它通过中央处理机能以极快的速度完成连续的计算。然而,自计算机科学问世那天起,便存在着这样一种可能性,即建造一个把单个加工联结起来的多重处理器,随着多重处理器的运作,信息的连续加工就被平行加工所取代。平行加工是联结主义认知心理学的网络模型的一大特征。由于传统的人工智能不能使机器完成人们认为根本不需要思考的任务,所以当平行加工的联结主义认知心理学网络模型声称它能够真正学习时,对心理学家确实是一种鼓舞。联结主义认知心理学的目标是要用脑模拟研究的模式取代心理学中的计算机模拟研究模式，但无论结果如何，它都不可能真正实现人脑的功能。这是因为联结主义认知心理学虽然提供了一种揭示智能和了解人脑工作的方式，所形成的研究思路和成果也有一定的合理性，但它毕竟是由人所提出的，在运行过程中没有自己的目的，无法从事真正的实践活动，更认识不到行动的意义和后果，因而无法真正揭示人的心理活动的本质。

现代认知心理学"人机类比"和"心脑类比"的研究思路，不仅在对人性的认识上是一种计算机科学及其相关学科高度发展条件下的类似于笛卡儿"动物是机器"的翻版，更使其在研究的实际操作中不得不忽略情感、意志及环境和历史文化因素对人的认知的影响作用，而单纯地把认知从个体的生活实际中剥离出来进行所谓的纯科学研究。因而，不管是符号加工论认知心理学还是联结主义认知心理学，所持的都是一种认识论的还原论思想。这种思想从根本上来说还是一种笛卡儿的机械论世界观，它描述的是一个线形的、按照牛顿力学体系运行的由客观实体构成的世界。在这个世界里，人与自然是分离的，主观与客观是对立的，事物之间的关系是一种外在关系而不能构成和决定其性质。而我们对它的认识，则可以通过将它分解为各个部分，从复杂的环境关系中抽象出来的方式进行。正是持有这样一种方法论体系，现代认知心理学从其产生之日起就始终没有真正走出实验室研究的局限，而以发现所谓的"客观普适性真理"自居。但实际情况是，现代认知心理学不仅没有真正发现"客观普适性真理"，而且一些早期的人工智能预言均未能真正实现，现代认知心理学的基本假设的可行性和恰当性一再受到挑战，几乎断送其美好的研究前程。现代认知心理学所持的机械论世界观和方法论及研究的科学主义倾向到了该进行反思的时候了。

1981 年，梅勒和弗兰克在美国最具代表性的《认知》杂志创刊 10 周年的庆祝活动时说："在认知心理学方面，进展并不明显。自 1971 年以来，该领域没有重大发展，实际上变化很小。"对认知心理学状况更觉不满的是奈瑟，他于 1976 年出版了《认知与现实》一书。他认为，认知心理学以往的实际发展一直令人失望，而且很有限，它的总方向是否真正富有成效？信息加工的概念值得仔细审查，认知心理学应当做出更加现实主义的转变。奈瑟竭力主张用"生态学的方法"取代信息加工的方法，因为生态学的方法研究的是自然环境中的认知，而不是研究用以满足实验室需要的实验范围内的认知。这种观点已经在现代认知心理学的研究中得到了一定认可。20 世纪六七十年代和新近出版的认知心理学著作证明了这一点。也许我们可以假设，生态学观照下的现代认知心理学研究必将走向整体多元化的研究途径，并将获得一个美好的未来。

二、生态论认知心理学对符号加工和联结主义认知心理学的超越

由于符号加工论认知心理学和联结主义认知心理学均存在着难以克服的困难,面临着研究者的不断诘难,引起人们对生态论认知心理学研究的关注,这是使心理学走出实验室回归到人的生活情境的过程。生态论认知心理学所探讨的是真实生活场景中人类认知发生和发展的基本情况。这是对符号加工论认知心理学和联结主义认知心理学只重视实验室研究的一种超越。在生态论认知心理学家看来,在实验室场景下通过死记硬背方式进行的旨在发现和说明认知基本规律的研究对于人类生活是没有意义的。认知研究应该与人类的真实世界有关,应该更多地采用自然的实验设计和实验材料,尽量对人类真实生活中发生的认知现象进行说明。奈瑟认为实验室研究不仅应该使用更多自然的测试材料,更应该在现实的生活场景中进行。在奈瑟看来,现实生活的研究不仅能为实验室的研究发现提供"现实的检验",还能为确证或否认其在现实生活中的效度提供机会;同时,现实生活中的认知研究有时也能提供可应用于现实世界的一些知识,并且能够辨别出一些在以前的实验室实验中没有发现的认知现象。持生态学研究观点的研究者多把自己的研究取向指向人类生活的真实世界,从研究的应用角度进行认知问题的思考。目前,应用认知心理学研究中的认知神经科学取向迅速融入认知心理学领域并获得了认知心理学的青睐。神经科学融入认知心理学研究形成了认知神经科学研究,它与现代认知心理学研究范式取代行为主义研究情况完全不同,它是在认知研究相关学科飞速发展的历史背景下,在一种生态现实理论所强调的人与环境相互作用而构成人类智能基础的观点被普遍接受的情况下出现的一种学科交融,它体现了一种现代认知心理学的生态学研究取向。越来越多的迹象表明,心理学在发展趋势及特征方面已经出现了潜在的基本的变化。人们热衷于谈论传统心理学研究对人的内在价值的忽略或遗漏,心理学家们关于可选择的方法论的话题也日渐丰富:现象学家开创了定性研究的范式,对人类相互依存的诸多形态与结构的关注也逐步增多;生态学家研究了人与环境的诸种观念;人种起源学家关注的焦点由脑中的事件转向了人们身陷其中的社会仪式。这就表明心理学家已经开始从文化的、历史的角度来深入地探索人类的心理与行为的奥秘。持生态学立场的认知心理学家认为,人们的心理功能从根本上说是一个适应的过程,认知不会发生在文化背景之外,也即所有的认知活动都是由

文化背景“塑造”的。生态学效度强调研究现实生活或者说真实环境中人的心理和行为，即自然发生的心理过程和具有功能意义的心理现象。“具有功能意义的心理现象”是针对传统主流心理学实验室背景中的无现实意义的心理现象而言的。现在，越来越多的心理学家运用有意义的材料研究认知活动，比如象棋复盘、设计计算机程序、解决医疗诊断等实际生活问题。在这些领域，所考察的行为是居住者自己社区里自然发生，而不是心理学家引导的特殊行为，它们不是建立在预先存在的假设之上。相反，人们与其环境之间的关系的发现来自被观察的行为本身，注重考察在复杂的生存系统中心理发生和发展的过程，表现出认知心理学研究取向的一大转变。

代结语：

具身认知——认知研究的新动向

随着以符号加工论认知心理学和联结主义认知心理学为代表的基于表征计算范式的“第一代认知科学”研究不断受到人们的质疑，以身体为基础的“第二代认知科学”在 20 世纪 80 年代开始逐渐凸显和成熟起来，这被称为具身认知。虽然具身认知最早是从哲学中发源的，但却有可能成为认知心理学未来研究的一种新动向。

一、具身认知的基本含义

“第二代认知科学”以确定认知的身体基础、身体在认知和社会活动中的首要作用为标志，认为人的认知活动需要从更基本的身体能力和身体经验中找到其起源，以及在此起源上的演化和发展。从发生和起源的观点来看，心智和认知必然以一个在环境中的具体的身体结构和身体活动为基础，因此最初的心智和认知是基于身体和涉及身体的，心智始终是具体身体的心智，而最初的认知则始终与具体身体结构和活动图式内在关联。所谓具身认知是一种对有机体与其所处环境之间的交互作用在认知发展过程中重要作用的说明，强调具身是认知的必要条件，试图对心、身、世界之间的交互方式给予理论说明。其基本含义是：我们的心智、理性能力都是具身的，它们依赖于我们身体的生理神经结构和活动图式；认知过程、认知发展和高水平的认知深深地根植于人的身体结构以及最初的身体和世界的相互作用中。具体来说，主要有以下几个方面。

1. 认知是具身的

人的心智不是无形质的思维形式，心智本质上是具身的生物神经现象，是神经系统整体活动的显现，有机体的认知能力是在身体—脑活动的基础上实现的；认知是具身的，就是说认知源于与世界的身体的相互作用。从这个观点看，认知依赖于经验的种类，这些经验出于具有特殊的知觉和运动能力的身体，而这些能力不可分离地联系在一起，共同形成一个记忆、情绪、语言和生命的其他方面编织在一起的矩阵。

2. **认知是情境的**

由于具身心智镶嵌在自然和社会环境的约束中，因此认知是情境的。认知不是具身心智对环境的单向投射，而是必须相应于环境的状况和变化。认知活动发生在一个真实世界环境的情境中，并内在地涉及知觉和活动。环境对于有机体不是外在的、偶然的，而是内在的、本质的；环境是身体运动的一部分。心智和世界之间的信息流是如此密集和连续，以至于对研究认知活动本质的科学家而言，单独的心智并不是一个有意义的分析单元。

3. **认知是历时的**

认知不是一开始就处于高级的水平上。对人而言，认知不是一开始就处于言语思维的认知水平，而是经历了一个发展过程。在社会生物中，具身认知是从自我—他者的主体间的动态的共同决定中突现出来的。认知是根植于自然中的有机体适应自然环境而发展起来的一种能力，它经历一个连续的、复杂的进化发展过程，最初是在具有神经系统的身体和环境相互作用的动力过程中生成的，并发展为高级的、基于语义符号的认知能力。

4. **认知是动力的**

认知不是一个孤立在头脑中的事件，而是一个系统事件。具身认知的心智活动和环境是耦合的，动力系统研究这种耦合情况下的认知发展的动力机制。具身认知是由突现的和自组织的过程构成的，该过程通过耦合或交互的因果性使大脑神经系统、身体和环境相互连接在一起。人的认知没有结构、没有规则，由于大脑与环境之间随时都有信息交流，而且处在不断变化的连续的认知状态，因此认知就是认知主体与环境的互动，就是一个包括任何随时间改变而改变的动力系统。

5. **认知是为了行动的**

心智的功能是为了指导行动，而诸如知觉和记忆这样的认知机制必须根据它们有益于情境的适当的行为来评价。这类似于说，理论的作用在于指导实践，否则，认知只停留在反思的内在领域，变成为认知而认知，这是难以为继的。

6. **认知是无意识的**

人的身体活动大多是在清晰的意识层面之下进行的，而且人的思想是在认知觉知的水平下活动，难以通达意识且活动太快而不被注视。有时人以知觉—行动的耦合完成了很多认知工作，但却是在有意识的水平之下进行的；尽管人能够清晰地意识到的思维的内容，但思维活动的神经过程却是清晰的意识所不能通达的。所有反思意识都有前反思或非反思的基础，即无意识的神经生物基础。

7. **认知是共生的**

认知是身体在与周围环境持续相互作用的过程中共生的。认知不是一个预先给予的心智对预先给予的世界的表征，认知是在"在世存在"施行的多样性作用的历史的基础上的世界和心智的生成。知识有赖于我们的身体、我们的语言和我们的社会历史，即我们的不可分离的在世界中的存在，知识不是储存在心智中，而是在世界的交往活动中发展的。认知者处身于世界之中，认知者及其实践的世界彼此蕴涵在相互生成的过程中。

从这些观点中我们可以看出：人是在世存在的，人最初的活动是和环境浑然在一起的；在认知发展中，知觉和身体活动是首要的。

二、具身认知的思想基础

具身认知的思想不是凭空产生的，它和人类的所有观念一样具有其思想先驱和来源。

1. **现象学基础**

具身认知与现象学有着内在的深刻联系。安德森认为，在具身认知的运动中，现象学的资源不应该被忽视。我们从胡塞尔的意义学说中就找到了具身认知观念的思想。在胡塞尔看来，知识或语言的表达与认知活动是相关的。通过现象学的相关性考察，我们可以发现：意义既不是单纯来自外部世界，也不是主体的臆想或由纯粹反思的自我统摄，而是发生于主体和外部世界相互作用的活动的构成过程中，意义是在相互作用的活动中建构起来的。海德格尔(M. Heidegger)认为，认知活动本身是一个生存活动，人不是一个"思维的事物"，而是一个在世存在的活动者，此处就已经蕴涵着主体具身化的涵义。梅洛—庞蒂以"肉身"这个概念表达我们原初的具身经验，而且他试图将哲学的注意集中到他所称的"世界之肉身"上，这是一个通过我们生活于其中而感触到的世界。他认为，我们认知结果的意义不仅与我们和世界相互作用的认知活动有关，而且与我们实现认知活动的基本的身体图式、行为结构和生理神经结构有关。由于"我"是一个身体—主体的在世存在，因此构成身体的元素与构成世界中事物的元素是一样的，它们是由相同的“肉身”构成的。这样，我才不是一个与世界分离的心智，我们才能够在世界中与世界中的事物发生联系和相互作用，才能自然地浑然地在世界中活动。我们心智的一切能力始终以具身的方式实现着我们与世界的交往，同时也制约着我们与世界交往的可能性。我们用我们的身体感知，那么身体就是一个自然的我和知觉的主体。心智是身体的心智而不是无形质的心智，心智是具身的心智。显然，梅洛—庞蒂发现了心智与身体的浑然相关的本性。

2. 心理学思想

具身认知与心理学也有着密切的联系。皮亚杰认为，传统的认识论只顾及到高水平的认识，即只顾及到认识的某些最后结果，而发生认识论的目的就在于研究各种认识的起源，从最低级形式的认识开始，追踪这种认识向以后各个水平的发展情况，一直追踪到科学思维并包括科学思维。在皮亚杰看来，身体活动既是感知的源泉，又是思维发展的基础；认知结构的起源是动作的一般性协调，而动作是身体与环境在相互作用的活动中的最初的接触面和接触方式，是主客体的桥梁。主体为认识客体就必须对客体施加动作，在这类动作中，心理和认知结构以一个连续的同化—顺应和结构—建构的动力过程不断改变和重建；一些初级的动作以及其他许多更复杂的动作逐渐在心理水平上进行着，它们成为内化的思维活动，即形式运算。维果斯基(L. Vygotsky)最早提出了外部动作内化为智力活动的理论。他认为，符号的运用使得心理活动得到了根本的改进。没有语言的心理活动是“直接的、不随意的、低级的、自然的”，只有掌握了语言后才能转变为“间接的、任意的、高级的、社会历史的”。操作外界事物的外部形式的活动，即是从感知运动向语言思维的过渡。维果斯基强调“活动”的作用，并运用外部活动和内部活动相互转化的唯物辩证法，揭示儿童思维发展的动力。

显然，无论是皮亚杰还是维果斯基，他们都认为，认知是在主体和环境相互作用基础上的进化的和历史的建构；高水平的思维活动是人类最初身体活动的内化。这种观点已经蕴涵了具身认知的思想。

3. 其他思想来源

瓦雷拉(F. Varela)等人的生成观点强调，认知并不是先定的心智能力对先定的世界的表征，而是在人所从事的各种活动历史的基础之上，由心智和世界共同生成的。考沃特(M. Cowart)认为，具身认知的早期来源包括：19 世纪心理学家的观点，如詹姆斯和其他心理学家提出的知觉的运动理论；

吉布森根据与环境的潜在的相互作用来看待知觉的生态心理学思想。“通过身体认知世界”的思想在20世纪末的拉考夫(Lakoff)和约翰逊(Johnson)那里进一步得到了彰显。拉考夫和约翰逊指出，概念是通过身体、大脑和对世界的体验而形成的，特别是通过感知和肌肉运动能力而得到的，并只有通过它们才能被理解。这意味着，从根本上讲，思维产生于人的身体经验。在探索抽象概念是如何从身体概念的隐喻的基础上，拉考夫和约翰逊发展和建立起了基于身体的语言学理论。而且在同一时期，基于行为的机器人技术开始强调与环境的相互作用，而不是关于抽象思想的内在表征，这些思想都为具身认知的提出奠定了基础。

三、具身认知的基本原则

瓦雷拉、汤姆森(E. Thompson)等人在《具身的心智——认知科学与人类经验》中提出了具身认知的两个基本原则。

1. 认知依赖于经验的种类

这些经验源于具有各种感觉运动能力的身体。具身性即指我们是具有肉身的生物体，我们的意识和智能、我们的情绪和价值、我们维持生命的生理活动都是在这个生物基础上实现的。认知的具身性在现象经验和神经科学的证据中是不言而喻的，因为当一个人遭受身体损伤特别是脑损伤后，他和世界原先完整的意向关联就会遭到损坏，并在现象经验的层面上表现出来。身体经验大都是认知无意识的，大量的身体活动、情绪表达和实现语言能力的机制自动地和非反思地运行着。这些高度结构化的心理活动无意识地发挥着作用。认知无意识是位于可通达的意识之下的，是由所有那些无意识地发挥着作用的心理活动构成的，它们支撑了有意识的心理活动。具身认知是一个巨大的研究领域，因为无论是认知无意识的身体经验，还是主观的意识经验，都出自特定的生物体的神经结构和过程。

2. 认知依赖于环境，是心智与世界的共生物

身体的感觉运动能力包含在一个更大圈子里的生物的、心理的和文化的情境中，认知并不是先定的心智能力对先定的世界的表征，而是在人所从事的各种活动历史的基础上，由心智和世界共同生成的。人的认知和行为总是发生在某个环境中，并需要相应于环境的约束，这就是认知和行为的情境性。行为与环境的交互作用是通过一种广泛的协调机制实现的，这种协调不仅体现为知觉—动作的协调，而且在人类的文化社会活动中体现为一

种扩展的理论—实践的协调；协调是在知觉—行动、理论—实践耦合的时间的延展中实现的。环境在认知和行为活动中首先不是作为认知和行为的对象，而是作为认知和行为的支撑出现的，因此智能体生存的适应性策略不是抛开而是借助和依赖环境本身给予认知和行为以支撑的某些特有结构和持久特征。在生态论认知心理学中，吉布森用可获得性这一概念来表达认知、行为与环境的这种关系。吉布森将有利于行为的那些可知觉和可凭借的环境的可能性和机会称为可获得性。可获得性不是指一个自在环境的信息和特征，而是指与智能体的知觉—行动协调直接相关的环境的可能性。认知则是认知者处身于世界之中并与其实践的世界彼此蕴涵在相互生成的过程中形成的。

四、具身认知的实现机制

对于什么是具身认知的实现机制，认知的动力系统理论对此进行了解释。加尔德（T. V. Gelder）1955 年提出了认知的动力学假说。他认为，自然认知系统是某些种类的动力系统，而且从动力学眼光来理解是对认知系统最好的理解。事实上，艾什比（W. R. Ashby）在 20 世纪 50 年代也提出了这种思想。他指出，所有的认知或许都能由动力系统模型来解释。因为认知不只是脑神经系统中的表征的操作，认知最初是在活的身体的界面上进行的，只是到了认知发展的高级阶段，特别是到了符号语义的阶段，认知的内在表征方面才高度发展并成为认知活动的重要领域。在此阶段，依赖于符号语义特性，认知不再局限于实时的环境，人脑的高度发展的神经系统为离线认知准备了一个内在的想象力的空间，认知者不再非要处于实时的环境中和实际的对象交往，于是在某种程度上认知成了处理心理表征的过程。布鲁克斯认为，以现有的计算机理论体系结构为基础的人工智能没有反映生物系统的智能，人和其他动物是通过学习来改变他们的行为以更好地适应环境去认知的，因此我们应当沿着进化的阶梯自下而上地探询智能的源头。复杂系统认知理论与传统理论的一个重要区别是对表征的不同理解。在传统认知科学中存在着一种默认的假定：没有表征就没有人类认知。但动力学者则认为，一个动力模型应当是无表征的，因为智能行为是感知—动作同时协调的结果，感知—动作的神经结构是在运动中创造的，是在不断激活、竞争选择和重新组合过程中得到的一种自组织机制，并不依赖于任何形式的表征和计算。加尔德认为“表征概念对于理解认知是不充分的一种诡辩式的东西”，西伦则更直接地宣称“我们根本无须建立表征”，布鲁克斯认为“在智能系统的建造中，表征是完全错误的抽象单元”。

五、具身认知能否代表认知研究的方向

符号加工论认知心理学试图运用计算机的符号演算模拟人类心理；联结主义认知心理学试图通过人工神经网络的平行计算模拟人类的心理；生态论认知心理学则试图在现实生活的情境中来研究人的心理。我们认为，这三种形态的认知心理学均在不同的探索道路上对人类的心理进行了某种程度的揭示，而且都自觉或不自觉地默认了一些基础假设。但毕竟认知心理学是一个不断成长的学科，其实践过程中的困难还依赖于诸多学科的进展，也依赖于物理实现条件和经验的检验。事实上，至今对于人类是否按照符号和命题那样的精神实体来表征事物以及心灵是如何运作的，这些基本问题我们还无法做出真正的裁决。而且由于诸多因素的制约，我们对认知心理学中具有决定意义的一些基础性假设既没有提供足够的令人信服的经验证据，也没有展开充分的哲学论证。因此，只要人类对智能的本质，对心理的本质没有获得完全的理解，认知心理学还将继续走在探索新范式的道路上。20 世纪 80 年代以来，在对传统认知研究进行质疑的基础上，研究者提出了具身认知的观念，目前这种观念已经受到越来越多的关注。

传统的认知研究将心智看做一个按照一定规则处理无意义符号的抽象的信息处理器，认为心智能够根据它的认知功能来研究而无需考虑源于身体和大脑的这些功能的实现方式。在传统认知研究中，身体和大脑的特性对人类的概念和理性不起任何作用，身体以及身体的生理神经结构和身体活动图式对认知的研究是没有价值的，但是人的实际认知情形是：一个活的身体在真实环境中的活动。人不仅仅是一个符号加工系统，人还是一个有生命的存在，具有生物的属性，在与他人及环境相互作用中具有生存的意向性。对人来说，处于主导地位的是调节系统，认知系统则是服务于调节系统的。所以，只有把认知系统与人的本性、生存和发展联系起来，才能得到合理的解释。生物学的大脑是生物学的身体的调节系统，生物学的身体是在真实世界的环境中移动和活动的。从这种意义上讲，具身认知似乎是符合人类认知的实际情形的，但它能代表认知研究的未来发展方向吗？作为一种认知研究的新动向，具身认知必然有其最初的观念上的变革，也有许多重要的思想先驱，其研究方法更是涉及众多领域。但这种新的研究主题将如

何变化,它与认知研究的诸方案之间的内在协调性问题将如何解决?而且,在这一过程中,所涉及到的实在论传统与现象学哲学传统的争论也将继续。我们认为,即使在这种争论中,包括具身认知在内的认知心理学研究未能取得令人满意的结果,也并不能终止我们对人类认知的永恒的哲学反思。我们相信,经过不断的反思与实践,一个对认知更为全景、更为本真的研究时代必将到来。

参考文献

中文文献

John B. Best 著,黄希庭译:《认知心理学》,中国轻工业出版社 2000 年版。

陈俊:《认知心理学关于短时记忆信息提取的研究综述与展望》,《暨南学报》,1995 年第 1 期。

费多益:《认知研究的现象学趋向》,《哲学动态》,2007 年第 6 期。

方平等:《认知发展研究趋势的探讨》,《心理学探新》,2000 年第 2 期。

高华:《认知主义与联结主义之比较》,《心理学探新》,2004 年第 3 期。

高觉敷:《西方心理学的新发展》,人民教育出版社 1987 年版。

高新民:《现代西方心灵哲学》,武汉出版社 1996 年版。

葛鲁嘉:《认知心理学研究范式的演变》,《国外社会科学》,1995 年第 10 期。

贾林祥:《联结主义:涵义的厘清与模型的分析》,《徐州师范大学学报》,2003 年第 3 期。

贾林祥:《联结主义认知心理学》,上海教育出版社 2006 年版。

贾林祥:《认知心理学的联结主义理论分析》,《心理学探新论丛》,2001 年第 1 期。

贾林祥:《认知心理学两种研究范式的争论与反思》,《西北师大学报》,2005 年第 2 期。

贾林祥:《试论新联结主义的方法论》,《南京师大学报》(社科版),2004

年第2期。

贾林祥:《试析联结主义早期研究者的研究》,《湖南师范大学教育科学学报》,2003年第6期。

贾林祥:《试析联结主义早期研究者Rosenblatt关于感知机的研究》,《内蒙古师范大学学报》,2004年第2期。

贾林祥:《新联结主义的心理学背景》,《心理科学》,2004年第1期。

贾林祥:《一种新的学习和记忆理论:联结主义论学习和记忆》,《宁波大学学报》,2002年第6期。

卡米洛夫-史密斯著,缪小春译:《超越模块性——认知科学的发展观》,华东师范大学出版社2001年版。

乐国安:《论现代认知心理学》,黑龙江人民出版社1986年版。

李恒威、盛晓明:《认知的具身化》,《科学学研究》,2006年第4期。

李恒威、肖家燕:《认知的具身观》,《自然辩证法通讯》,2006年第1期。

李新成:《现代认知心理学关于理解过程的研究》,《教育理论与实践》,1997年第2期。

梁宁建:《当代认知心理学》,上海教育出版社2003年版。

刘婷、陈红兵:《生态心理学研究述评》,《东北大学学报》(社会科学版),2002年第2期。

秦晓利:《生态心理学》,上海教育出版社2006年版。

秦晓利、夏光:《生态心理学的元理论解析》,《长春工业大学学报》(社会科学版),2004年第1期。

邵志芳:《认知心理学——理论、实验和应用》,上海教育出版社2006年版。

王健:《视觉注意选择性的认知心理学理论研究进展》,《应用心理学》,1997年第1期。

王甦、汪安圣:《认知心理学》,北京大学出版社1992年版。

王小明、鞠瑞利:《现代认知心理学关于概念表征的研究》,《上海教育科研》,1998年第10期。

邢强:《现代认知心理学关于图式模型的研究》,《心理学探新》,2002年第4期。

徐献军:《身体现象学对认知科学的批判》,《科学技术与辩证法》,2007年第6期。

杨盛春:《联结主义对知识表征的模拟研究》,徐州师范大学硕士论文,2008年。

叶浩生:《西方心理学的历史与体系》,人民教育出版社 1998 年版。

叶浩生:《心理学史》,高等教育出版社 2005 年版。

叶奕乾等:《普通心理学》,华东师范大学出版社 2004 年版。

易芳:《生态心理学的理论审视》,南京师范大学博士学位论文,2004 年。

易芳、郭本禹:《心理学研究的生态学取向》,《江西社会科学》,2003 年第 11 期。

易芳:《生态心理学》,台湾生智文化事业有限公司 2004 年版。

易芳:《生态心理学之背景探讨》,《内蒙古师范大学学报》(教育科学版),2004 年第 12 期。

易芳:《生态心理学之界说》,《心理学探新》,2005 年第 2 期。

易芳、俞宏辉:《生态心理学——心理学研究模式的转向》,《心理学探新》,2008 年第 1 期。

于洪卿:《现代认知心理学的知识观》,《沈阳师范学院学报》(社会科学版),1997 年第 3 期。

余嘉元:《当代认知心理学》,江苏教育出版社 2001 年版。

张凤琴等:《生态学视野下的现代认知心理学研究》,《陕西师范大学学报》(哲学社会科学版),2006 年第 1 期。

张述祖、沈德立:《基础心理学》,教育科学出版社 1987 年版。

周春美:《生态心理学方法论研究》,湖南师范大学硕士学位论文,2006 年。

周详、曾晖:《现代认知心理学关于空间能力和心理旋转的研究》,《心理科学》,1995 年第 6 期。

英文文献

Ackley, D. H., Hinton, G. E. & Sejnowski, T. J. (1985). A Learning Algorithm for Boltzmann Machines. *Cognitive Science*. 3.

Barker, R. G. (1968). *Ecological psychology: Concepts and methods for studying the environment of human behavior*. Standford University

Press.

Barker, R. G. (1987). Prospecting in environmental psychology: Oskaloos a revisited. In: I. Altman & D. Stokols (eds.) *Handbook of environmental psychology*. Wiley Son.

Berry, J. W. (1980). Ecological analyses for cross-cultural psychology. In: *Studies in Cross-cultural Psychology*. Academic Press Inc. ltd..

Bronfenbrenner, U. (1977). Toward an experimental ecology of human development. *American Psychologist*. 32.

Bronfenbrenner, U. (1979). *The ecology of human development: Experiments by nature and design*. Harvard University Press.

Brunswik, E. (1949). *Systematic and reprentative design of psychological experiments*, Berkeley and Los Angeles: University of California Press.

Chomsky, N. (1975). *Syntactic structure*. The Hague: Mouton.

Clark, A. & Lutz, R. (eds). (1992) *Connectionism in context*. Springer-Verlag.

Davis, S. (1992). *Connectionism theory and practice*. Oxford University Press.

Dinsmore, J. (1992). *The Symbolic and connectionist paradigms: Closing theg gap*. Hillsdale, New Jersey.

Ellis, R. & Humpreys, G. W. (1999). *Connectionist psychology: A text with reading*. Psychology Press.

Fodor, J. A. & Pylyshyn, Z. W. (1988). Connectionism and cognitive architecture: A Critical Analysis. In S. Pinker, & J. Mehler (Eds). *Connectionism and symbols*. The MIT Press, Cambridge.

Fodor, J. A. & Pylyshyn, Z. W. (1988). Connectionism and cognitive architecture: A critical analysis. *Cognition*. 28.

Fodor, J. A. (1975). *Th elanguage of thought*. New York: Crowell.

Galotti, K. M. (1994). *Cognitive psychology in and out of the laboratory*. Cple Publishing Company, Washington, D. C.

Gibson, J. J. (1979). *The Ecological approach to visual perception*. Boston, Houghton Mifflin.

Gregory, R. L. (1973)). *Eye and brain: The psychology of seeing* London: Weidenfeld & Nicolson.

Grossberg, S. (1988). Nonlinear Neural Networks: Principles, Mechanism, and Architectures. *Neural Networks*. 3.

Heb, D. O. (1949). *The Organisation of behavior: A neuropsychological approach*. John Willy & Sons.

Heft, H. (2001). *Ecological psychology in context: James Gibson, Roger Barker, and the legacy of William James's radical empiricism*. Lawrence Erlbaum Assicates, Inc..

Hinton, G. E. & Anderson, J. A. (1981). *Parallel models of associative memory*. New Jersey.

Hinton, G. E. (1989). Connectionist learning procedure. *Artificial Intelligence*. 40.

Hopfield, J. J. (1982). Neural networks and physical systems with emergent collective computational abilities. *Proceedings of the National Academy of Science, USA*, 79.

Horgan, T. & Tienson, J. (1996). *Connectionism and the Philosophy of psychology*. The MIT Press.

Humphreys, G. W. & Quinlan, P. T. (1986). Comments on explanation in computational psychology. In: C. Peacocke (ed.). *Mind and Language*.

Jacobs, R. A. (1988). Increased rates of convergence through learning rate adaptation. *Neural Networks*. 1.

Kienker, P. K., Sejnoski, T. J., Hinton, G. E. & Schumacher, L. E. (1986). Separating figure from ground with a parallel network. *Perception*. 15.

Kolers, P. A. & Smythe, W. E. (1984). Symbol manipulation: Alternatives to the computational theory of mind. *Journal of Verbal Learning and Verbal Behavior*. 23.

Marr, D. (1982). *Vision: A computational investigation in to the human representation and processing of visual information*. San Francisco: W. H. Freeman.

Massaro, D. W. (1979). Letter information and orthographic context in word perception. *Journal of Experimental Psychology: Human Perception and Performance*. 5.

Massaro, D. W. (1986). Testing between the TRACE model and the fuzzy logical model of speech perception. *Cognitive Psychology*. 21.

Massaro, D. W. (1990). The Psychology of Connectionism. *Behavioral and Brain Sciences*. 13.

McClelland, J. L. & Rumelhart, D. E. (1986). Distributed memory and the representation of general and specific Information. *Journal of Experimental Psychology: General*. 114.

McClelland, J. L. & Rumelhart, D. E and the PDP Research Group (1986). *Parallel distributed processing: Explorations in the microstructure of cognition*. The MIT Press.

McClelland, J. L. (1988). Connectionist models and psychological evidence. *Journal of Memory and Language*. 27.

McCulloch, W. S. & Pitts, W. H. (1965). A Logical calculus of the ideas immanent in neurvous activity. In W. S. McCulloch (Ed). *Embodiments of Mind*. The MIT Press.

Milner, P. M. (1974). A model for visual shape recognition. *Psychological Review*. 81.

Minsky, M. L. & Papert, S. A. (1969). *Perceptrons: An introduction to computational geometry*. The MIT Press.

Morris, R. G. (1989). *Parallel distributed processing: Implication for psychology and neurobiology*. Clarendon Press. Oxford.

Mozer, M. C. (1989). Types and tokens in visual letter perception. *Journal of Experimental Psychology: Human Perception and Performance*. 15.

Neisser, U. (1962). Intelligence: Knowns and unknowns. *American Psychologist*, 2.

Neisser, U. (1967). *Cognitive psychology*. Prentice-Hall.

Neisser, U. (1985). Toward an ecologically oriented cognitive science. In: Theodore M. Shlechter (ed.). *New directions in cognitive science*. Ablex Publishing Corporation.

Neisser, U. (1988). *Remembering reconsidered: Ecological and traditional approaches to the study of memory*. the Press Syndicate of the University of Cambridge.

Neisser, U. (1997). The future of cognitive science: an ecological analysiss. In: D. M. Johnson & C. Emeling (eds.). *The Future of the cognitive revolution*. Oxford University Press, Inc..

Olden, G. C. (1988). Fuzzy Prop: A symbolic superstate for connectionist models. In: *proceedings of second IEEE International Conference on Neural Networks*. IEEE Press San Diego.

Phaf, R. H. (1994). *Learing in natural and connectionist systems: Experiments and a model*. Kluwer Academic Publishers.

Philip, T. Q. (1991). *Connectionism and psychology: A psychological perspective on new connectionist research*. Cambridge University Press, 1991.

Pinker, S. (1984). Visual cognition: An introduction. *Cognition*. 18.

Reed, E. S. (1988). *James J. Gibson and the Psychology of Perceptionl*. Yale University Press.

Reicher, G. M. (1969). Perceptual recognition as a function of meaningfulness of stimulus materials. *Journal of Experimental Psychology*. 81.

Roadbent, D. E. (1985). A question of levels: Comment on McClelland and Rumelhart. *Journal of Experimental Psychology:General*. 114.

Rumelhart, D. E. & McClelland, D. E. (1982). An interactive activation model of contex effects in letter perception: Part 2. the contextual enhancement effect and some tests and extensions of the model. *Psychological Review*. 89.

Rumelhart, D. E. & Norman, D. A. (1981). Parallel associative models of memory: Where do they fit? In: G. E Hinton & J. A Andreson (eds). *Parellel Models of Associative Memory*. Lawrence Erlbaum Associates.

Scull, J. (1999). *Ecopsychology: Where does it fit in psychology?* An earlier version of this paper was presented at the annual psychology conference, Malaspina University College, March 26.

Seidenberg, M. S. & McClelland, J. L. (1989). A distributed developmental model of word recognition and naming. *Psychological Review*. 96.

Shastri, L. & Ajjanagadde, V. (1993). From simple association to systematic reasing: Connectionist representation of rules, variables and dynamic bindings. *Behavioral Brain Science*, 16.

Shlechter, T. M. (1985). Ecological directions in the study of cognition. In: T. M. Shlechter, *New Directions in Cognitive Science*. Ablex Publishing Corporation.

Shlechter, T. M. & Toglia, M. P. (1985). *New directions in cognitive science*. Norwood, Ablex Publishing Corporation.

Smolensky, P. (1988). On the proper treatment of connectionism. *Behavioral and Brain Science*. 11.

Stanleyl & Brodsky (1988). *The psychology of adjustment and well-being*. Holt Rinehart and Winston, Inc..

Stephen, W. R., Stich, P. & Rumelhart, D. E. (1991). *Philosophy and connectionist theory*. Hillsdale ,New Jersey.

Waibel, A. (1989). Modular construction of time-delay neural networks for speech recognition. *Neural Computation*. 1.

Wicker, A. W. (1979). *An introduction to ecological psychology*. Cambridge University Press.

Winograd, E. (1999). *Ecological approaches to cognition essays in honor of Ulric Neisser*. Lawrence Erlbaum Associates.

后　记

在2006年10月于福建师范大学召开的理论心理学与心理学史专业委员会学术年会上，郭本禹老师邀我写他主编的“外国心理学流派大系”中的《认知心理学》一书，我欣然接受了邀请。会后，我即着手搜集和阅读资料。但由于各种原因，直到2008年3月我才动笔。此时，我才发现要完成这项任务并不是一件简单的事情。

作为行为主义心理学的直接“革命者”，认知心理学是20世纪50年代中期在西方兴起的一种心理学思潮，并在20世纪70年代成为西方心理学的一个主要研究方向。在认知心理学中存在着不同的观点、不同的研究途径和研究取向。20世纪70年代占主导性地位的是符号加工论认知心理学；20世纪80年代以后，曾与符号加工论认知心理学并肩齐驱的联结主义认知心理学得以复兴，并开始在心理学中占据上风；生态论认知心理学实际上产生于20世纪50年代，形成于20世纪60年代，但直到20世纪90年代，当符号加工论认知心理学和联结主义认知心理学遭遇了难以克服的困难时，它才开始受到研究者的重视。可以说，迄今符号加工论、联结主义和生态论是认知心理学领域的三大研究态势或取向，它们在各自的领域中均为揭示认知的本质作出了贡献。可以说，这几种取向的认知心理学研究是在同一时间产生的认知心理学的不同研究形态。它们各有自己的理论隐喻、研究方法、研究主题和专门术语，要以时间为线索将这几种形态的认知心理学贯穿起来是相当困难的。因此，我主要根据其研究取向或形态，来分别介绍、梳理和分析这三种形态的认知心理学，最后又对当今认知研究的新动向——具身认知作了简单的介绍和展望。

符号加工论认知心理学是研究成果最多、相对也最成熟的认知心理学的研究形态，在此部分，我主要是对以往众多研究者的研究成果进行了系统的梳理和归纳，并在此基础上进行了相应的分析和论述。联结主义认知心理学则是在我博士论文的基础上进一步精练和概括而形成的，当然书中也增加了一些新内容。在写生态论认知心理学时，我在南京师范大学攻读博士学位时的同学易芳女士将她在郭本禹教授指导下完成的博士学位论文《生态心理学的理论审视》电子稿发给我，以供我参考。当然，在整部书的编写过程中，我参考、借鉴了大量中外研究者的研究成果，从中吸取了丰富的学术营养。如果没有他们所取得的这些研究成果，这部书稿的问世将是十分艰难的。因此，对所有对我有帮助、有启发的研究者表示最衷心的感谢。

此外，我的研究生杨盛春、范琪、孙君等帮我校对了书稿中的注释和参考文献；我的妻子和女儿也给我以莫大的生活和时间支持。在此，我一并表示感谢。

由于笔者水平有限，错误之处在所难免，敬请批评指正。

贾林祥

2008 年 12 月 1 日